U0352779

本书获自治区级协同创新中心——陆海经济一体化协同创新中心、广西高等学校高水平创新团队及卓越学者计划、广西一流学科（培育）——应用经济学的资助
本书还获国家社科基金项目、教育部人文社科基金项目资助

镜湖文库

JINGHU LIBRARY

城市水资源结构性供需失衡及对策研究

王四春 著

·北京·

图书在版编目（CIP）数据

城市水资源结构性供需失衡及对策研究／王四春著
．--北京：中国经济出版社，2019.12
（广西财经学院镜湖文库）

ISBN 978-7-5136-5842-3

Ⅰ．①城… Ⅱ．①王… Ⅲ．①城市供水系统-水资源管理-研究-中国 Ⅳ．①TU991.3

中国版本图书馆 CIP 数据核字（2019）第 295461 号

责任编辑 彭 欣
责任印制 马小宾
封面设计 赵 飞

出版发行 中国经济出版社
印 刷 者 北京九州迅驰传媒文化有限公司
经 销 者 各地新华书店
开 本 710mm×1000mm 1/16
印 张 19.25
字 数 305 千字
版 次 2019 年 12 月第 1 版
印 次 2019 年 12 月第 1 次
定 价 92.00 元
广告经营许可证 京西工商广字第 8179 号

中国经济出版社 网址 www.economyph.com 社址 北京市东城区安定门外大街 58 号 邮编 100011
本版图书如存在印装质量问题，请与本社销售中心联系调换（联系电话：010-57512564）

前　言

水资源是城市建设与发展最重要的自然基础之一。能否提供满足城市居民生活、企业生产和有效保护生态环境的水资源，是衡量城市发展水平的重要指标。我国目前正处于城镇化高速发展阶段，城市人口急剧增加，对城市基础设施建设和公共服务水平提出了更高的要求。受自然条件、经济发展速度、社会人口迁移等因素影响，我国部分城市水资源供需矛盾日益严重。

本书对城市水资源的相关概念、理论基础、相关研究进行梳理，在介绍我国水资源基本概况及开发利用情况的基础上，从生活用水、工业用水和生态环境用水三个方面对我国各地区的城市用水需求进行分析，从城市供水状况、城市供水设施建设状况、城市供水相关行业与企业发展状况等方面分析我国各地区的城市供水能力，讨论我国城市水资源供需平衡所遵循的基本原则、区域划分和时段划分的基本方法。将目前对水资源需求与供给的预测方法归纳为：时间序列法、结构分析法、系统方法，并对各个预测方法进行评价分析，讨论不同预测方法的适用场景。对我国城市生活用水量、工业用水量和生态环境用水量进行实证分析，预测我国 31 个省份未来 5 年在城市生活、工业、生态环境方面的用水量，比较各地区之间的差异。在对我国城市用水量和供水量的影响因素进行分析和预测的基础上，探讨各省份城市水资源供需平衡状况。对城市水资源承载能力进行讨论，阐述城市水资源承载力评价指标体系和计算模型。选取典型地区，对其水资源承载能力进行实证分析。从可持续发展的角度探讨如何优化配置城市水资源，分析城市水资源优化的途径和调度方法。最后，提出城市水资源供需管理的对策建议。

研究认为，在我国水资源人均占有量少、地区分布不均匀、年内和年际降水不均匀的自然条件下，以及我国城市用水人口不断增加、城市用水普及率不断提高、人均日生活用水量不断下降、用水结构发生变化的现实背景下，各地区的城市生活用水、工业用水和生态环境用水变化特征和趋势差异较大，我国的城市用水供需平衡策略需要进行相应调整。未来一段时期，我国部分地区的城市受人口增速减缓、人均日生活用水量下降、工业结构调整及用水效率提高等因素影响，生活用水和工业用水需求处于下行阶段；而一些地区则相反，正处于城镇化加速时期和工业化中期阶段，生活用水和工业用水需求处于上行阶段。因此，需要对各地区的水资源承载能力进行分析，优化配置城市水资源，满足城市发展过程中的用水需求。

目　录

第一章　绪　论

第一节　水资源的概念与特点

一、水资源

水资源是指可供人类和生态系统利用的可更新和恢复的一部分淡水，包括地表水和地下水。水资源作为社会发展的物质基础，既是自然资源，也是经济资源。水资源非常有限，只占陆地表面可获得的淡水量的很少一部分（夏军、朱一中，2002）。世界气象组织（WMO）和联合国教科文组织（UNESCO）在"*international glossary of hydrology*"中指出，人类和生态系统对水资源的需求，包括数量和质量层面、时间和空间层面的具体利用需求。

二、水资源总量

水资源总量是指降水形成的河川径流量等地表产水量与降水入渗补给量等地下产水量之和（王瑗、盛连喜、李科等，2008）。需要注意的是，由于统计地表水资源量与地下水资源量存在时间间隔，地表水资源和地下水资源会产生水资源类别的转换，因此水资源总量应该等于地表水资源量与地下水资源量之和减去二者重复量。2015 年，中国的地表水资源量为 26901 亿立方米，地下水资源量为 7797 亿立方米，水资源总量为 27963 亿立方米，地下水资源与地表水资源重复量为 6735 亿立方米。

三、城市水资源

城市水资源是指一切可被城市生活和生产利用的水资源（王建华、江东、顾定法等，1999），按类型可分为雨水、地表水、地下水、海水和可再生利用水等五类（李树平，2015）。城市水资源是城市社会经济发展的基础物资，是城市生存与发展的命脉，在城市化进程中，城市用水量不断增加与城市供水量日益短缺的矛盾不断突出（宋尚孝，1996）。

第二节　研究背景及意义

一、 研究背景

随着城镇化建设的不断推进和社会经济的不断发展，资源环境问题日益突出，人口、资源、环境协调发展是当前亟待解决的问题。1972 年，联合国第一次人类环境会议指出，水将导致严重的社会危机。水资源是关乎国计民生的基础性自然资源和战略性经济资源。随着我国城市化进程的加快，水资源需求量迅速增长，许多城市频频陷入水资源结构性供需失衡的窘境。因此，开展城市水资源结构性供需平衡研究，在分析我国水资源基本情况的基础上，对城市用水需求和城市供水能力进行测算，研究城市水资源供需平衡状态，并从城市水资源承载能力的角度提出城市水资源优化配置路径，是当前实现水资源合理利用进而促进城市可持续发展的重要任务。

二、 研究意义

理论上，为统筹协调城市生活、生产、生态环境用水，探讨了中国城市生活、工业和生态环境用水需求的影响因素和现状，以及中国城市不同区域供水状况和供水设施建设、供水行业和企业发展状况，比较了水资源供需预测的不同方法并开展了实证研究，进一步丰富和完善了城市水资源供需平衡的理论与方法体系。实践上，从可持续发展的角度出发，以城市水资源承载能力分析为基础，研究和提出解决城市水资源结构性供需失衡的系统性对策，为实现城市水资源、水环境和水生态的良性发展提供决策参考。

第三节 国内外研究进展

一、国外研究进展

“水资源”一词，最早由美国地质调查局水资源处提出。国际水资源协会认为，水资源供需平衡和优化配置是将有限的水资源在多个经济效益与生态效益相冲突的用户之间进行合理分配。水资源合理配置的研究工作始于20世纪40年代，Masse当时提出了水库优化调度问题。接下来的30年内，关于水资源供需平衡及配置的主要研究方向是水库的优化调度。Bishop（1971）提出流域水资源管理，从水量、水质方面评价各区域水资源的供需状况，从而协调流域内各地区、各部门之间的水资源配置。麻省理工学院（1979）完成了阿根廷河Rica Colorado流域的水资源开发规划。Pearson、Walsh（1982）对英国的Nawwa区域开展了水资源分配问题的研究。Shee（1983）在华盛顿特区开展了城市配水系统研究。伯拉斯（1983）的《水资源科学分配》一书系统研究了水资源供需平衡和优化配置的理论和方法。到了90年代，计算机技术高速发展，为水资源问题研究提供了新思路。Karaa、Marks（1990）提出利用线性决策模型来分析水资源问题。Rosegrant、Ringler和Mckinney（2000）开展了湄公河流域的水资源优化配置研究。Chen、Cai（2012）提出了遗传算法与线性规划相结合的方法。Dai、Labadie（2001）建立了流域整体的网络模型。Afzal、Javaid（2001）通过建立线性规划模型对不同水资源的使用问题进行优化。1992年，国际水和环境大会提出了水资源系统的可持续发展。随后，关于水资源的可持续利用与管理问题的研究在国际上越来越受到重视。Panos（1998）将全球水危机的主要原因归为人口的快速增长，其对水资源的需求超过了水资源供给的承受能力。Björdal、Nilsson和Daniel（1999）建立了CIEEM模型，预测各种经济活动对水资源的直接和间接需求。Okun（2000）提出在城市水资源大多短缺的情况下，实现水资源可持续利用的有效方法应该是污水循环利用。Marwan（2001）研究了中东水资源供需问题。Ephraim（2002）运用代理成本理论进行研究，指出了政府在水资源管理中应该扮演的角色。Daniel（2003）提出了包括系统结构、情景、系统边界的可持续城市水资源管理分析框架。Adamowski 和 Halbe（2011）指出精准的城市水资源供需预测模型对城乡水资源可持续利用意义重大，并于 2013 年将大量数据用于对城市需水量的预测。Bennett、Genevieve 和 Carroll（2013）对城市生活用水量进行预测，建立了神经网络预测模型。Tiwari（2015）采用人工神经网络方法对城市需水量进行了一周和一个月的短期预测。Livesley、Mcpherson 和 Calfapietra（2016）从生态学角度研究了城市水资源在城市地球化学循环中所起的重要作用，并提出在城市发展过程中一定要尽可能减少对水资源的污染。Deines、Liu（2016）指出，城市中心的水资源越来越难以满足城市发展，但远距离城市供水的影响因素较多，如何有效评价城市供水的可持续性，是目前研究的热点话题。Scharenbroch、Morgenroth 和 Maule（2016）从微观的角度研究了城市水循环及如何高效利用城市水资源。Brentan、Herrera（2017）通过模型对城市水资源需求量进行测算，以便实现城市水资源的合理分配。Eggimann、Mutzner 和 Wani（2017）指出，数据驱动研究法在降雨数据管理、城市洪水风险管理和预测、提高用水效率和废水处理等方面有较好效果。Serrao-Neumann、Renouf 和 Kenway（2017）从土地利用和城市规划的角度分析了城市水资源合理利用的机制和制度保障。Bolognesi（2018）针对城市水资源灾害的影响因素提出了应对的具体措施。Chalchisa、Megersa 和 Beyene（2018）分析了城市饮用水资源的污染问题，并指出了城市水资源高效、合理、安全利用的紧迫性。

二、 国内研究进展

国内水资源研究起步相对较晚，始于 20 世纪 60 年代，但整体发展迅速。最初的水资源研究以水库优化调度为主，自 20 世纪 80 年起，水资源供需平衡及优化配置问题引起了人们的重视。首先是华士乾（1984）采用系统工程法开展北京水资源研究。随后，新疆水资源课题组（1985）依据可开采水资源量，建议建设节水型农业和节水型社会。贺北方（1989）通过建立二级递阶分解协调模型分析郑州水资源系统。高飞、张元禧（1995）对石羊河流域水资源优化配置的模型和方法进行了研究。刘建民、张世法和刘恒（1995）建立了京津唐地区水资源规划和调度模型。90 年代中后期之前，国内的水资源研究主要以经济效益为目标，随着可持续发展思想的不断深入，社会、经济、环境协调发展逐渐成为水资源优化配置的研究目标。施雅风、曲耀光等（1992）从生态效益的角度量化分析和研究了乌鲁木齐河流域的水资源承载力。许有鹏（1993）以新疆为例，研究了西北干旱地区水资源承载力。翁文斌、蔡喜明和史慧斌（1995）提出了多层次、多目标的宏观水资源优化配置理论，并与区域系统有机结合，实现了研究思路的突破。阮本青（1997）从人口、资源、环境可持续发展的视角对水资源承载力进行了综合分析研究。施雅风、曲耀光（1997）通过对华北地区水资源合理配置的研究，建立了基于宏观经济的水资源系统规划模型。傅湘、纪昌明（1999）采用主成分分析法对汉中平坝区的水资源承载力进行了综合评价。陈冰、李丽娟和郭怀成（2000）采用系统动力学法在柴达木盆地开展了水资源配置研究。王煜、杨立彬和张新海（2001）运用简单定额法进行了计算，对西北地区基于人口的水资源承载力给出了合理判断。朱照宇、欧阳婷萍和邓清禄（2002）通过对经济社会发展的预测，分析了珠江三角洲经济区各行业的需水量以及当地水资源的供需平衡状况。高志娟、郑秀清（2004）根据水资源承载力的基本理论，针对晋城市社会经济发展状况和水资源开发利用情况，建立了水资源承载力多目标分析模型，预测分析了晋城市水资源承载力和需水量，并根据存在的主要问题提出了对策建议。赵新宇、费良军和高传昌（2005）结合城市水资源系统概念及特点，建立了城市水资源承载力的多目标分析及层次分析评价模型。张俊艳（2006）在城市水安全综合评价处于起步阶段时，探讨了评价的基本理论，并尝试构建了评价指标体系。隋丹（2007）以上海市为例，探讨了城市水资源合理利用及优化配置对城市社会、经济、生态系统可持续发展的影响，并建议建立以水权为基础的水市场体系，注重“节流”、慎重“开源”。陈睿羚（2007）基于可持续发展思想的内涵，利用 BP 神经网络对城市需水量进行预测研究，针对研究结果提出城市水资源供需可持续平衡的对策建议。李可柏（2008）通过分析影响城市水资源供需管理系统运行的因素，提出促进雨水资源合理利用和水资源有效配置的建议。夏婷婷（2008）以郑州市为例，对城市水资源管理进行了实证分析。赵军凯、李九发和赵秉栋等（2009）根据灰色系统原理，采用定性与定量相结合的方法，从开封市社会经济发展现状及未来发展规划的角度，研究了开封市水资源需求和供给预测，结果显示开封市水资源供给难以满足其发展需求。刘楠（2009）开展了城市水资源承载力的测度设计，并以成都市为例开展实证研究，提出了相关改进建议和研究展望。刘利（2011）以青岛市为例，开展了滨海缺水城市水资源优化利用研究，在分析水资源利用的影响因素基础上，提出了水资源可持续利用的对策建议。云逸、邹志红和王惠文（2011）通过对北京市水资源供需状况进行研究，发现北京市城市发展过程中水资源缺口较大，提出一方面要挖掘北京市本地的水资源，另一方面要靠南水北调等境外调水措施来实现供需平衡。彭九敏（2012）设计了承德市水资源实时监控系统。赵华清、常本青和杨树滩（2012）针对南水北调工程的受水区域水资源量进行了研究。毛敏华（2012）建立了系统动力学仿真模型，对城市水资源进行分析，并对W市开展了未来20年的仿真研究。王志刚、卢成钢（2013）采用系统动力学分析了邯郸市的水资源管理方法和对策。熊鹰、李静芝和蒋丁玲（2013）根据长沙、株洲、湘潭等城市的水资源状况建立了水资源优化模型。袁树堂、刘新有和王红鹰（2014）将崇明县的水资源供需平衡与当地区域发展规划相结合研究，并提出对策建议。沈岳、曾文辉和欧明文（2015）开展了农田灌溉量的BP神经网络方法预测。程丽、荆平（2015）基于城市水资源短缺的大背景，从理论和方法上对如何发展循环经济、实现水资源循环利用开展了研究，并根据循环经济的3R原则提出了城市水资源循环利用的直接和间接驱动机制。王金丽、李锦慧（2016）采用模糊综合评价模型对湖南城市水资源利用状况进行分析，认为长沙和张家界的水资源具有很大的开发潜力。杨振华、苏维词和赵卫权（2016）从预防单纯的经济发展过度占用水资源的角度，开展了喀斯特地区典型城市的水资源开发和利用与经济发展关系的研究。鲍超、贺东梅（2017）以京津冀城市群为对象，分析其水资源开发利用的时间和空间特点，为水资源合理开发利用提供决策参考。王兵、宫明丽（2017）采用网络BAM模型，从时间维度和空间维度对中国29个省级行政区的城市水资源系统效率进行了分析和比较。徐学良（2017）重点针对我国缺水型城市的水资源利用进行研究，以期减轻水资源污染程度，提高水资源利用效率。天莹、杜淑芳（2017）以城市化进程中城市水资源污染日趋严峻为背景，开展城市水资源污染治理的市场化研究。

总体来看，水资源问题越来越受到国内外学者及相关组织的重视。随着城市化进程加快，城市水资源逐渐成为国内外学者研究的热点和重点，为后续相关研究建立了理论和实践基础。但截至目前，关于水资源利用的研究较多，对城市水资源利用的研究相对较少；在城市水资源研究方面，从宏观角度进行的开发和利用理论研究较多，用具体数据开展实证研究的相对较少；单独从供给或者单独从需求方面分析城市水资源状况的较多，把城市水资源的供给和需求统一起来，并进一步分析其供需平衡的研究较少。因此，本书在前人研究的基础上，开展中国城市水资源结构性供需失衡及对策研究，以期为我国城市水资源合理开发与利用贡献微薄之力。

第四节 研究内容及方法

一、研究内容

本书在人口、资源和环境协调可持续发展的大背景下，通过梳理国内外学者对水资源尤其是城市水资源的研究，结合城市水资源系统、可持续发展理论，从协调城市水资源管理与可持续发展的角度出发，根据中国自然环境与经济社会概况，以及水资源特点和开发利用情况，开展城市水资源需求和供给分析及预测，并就如何达到城市水资源供需平衡和优化配置，实现城市水资源可持续利用提出对策建议。具体包括如下十个部分。

第一部分：介绍城市水资源概念及相关研究进展、本书研究意义等。

第二部分：将城市水资源系统的特征及城市水循环与可持续发展理论相结合，作为本研究的理论基础。

第三部分：对我国地理位置、地形地貌、气候、水文等自然环境状况和行政区划、人口、经济、废水处理设施等社会经济状况进行分析，以便为后续城市水资源供需分析提供现实依据。

第四部分：在介绍我国水资源分布及水资源量的基础上，归纳我国水资源特点，并从供水量和用水量的角度分析我国水资源开发利用情况。

第五部分：从生活用水、工业用水、生态环境用水三个方面分析我国城市用水需求，并研究了这三个方面用水需求的影响因素。

第六部分：在分析城市供水总体状况的基础上，对东部、中部、西部的供水状况分别开展研究，并介绍了供水管网工程、供水设施投资、排水管网工程等城市供水设施建设状况和自来水生产与供应、污水处理与再利用等城市供水相关行业及企业发展状况。

第七部分：对城市水资源供需平衡进行深入分析。首先，介绍了水资源供需平衡分析的具体原则。其次，对供需平衡进行时间和空间划分，再次，比较了时间序列法、结构分析法和系统方法等水资源供需预测方法。最后，在对中国各省份城市用水量预测和供水量预测开展实证研究的基础上，深入分析中国城市水资源供需平衡状况。

第八部分：从承载力的角度对城市水资源供需进行分析。在了解城市水资源承载能力的概念和内涵的基础上，根据城市水资源承载能力评价指标体系建立了城市水资源承载能力计算模型，并对广西水资源承载能力进行实证分析。

第九部分：城市水资源优化配置。根据城市水资源优化配置模型，提出水资源优化利用途径，并进一步开展梯级水库资源调度优化研究。

第十部分：中国城市水资源供需管理的对策建议。根据以上研究结果，提出从创新水资源供需管理体制、进一步完善城市水资源交易市场、加强水利人才资源管理三大方面优化城市水资源供需管理。

二、 研究方法

本书采用了定性研究与定量研究相结合的方法、实证分析法、制度分析法、情景分析法、系统分析法和数理模型法。

第二章　城市水资源管理的理论基础

第一节　城市水资源系统

一、 城市水资源的特征

城市水资源具有系统性、用水量大且集中、用水效率高、供水连续稳定、有限性、脆弱性、再生性和商品性等八大特点。

（1）系统性。不同类型的水可以相互转化，城市区域内外的水之间联系密切，城市水资源开发利用的各个环节是一个有机整体。如降雨、污水、地下水、地表水之间存在质和量的交换，取水、供水、用水、排水的各个环节都直接关系到水资源开发利用的效益。

（2）用水量大且集中。城市的人口、生活、生产集中，对水资源需求量大且集中。

（3）用水效率高。城市作为区域政治、经济、文化中心，水资源在城市中产生的社会和经济效益均高于周边。

（4）供水连续稳定。城市对水资源需求量大且稳定，不管是丰水期还是枯水期，城市水资源的质和量波动都不大。

（5）有限性。城市水资源量相对于城市持续增长的需求是有限的。

（6）脆弱性。城市水资源容易受到大面积、高强度的污染，且水资源的质和量逐渐失去平衡，引起了一系列生态环境问题。

（7）再生性。城市水资源集中排放的特点使其便于集中回收、处理，用于市政建设、城市绿化等，实现水资源的循环利用。

（8）商品性。一方面，城市水资源具有公共属性的使用价值；另一方面，只有在城市供水过程中投入大量的人力、物力、财力，才能创造出经济效益，因此城市水资源具有商品属性。

二、 城市水循环

水循环是指地球上各种形态的水，在太阳辐射、地心引力等作用下，通过蒸发、蒸腾、水汽输送、凝结降水、下渗以及径流等环节，不断地发生相态转换和周而复始运动的过程。城市水循环是以“人工循环”为主的“人工—自然”循环模式，较天然流域更为复杂，更具有特殊性。城市水资源系统不是一个简单孤立的系统。城市水资源系统与城市生态系统和社会经济系统相互耦合，组成一个复杂的“水资源—生态—社会经济”耦合系统。因此，在城市水资源问题的研究中，必须采用系统的观点，对城市水资源系统本身和水资源系统参与构成的“水资源—生态—社会经济”耦合系统进行全面系统的分析研究。

第二节 可持续发展理论

一、 可持续发展思想的提出

“可持续发展”是20世纪80年代提出的一个新概念。1987年，世界环境与发展委员会在《我们共同的未来》报告中，第一次阐述了可持续发展的概念，得到了国际社会的广泛认同。可持续发展是指既满足现代人的需求，又不损害后代人满足需求的能力。

二、 可持续发展的基本内涵

第一，可持续发展的主题是人，既要依靠人，又要为了人。

第二，在时间上，可持续发展不仅着眼于眼前，更着眼于永久的未来；在空间上，可持续发展不是着眼于一部分人，而是着眼于全体人类。

第三，可持续发展不是限制发展，而是为了更好地发展。

第四，可持续发展以生态、环境和资源为基础。

第五，可持续发展追求人口、生态、环境、资源、经济、社会的相互协调和良性循环。

第三节　城市水资源管理与可持续发展的关系

可持续发展的基础是资源的合理利用，水资源是最重要的自然资源之一，其可持续利用是社会、经济和环境发展的基本支撑条件。要实现水资源的可持续利用，就必须明确水资源可持续利用与可持续管理的关系。由于可持续性是经济、环境、生态、社会和物质的多目标函数，所以水资源的可持续管理和利用当然也不可避免地成为多学科、多参与的决策过程。

第三章　中国自然环境与经济社会概况

第一节　自然环境概况

一、 地理位置

中国位于欧亚大陆（亚洲）的东部，太平洋的西岸。中国的陆上疆界长达 2 万多公里，国土面积达 960 万平方公里。中国领土南北跨纬度很广，大部分位于中纬度地区，属北温带，小部分在热带，没有寒带。

二、 地形地貌

中国地形多种多样，在广袤的大地上既有雄伟的高原、起伏的山岭、广阔的平原、低缓的丘陵，还有四周群山环抱、中间低平的大小盆地。山地、高原和丘陵约占陆地面积的 67%，盆地和平原约占陆地面积的 33%。

三、 气候

中国气候类型多种多样。在东半部，冬季盛行大陆季风，寒冷干燥；夏季盛行海洋季风，属湿热多雨大陆性季风气候。影响中国气候的主要因素为地理纬度和太阳辐射、海陆位置和洋流、地形、大气环流。这四者又是相互影响、相互制约的。

四、 水文

中国是世界上河流最多的国家之一。中国有许多源远流长的大江大河，其中流域面积超过 1000 平方公里的河流就有 1500 多条。中国湖泊众多，有 24800 多个，其中面积在 1 平方公里以上的天然湖泊就有 2800 多个。

第二节　社会经济概况

一、行政区划和人口

中国有 34 个省级行政区，包括 23 个省、5 个自治区、4 个直辖市、2 个特别行政区。人口分布不均，以黑龙江黑河—云南腾冲一线为界，东部地区人口密度较大，西部地区人口密度较小。人口的突出特点是人口基数大，人口增长快。截至 2016 年末，中国人口总数达 13. 83 亿，比上年末增加 899 万人，城镇化率为 57. 35%。

二、经济概况

中国经济平稳快速增长。2016 年，国内生产总值达 744127 亿元，比上年增长 6. 7%。其中，第一产业增加值、第二产业增加值、第三产业增加值分别为 63671 亿元、296236 亿元、384221 亿元。全年国民总收入达 742352 亿元。

第四章　我国水资源概况

第一节　我国河流、湖泊和海洋

一、河流

我国地处欧亚大陆东南部，濒临太平洋。地形西高东低，境内山脉、丘陵、盆地、平原相互交错，江河湖泊众多（赵宝璋，1994）。

（一）流域面积

河流按是否流入海洋分为内陆河和外流河，直接或间接流入海洋的河流称外流河，最终未流入海洋的河流称内陆河。根据中国水利部提供的数据，2015 年，我国河流流域面积合计 950. 67 万平方公里。其中，外流河流域面积 615. 09 万平方公里，占比 64. 7%；内陆河流域面积 335. 58 万平方公里，占比 35. 3%。

外流河方面：2015 年，长江流域面积为 178. 27 万平方公里，占外流河流域面积的 28. 98%；黑龙江及绥芬河流域面积为 93. 48 万平方公里，占外流河流域面积的 15. 20%；黄河流域面积为 75. 28 万平方公里，占外流河流域面积的 12. 24%；珠江及沿海诸河流域面积为 57. 90 万平方公里，占外流河流域面积的 9. 41%；雅鲁藏布江流域面积为 38. 76 万平方公里，占外流河流域面积的 6. 30%；淮河及山东沿海诸河流域面积为 33. 00 万平方公里，占外流河流域面积的 5. 37%；海滦河流域面积为 32. 00 万平方公里，占外流河流域面积的 5. 20%；辽河、鸭绿江及沿海诸河流域面积为 31. 41 万平方公里，占外流河流域面积的 5. 11%；浙闽台诸河、元江及澜沧江、怒江及滇西诸河、藏西诸河、额尔齐斯河等流域面积为 74. 99 万平方公里，占外流河流域面积的 12.19%。

内陆河方面：2015 年，塔里木内陆河流域面积为 107.96 万平方公里，占内陆河流域面积的 32.17%；羌塘内陆河流域面积为 73.01 万平方公里，占内陆河流域面积的 21.76%；河西内陆河流域面积为 46.98 万平方公里，占内陆河流域面积的 14.00%；准噶尔内陆河流域面积为 32.36 万平方公里，占内陆河流域面积的 9.64%；青海内陆河流域面积为 32.12 万平方公里，占内陆河流域面积的 9.57%；内蒙古内陆河流域面积为 31.14 万平方公里，占内陆河流域面积的 9.28%；中亚细亚内陆河、松花江、黄河、藏南闭流区流域面积为 12.00 万平方公里，占内陆河流域面积的 3.58%。

（二）水系长度

我国幅员辽阔，水系众多，不同河流的水系长度差异较大。根据中国水利部提供的数据，2015 年，长江水系长度为 6300 公里，黄河水系长度为 5464 公里，松花江水系长度为 2308 公里，珠江水系长度为 2214 公里，辽河水系长度为 1390 公里，海河水系长度为 1090 公里，淮河水系长度为 1000 公里，滦河水系长度为 877 公里，闽江水系长度为 541 公里，钱塘江水系长度为 428 公里，南渡江水系长度为 311 公里，浊水溪水系长度为 186 公里。

（三）径流量

径流量是指在某一时段内通过河流某一过水断面的水量。径流是水循环的主要环节，径流量反映某一地区水资源的丰欠程度，是陆地上最重要的水文要素之一，是水量平衡的基本要素。水利部发布的《2011 年中国水资源公报》中提到，我国西南五省份发生了历史罕见的特大干旱，长江上游、鄱阳湖水系、松花江等流域却发生了特大洪水。2011 年，我国主要流域径流总量为 8533.58 亿立方米，为该时期的最低值。公报中还提到，当年我国气候旱涝交织、多灾连发，北方冬麦区、长江中下游和西南地区接连出现三次大范围严重干旱，全国有 260 多条江河发生超警戒线洪水。

在主要河流径流量方面，根据水利部发布的《中国河流泥沙公报 2016》，主要河流代表水文站 2016 年总径流量为 16410 亿立方米，较多年平均年径流量 13970 亿立方米增大 18%，较近 10 年平均年径流量 13460 亿立方米增大 22%，较 2015 年径流量增大 13%。其中，长江和珠江代表站的径流量分别占代表站总径流量的64%和21%，见表4-1。

表4-1 2016年我国主要河流代表水文站径流量

河流	代表水文站	流域控制面积（万平方公里）	年径流量（亿立方米）		
			多年平均	近10年平均	2016年
长江	大通	170.54	8931.00	8712.00	10450.00
黄河	潼关	68.22	335.50	241.60	165.00
淮河	蚌埠+临沂	13.16	280.90	230.30	280.90
海河	石匣里+响水堡+张家坟+下会+观台+元村集	8.40	38.17	13.93	30.33
珠江	高要+石角+博罗	41.52	2821.00	2743.00	3493.00
松花江	佳木斯	52.83	634.00	546.80	541.20
辽河	铁岭+新民	12.64	31.29	25.17	24.95
钱塘江	兰溪+诸暨+上虞东山	2.44	220.50	240.40	276.40
闽江	竹岐+永泰	5.85	573.40	599.40	1006.00
塔里木河	阿拉尔+焉耆	15.04	71.91	68.90	92.02
黑河	莺落峡	1.00	16.32	20.15	22.62
青海湖	布哈河口+刚察	1.57	11.15	15.87	27.80
合计		393.21	13970.00	13460.00	16410.00

数据来源：水利部《中国河流泥沙公报2016》。

二、湖泊

湖泊也是水资源的主要组成部分，湖泊的面积和贮水量越大，水资源越丰富。湖泊面积是指湖界包围的范围，又称湖面面积，专指正常水位时的湖水面积。根据水利部提供的数据，我国2015年主要湖泊面积情况如下：青海湖面积为4200平方公里；鄱阳湖面积为3960平方公里；洞庭湖面积为2740平方公里；其他湖泊面积见表4-2。由于不同湖泊的深度不一样，即使湖泊面积差异不大，贮水量差异也可能很大。例如，2015年太湖的面积为2338平方公里，贮水量仅为44亿立方米；纳木错的面积为1961平方公里，贮水量为768亿立方米，面积比太湖少377平方公里，贮水量却多724亿立方米。

表 4-2 2015 年我国主要湖泊面积和贮水量

名称	面积（平方公里）	贮水量（亿立方米）	名称	面积（平方公里）	贮水量（亿立方米）
青海湖	4200	742	塔若错	487	97
鄱阳湖	3960	259	格仁错	476	71
洞庭湖	2740	178	赛里木湖	454	210
太湖	2338	44	松花湖	425	108
呼伦湖	2000	111	班公错	412	74
纳木错	1961	768	玛旁雍错	412	202
洪泽湖	1851	24	洪湖	402	8
色林错	1628	492	阿次克湖	345	34
南四湖	1225	19	滇池	298	12
扎日南木错	996	60	拉昂错	268	40
博斯腾湖	960	77	梁子湖	256	7
当惹雍错	835	209	洱海	253	26
巢湖	753	18	龙感湖	243	4
布伦托海	730	59	骆马湖	235	3
高邮湖	650	9	达里诺尔	210	22
羊卓雍错	638	146	抚仙湖	211	19
鄂陵湖	610	108	泊湖	209	3
哈拉湖	538	161	石臼湖	208	4
阿雅格库木湖	570	55	月亮泡	206	5
扎陵湖	526	47	岱海	140	13
艾比湖	522	9	波特港湖	160	13
昂拉仁错	513	102	镜泊湖	95	16

数据来源：EPS 数据库。

三、 海洋

海洋也是水资源的一部分。我国目前拥有渤海、黄海、东海和南海四大海区。海岸带面积为 28 万平方公里，海洋滩涂面积为 2.08 万平方公里，大陆架渔场面积为 28000 万公顷，海水可养殖面积为 260.01 万公顷，其中已养殖面积 10 万公顷，浅海滩涂可养殖面积为 241.96 万公顷，其中已养殖面积

89.37 万公顷。海域总面积为 472700 千公顷，其中南海面积为 350000 千公顷，东海面积为 77000 千公顷，黄海面积为 38000 千公顷，渤海面积为 7700 千公顷。海洋平均深度为 961 米，其中南海平均深度为 1212 米，东海平均深度为 370 米，渤海平均深度为 70 米，黄海平均深度为 44 米。

第二节　我国水资源量

一、降水量

降水量决定了一个地区在一定时期内的水资源丰沛程度。根据 EPS 数据库提供的数据，2008—2015 年，我国降水量平均值为 644.6 毫米，其中 2010 年降水量为 695.4 毫米，为该时期最高值；2011 年降水量为 582.3 毫米，为该时期最低值。根据 Wind 资讯提供的数据，1997—2016 年，我国降水总量波动较大，其中 2011 年降水总量为 55132.9 亿立方米，为该时期的最低值，同年径流量也是最低值；2016 年降水总量为 69123.70 亿立方米，为该时期的最高值（见图 4-1）。

2015 年，全国平均降水量 660.8 毫米，比常年值偏多 2.8%。从水资源分区来看，松花江区、辽河区、海河区、黄河区、淮河区、西北诸河区 6 个水资源一级区（以下简称北方六区）平均降水量为 322.9 毫米，比常年值偏少 1.6%；长江区（含太湖流域）、东南诸河区、珠江区、西南诸河区 4 个水资源一级区（以下简称南方四区）平均降水量为 1260.3 毫米，比常年值偏多 5.0%。

（一）北方六区降水量

北方六区各个区域之间的降水量差别较大，主要呈从南方向北方递减、从沿海向内陆递减的特征。2008—2015 年，松花江区的降水量平均值为 528.3 毫米，其中最低值为 2011 年（435.4 毫米），2013 年该区的降水量为 674 毫米，部分地区出现了严重的洪涝灾害。辽河区的降水量平均值为 537.1 毫米，其中 2010 年降水量为 719.5 毫米，为该时期最高值；2009 年降水量为

418.2 毫米，为该时期最低值。海河区的降水量平均值为 522.1 毫米，其中 2012 年降水量为 601.3 毫米，为该时期最高值；2014 年降水量为 427.4 毫米，为该时期最低值。黄河区的降水量平均值为 460.3 毫米，其中 2012 年降水量为 490.1 毫米，为该时期最高值；2015 年降水量为 411.8 毫米，为该时期最低值。黄河区的降水量变化幅度较小，与该区流域范围较广有关。淮河区的降水量平均值为 795.5 毫米，其中 2008 年降水量为 879.5 毫米，为该时期最高值；2013 年降水量为 709.1 毫米，为该时期最低值。西北诸河区的降水量最低，平均值为 172.6 毫米，其中 2010 年降水量为 205.7 毫米，为该时期最高值；2009 年降水量为 150.4 毫米，为该时期最低值（见表 4-3）。

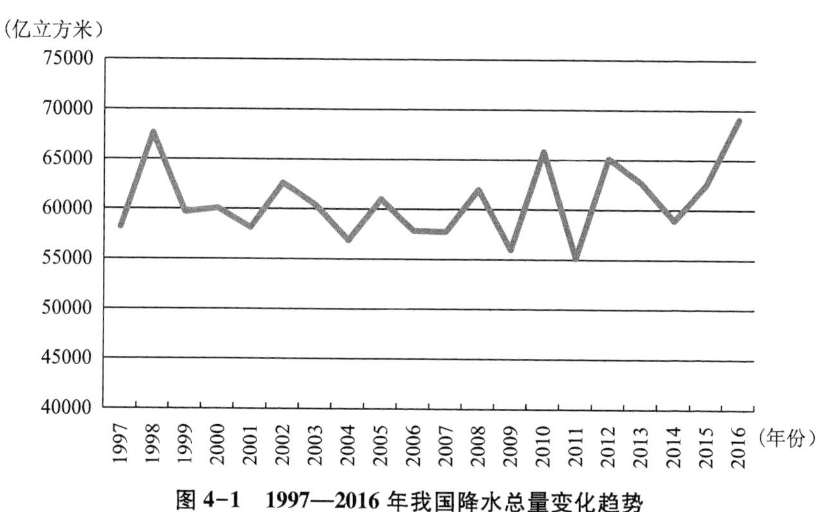

图 4-1　1997—2016 年我国降水总量变化趋势

数据来源：Wind 资讯。

表 4-3　2008—2015 年北方六区降水量　　单位：毫米

年份	松花江区	辽河区	海河区	黄河区	淮河区	西北诸河区
2008	465.7	505.1	541.0	433.1	879.5	164.2
2009	538.3	418.2	489.8	440.4	801.9	150.4
2010	529.1	719.5	533.6	449.2	835.5	205.7
2011	435.4	471.4	518.9	489.1	810.0	170.9
2012	567.0	702.5	601.3	490.1	732.2	187.7
2013	674.0	575.4	547.7	481.6	709.1	176.0

续表

年份	松花江区	辽河区	海河区	黄河区	淮河区	西北诸河区
2014	511.9	425.5	427.4	487.4	784.0	155.8
2015	505.0	478.8	517.2	411.8	811.6	170.2
平均值	528.3	537.1	522.1	460.3	795.5	172.6

数据来源：EPS 数据库。

北方六区降水总量占全国降水总量的比重在33%左右。2011 年，北方六区降水总量为 19517.80 亿立方米，占当年降水总量的 35.40%。2015 年，北方六区降水总量为 19553.60 亿立方米，占当年降水总量的 31.25%。西北诸河区的降水总量占北方六区的比重在 29%左右，松花江区的降水总量占北方六区的比重在 23%左右，黄河区的降水总量占北方六区的比重在 18%左右，淮河区的降水总量占北方六区的比重在 14%左右，辽河区和海河区的降水总量占北方六区的比重均为 8%左右（见表 4-4）。

表 4-4　2004—2015 年北方六区降水总量　　单位：亿立方米

年份	北方六区	松花江区	辽河区	海河区	黄河区	淮河区	西北诸河区
2004	—	3854.00	1638.40	1686.60	3353.70	2573.60	5513.80
2005	20622.60	4499.00	1804.00	1558.60	3427.70	3397.00	5936.20
2006	18704.60	4334.50	1482.70	1402.50	3237.10	2662.20	5585.50
2007	19251.60	3604.70	1506.90	1547.60	3848.60	3227.70	5516.10
2008	19534.80	4353.20	1586.80	1729.50	3443.10	2902.10	5520.10
2009	19116.00	5031.70	1313.70	1565.50	3501.20	2646.00	5057.80
2010	22155.10	4946.00	2260.20	1705.60	3571.30	2756.80	6915.20
2011	19517.80	4070.50	1481.00	1658.50	3888.50	2672.80	5746.60
2012	22052.80	5300.30	2206.70	1922.10	3896.80	2416.00	6310.80
2013	21944.90	6300.40	1807.60	1750.90	3828.60	2339.80	5917.70
2014	19188.30	—	—	—	—	—	—
2015	19553.60	4721.20	1504.10	1653.30	3273.60	2678.10	5723.30

数据来源：Wind 资讯。

（二）南方四区降水量

南方四区也呈自南方向北方、从沿海向内陆递减的特征，但降水量均比北方六区高。2008—2015 年，长江区的降水量平均值为 1073.3 毫米，其中最低值在 2011 年（931.3 毫米），最高值在 2010 年（1160.4 毫米）。太湖区的降水量比长江区的其他区域高，降水量平均值为 1282.7 毫米，其中 2015 年降水量为 1623.7 毫米，为该时期最高值；2013 年降水量为 1090.6 毫米，为该时期最低值。东南诸河区的降水量平均值为 1765.3 毫米，为全国降水量最高的区域，其中 2010 年降水量为 2096.2 毫米，为该时期最高值；2011 年降水量为 1396.0 毫米，为该时期最低值，降水量变化幅度较大。珠江区的降水量平均值为 1598.0 毫米，其中 2008 年降水量为 1806.4 毫米，为该时期最高值；2011 年降水量为 1284.1 毫米，为该时期最低值。西南诸河区的降水量平均值为 1040.1 毫米，其中 2008 年降水量为 1141.7 毫米，为该时期最高值；2009 年降水量为 953.4 毫米，为该时期最低值（见表 4-5）。

表 4-5　2008—2015 年南方四区降水量　　单位：毫米

年份	长江区	其中：太湖区	东南诸河区	珠江区	西南诸河区
2008	1072.4	1215.6	1571.4	1806.4	1141.7
2009	998.7	1347.6	1525.5	1353.6	953.4
2010	1160.4	1222.2	2096.2	1622.8	1097.3
2011	931.3	1118.2	1396.0	1284.1	1028.6
2012	1159.1	1355.1	2089.3	1659.2	1006.0
2013	1029.6	1090.6	1609.9	1744.5	1059.1
2014	1100.6	1288.3	1779.1	1567.1	1036.8
2015	1134.4	1623.7	2054.6	1745.9	997.8
平均值	1073.3	1282.7	1765.3	1598.0	1040.1

数据来源：EPS 数据库。

南方四区降水总量占全国降水总量的比重在 67%左右。2011 年，南方四区降水总量为 35615.10 亿立方米，占当年降水总量的 64.60%。2014 年，南方四区降水总量为 41136.89 亿立方米，占当年降水总量的 69.81%。长江区的降水总量占南方四区的比重在 47%左右，珠江区和西南诸河区的降水总量占南方四区的比重均为22%左右，东南诸河区的降水总量占南方四区的比重在9%左右（见表4-6）。

表4-6　2004—2015年南方四区降水总量　　单位：亿立方米

年份	南方四区	长江区	其中：太湖区	东南诸河区	珠江区	西南诸河区
2004	—	18546.80	387.40	2945.40	7359.30	9404.80
2005	40387.00	19126.30	384.70	3796.90	8604.20	8859.50
2006	39135.00	17366.90	402.30	3925.30	9369.00	8474.00
2007	38511.40	18030.00	426.90	3257.90	8058.90	9164.50
2008	42465.50	19120.60	450.70	3269.50	10438.00	9637.50
2009	36849.50	17806.20	499.70	3174.00	7821.50	8047.80
2010	43694.50	20686.40	451.00	4368.30	9377.00	9262.70
2011	35615.10	16603.30	412.60	2909.10	7420.00	8682.70
2012	43094.30	20664.20	500.00	4354.00	9587.60	8491.50
2013	40729.50	18354.00	402.40	3355.00	10080.70	8939.70
2014	41136.89	—	—	—	—	—
2015	43015.80	20223.20	599.10	4281.70	10088.30	8422.50

数据来源：Wind资讯。

（三）各省份降水量

1. 东部地区

我国东部11个省份的降水量自南向北递减。2008—2015年，辽宁省降水量平均值为680.7毫米，其中2010年降水量为984.2毫米，为该时期的最高值；2014年的降水量为453.6毫米，为该时期的最低值。北京市的降水量平均值为549.3毫米，其中2012年降水量为708.8毫米，为该时期最高值；2014年降水量为438.8毫米，为该时期最低值。天津市的降水量平均值为572.6毫米，其中2012年降水量为850.4毫米，为该时期最高值；2014年降水量为423.1毫米，为该时期最低值。河北省的降水量平均值为512.0毫米，其中2012年降水量为606.4毫米，为该时期最高值；2014年降水量为408.2毫米，为该时期最低值。山东省的降水量平均值为659.0毫米，其中

2011 年降水量为 747.9 毫米，为该时期最高值；2014 年降水量为 518.8 毫米，为该时期最低值。上海市的降水量平均值为 1236.1 毫米，其中 2015 年降水量为 1636.0 毫米，为该时期最高值；2011 年降水量为 882.4 毫米，为该时期最低值。江苏省的降水量平均值为 1014.6 毫米，其中 2015 年降水量为 1257.1 毫米，为该时期最高值；2013 年降水量为 833.4 毫米，为该时期最低值。浙江省的降水量平均值为 1758.2 毫米，其中 2012 年降水量为 2088.0 毫米，为该时期最高值；2011 年降水量为 1416.8 毫米，为该时期最低值。福建省的降水量平均值为 1731.0 毫米，其中 2010 年降水量为 2084.3 毫米，为该时期最高值；2011 年降水量为 1356.7 毫米，为该时期最低值。广东省的降水量平均值为 1854.1 毫米，其中 2013 年降水量为 2179.3 毫米，为该时期最高值；2011 年降水量为 1461.0 毫米，为该时期最低值。海南省的降水量平均值为 2078.2 毫米，其中 2013 年降水量为 2393.7 毫米，为该时期最高值；2015 年降水量为 1403.5 毫米，为该时期最低值（见表 4-7）。

表 4-7　2008—2015 年东部地区降水量　　单位：毫米

年份	辽宁	北京	天津	河北	山东	上海	江苏	浙江	福建	广东	海南
2008	619.9	638.6	640.7	557.6	711.8	1238.2	994.3	1519.6	1597.7	2140.8	2095.2
2009	550.3	448.7	604.3	462.6	689.3	1322.5	1031.7	1597.5	1435.4	1578.6	2275.1
2010	984.2	523.3	470.4	525.9	696.3	1171.7	989.5	2021.9	2084.3	1927.1	2251.8
2011	597.0	552.3	593.1	493.3	747.9	882.4	1012.1	1416.8	1356.7	1461.0	2273.2
2012	924.2	708.8	850.4	606.4	650.8	1275.1	953.9	2088.0	2049.9	1979.3	1939.9
2013	751.1	500.8	462.3	531.2	681.7	1020.9	833.4	1589.4	1626.2	2179.3	2393.7
2014	453.6	438.8	423.1	408.2	518.8	1342.2	1044.5	1771.7	1705.0	1691.2	1993.0
2015	565.0	583.0	536.1	510.7	575.7	1636.0	1257.1	2060.4	1992.9	1875.7	1403.5

数据来源：EPS 数据库。

2. 中部地区

我国中部 8 个省份的降水量也呈自南向北逐渐递减的特征。2008—2015 年，黑龙江省降水量平均值为 569.1 毫米，其中 2013 年降水量为 707.4 毫米，为该时期的最高值；2011 年的降水量为 455.7 毫米，为该时期的最低值。

吉林省的降水量平均值为635.9毫米，其中2010年降水量为798.8毫米，为该时期最高值；2011年降水量为501.2毫米，为该时期最低值。山西省的降水量平均值为521.3毫米，其中2011年降水量为602.1毫米，为该时期最高值；2008年降水量为466.4毫米，为该时期最低值。河南省的降水量平均值为710.2毫米，其中2010年降水量为841.7毫米，为该时期最高值；2013年降水量为576.6毫米，为该时期最低值。安徽省的降水量平均值为1194.0毫米，其中2015年降水量为1362.8毫米，为该时期最高值；2013年降水量为1023.4毫米，为该时期最低值。湖北省的降水量平均值为1117.0毫米，其中2010年降水量为1279.3毫米，为该时期最高值；2011年降水量为988.2毫米，为该时期最低值。湖南省的降水量平均值为1437.4毫米，其中2012年降水量为1692.3毫米，为该时期最高值；2011年降水量为1051.3毫米，为该时期最低值。江西省的降水量平均值为1711.4毫米，其中2012年降水量为2165.1毫米，为该时期最高值；2011年降水量为1303.6毫米，为该时期最低值（见表4-8）。

表4-8　2008—2015年中部地区降水量　　单位：毫米

年份	黑龙江	吉林	山西	河南	安徽	湖北	湖南	江西
2008	473.7	592.1	466.4	738.1	1146.0	1213.0	1396.1	1536.0
2009	625.1	554.3	498.7	753.8	1194.0	1066.3	1253.1	1392.0
2010	560.5	798.8	481.2	841.7	1308.9	1279.3	1639.4	2086.2
2011	455.7	501.2	602.1	736.2	1064.4	988.2	1051.3	1303.6
2012	611.0	739.6	510.1	605.2	1173.8	1045.1	1692.3	2165.1
2013	707.4	791.9	588.3	576.6	1023.4	1036.6	1354.1	1464.2
2014	563.1	518.2	542.9	725.9	1278.5	1130.7	1503.2	1668.6
2015	555.9	590.8	480.6	704.1	1362.8	1177.0	1609.7	2075.4

数据来源：EPS数据库。

3. 西部地区

我国西部12个省份幅员辽阔，降水量差异较大。2008—2015年，新疆维吾尔自治区降水量平均值为172.1毫米，其中2010年降水量为226.9毫米，为该时期的最高值；2009 年的降水量为 144. 1 毫米，为该时期的最低值。内蒙古自治区的降水量平均值为 273. 8 毫米，其中 2012 年降水量为 317. 3 毫米，为该时期最高值；2009 年降水量为 231. 6 毫米，为该时期最低值。甘肃省的降水量平均值为 290. 8 毫米，其中 2013 年降水量为 324. 8 毫米，为该时期最高值；2009 年降水量为 261. 7 毫米，为该时期最低值。宁夏回族自治区的降水量平均值为 296. 4 毫米，其中 2014 年降水量为 363. 9 毫米，为该时期最高值；2009 年降水量为 235. 2 毫米，为该时期最低值。青海省的降水量平均值为 336. 1 毫米，其中 2009 年降水量为 373. 6 毫米，为该时期最高值；2015 年降水量为 289. 4 毫米，为该时期最低值。西藏自治区的降水量平均值为 569. 0 毫米，其中 2008 年降水量为 617. 1 毫米，为该时期最高值；2015 年降水量为 506. 8 毫米，为该时期最低值。陕西省的降水量平均值为 696. 4 毫米，其中 2011 年降水量为 850. 7 毫米，为该时期最高值；2008 年降水量为 592. 2 毫米，为该时期最低值。四川省的降水量平均值为 948. 4 毫米，其中 2013 年降水量为 1041. 6 毫米，为该时期最高值；2011 年降水量为 890. 9 毫米，为该时期最低值。贵州省的降水量平均值为 1096. 4 毫米，其中 2014 年降水量为 1273. 3 毫米，为该时期最高值；2011 年降水量为 820. 6 毫米，为该时期最低值。重庆市的降水量平均值为 1103. 7 毫米，其中 2014 年降水量为 1270. 0 毫米，为该时期最高值；2009 年降水量为 1029. 6 毫米，为该时期最低值。云南省的降水量平均值为 1141. 3 毫米，其中 2008 年降水量为 1333. 8 毫米，为该时期最高值；2009 年降水量为 963. 2 毫米，为该时期最低值。广西壮族自治区的降水量平均值为 1598. 8 毫米，其中 2015 年降水量为 1899. 0 毫米，为该时期最高值；2011 年降水量为 1268. 8 毫米，为该时期最低值（见表 4-9）。

表 4-9　2008—2015 年西部地区降水量　　单位：毫米

年份	新疆	内蒙古	甘肃	宁夏	青海	西藏	陕西	四川	贵州	重庆	云南	广西
2008	146. 9	277. 1	274. 2	250. 1	324. 4	617. 1	592. 2	956. 3	1266. 5	1187. 7	1333. 8	1799. 1
2009	144. 1	231. 6	261. 7	235. 2	373. 6	534. 5	702. 1	901. 0	949. 9	1029. 6	963. 2	1293. 7
2010	226. 9	260. 6	287. 6	293. 0	343. 6	601. 3	729. 5	943. 4	1105. 9	1058. 3	1185. 1	1580. 3
2011	167. 0	237. 0	300. 3	283. 6	338. 4	588. 0	850. 7	890. 9	820. 6	1091. 8	985. 2	1268. 8

续表

年份	新疆	内蒙古	甘肃	宁夏	青海	西藏	陕西	四川	贵州	重庆	云南	广西
2012	182.1	317.3	313.6	338.9	371.4	555.0	654.9	1033.2	1117.1	1080.6	1090.1	1670.4
2013	185.0	315.5	324.8	318.7	298.8	574.6	708.6	1041.6	981.9	1063.6	1190.1	1696.2
2014	145.6	280.0	294.3	363.9	349.3	574.6	703.3	926.1	1273.3	1270.0	1143.4	1582.8
2015	179.0	271.0	270.2	287.8	289.4	506.8	630.1	894.6	1256.2	1048.3	1239.8	1899.0

数据来源：EPS 数据库。

二、地表水资源量

地表水资源指地表水中可以逐年更新的淡水量，是水资源的重要组成部分，包括冰雪水、河川水和湖沼水等。地表水资源量通常以还原后的天然河川径流量表示。1997—2015 年，我国地表水资源量变化幅度较大。1998 年，我国地表水资源总量为 32726 亿立方米，处于该时期的最高值。2011 年，我国地表水资源量为 22214 亿立方米，处于该时期的最低值。两者相差 10512 亿立方米（见图 4-2）。

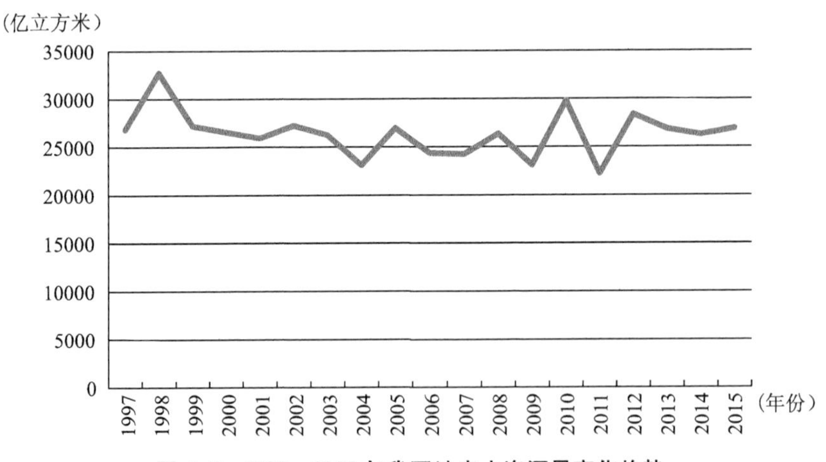

图 4-2　1997—2015 年我国地表水资源量变化趋势

数据来源：EPS 数据库。

（一）北方六区地表水资源量

不同区域的面积和降水量差异较大，因此北方六区各个区域之间的地表水资源量差别较大。2008—2015 年，松花江区的地表水资源量平均值为 1365.8 亿立方米，其中地表水资源量最低值为 2008 年的 788.5 亿立方米，最高值为 2013 年的 2459.1 亿立方米。辽河区的地表水资源量平均值为 384.6 亿立方米，其中 2010 年地表水资源量为 702.3 亿立方米，为该时期最高值；2014 年地表水资源量为 167.0 亿立方米，为该时期最低值。海河区的地表水资源量平均值为 143.2 亿立方米，其中 2012 年地表水资源量为 235.5 亿立方米，为该时期最高值；2014 年地表水资源量为 98.0 亿立方米，为该时期最低值。黄河区的地表水资源量平均值为 551.1 亿立方米，其中 2012 年地表水资源量为 660.4 亿立方米，为该时期最高值；2015 年地表水资源量为 435.0 亿立方米，为该时期最低值。淮河区的地表水资源量平均值为 596.3 亿立方米，其中 2008 年地表水资源量为 782.1 亿立方米，为该时期最高值；2013 年地表水资源量为 451.6 亿立方米，为该时期最低值。西北诸河区的地表水资源量平均值为 1261.2 亿立方米，其中 2010 年地表水资源量为 1521.0 亿立方米，为该时期最高值；2014 年地表水资源量为 1091.1 亿立方米，为该时期最低值（见表 4-10）。

表 4-10　2008—2015 年北方六区地表水资源量　　单位：亿立方米

年份	松花江区	辽河区	海河区	黄河区	淮河区	西北诸河区
2008	788.5	305.1	126.9	454.2	782.1	1224.8
2009	1277.6	205.2	115.6	551.7	543.5	1112.0
2010	1433.2	702.3	149.0	568.9	709.8	1521.0
2011	987.3	332.1	135.9	620.9	643.3	1303.0
2012	1299.2	599.5	235.5	660.4	522.9	1320.3
2013	2459.1	539.4	176.2	578.3	451.6	1333.7
2014	1405.5	167.0	98.0	539.0	510.1	1091.1
2015	1275.8	226.4	108.4	435.0	607.3	1183.3
平均值	1365.8	384.6	143.2	551.1	596.3	1261.2

数据来源：EPS 数据库。

（二）南方四区地表水资源量

南方四区的地表水资源量均比北方六区大。2008—2015 年，长江区的地表水资源量平均值为 9547.0 亿立方米，其中最低值为 2011 年的 7713.6 亿立方米，最高值为 2010 年的 11146.1 亿立方米。太湖区的地表水资源量平均值为 202.8 亿立方米，其中 2015 年地表水资源量为 311.6 亿立方米，为该时期最高值；2013 年地表水资源量为 139.9 亿立方米，为该时期最低值。东南诸河区的地表水资源量平均值为 2124.5 亿立方米，其中 2010 年地表水资源量为 2858.2 亿立方米，为该时期最高值；2011 年地表水资源量为 1414.7 亿立方米；为该时期最低值。珠江区的地表水资源量平均值为 4848.0 亿立方米，其中 2008 年地表水资源量为 5682.3 亿立方米，为该时期最高值；2011 年地表水资源量为 3676.8 亿立方米，为该时期最低值。西南诸河区的地表水资源量平均值为 5414.7 亿立方米，其中 2008 年地表水资源量为 5944.4 亿立方米，为该时期最高值；2015 年地表水资源量为 5014.3 亿立方米，为该时期最低值（见表 4-11）。

表 4-11　2008—2015 年南方四区地表水资源量　单位：亿立方米

年份	长江区	其中：太湖区	东南诸河区	珠江区	西南诸河区
2008	9344.3	175.7	1724.4	5682.3	5944.4
2009	8608.2	223.3	1610.0	4059.4	5042.0
2010	11146.1	187.2	2858.2	4921.3	5787.7
2011	7713.6	173.6	1414.7	3676.8	5386.0
2012	10679.1	207.3	2737.1	5063.1	5256.2
2013	8674.6	139.9	1902.1	5287.0	5437.6
2014	10020.3	204.0	2212.4	4770.9	5449.5
2015	10190.0	311.6	2536.9	5323.4	5014.3
平均值	9547.0	202.8	2124.5	4848.0	5414.7

数据来源：EPS 数据库。

（三）各省份地表水资源量

1. 东部地区

我国东部11个省份的地表水资源量自南向北递减。2008—2015年，北京市的地表水资源量平均值为9.9亿立方米，其中2012年地表水资源量为18.0亿立方米，为该时期最高值；2014年地表水资源量为6.5亿立方米，为该时期最低值。天津市的地表水资源量平均值为11.9亿立方米，其中2012年地表水资源量为26.5亿立方米，为该时期最高值；2010年地表水资源量为5.6亿立方米，为该时期最低值。河北省的地表水资源量平均值为66.1亿立方米，其中2012年地表水资源量为117.8亿立方米，为该时期最高值；2014年地表水资源量为46.9亿立方米，为该时期最低值。辽宁省的地表水资源量平均值为296.0亿立方米，其中2010年地表水资源量为554.0亿立方米，为该时期最高值；2014年地表水资源量为123.7亿立方米，为该时期最低值。山东省的地表水资源量平均值为171.7亿立方米，其中2011年地表水资源量为237.5亿立方米，为该时期最高值；2014年地表水资源量为76.6亿立方米，为该时期最低值。上海市的地表水资源量平均值为32.2亿立方米，其中2015年地表水资源量为55.3亿立方米，为该时期最高值；2011年地表水资源量为16.2亿立方米，为该时期最低值。江苏省的地表水资源量平均值为314.7亿立方米，其中2015年地表水资源量为462.9亿立方米，为该时期最高值；2013年地表水资源量为202.3亿立方米，为该时期最低值。浙江省的地表水资源量平均值为1091.1亿立方米，其中2012年地表水资源量为1429.1亿立方米，为该时期最高值；2011年地表水资源量为733.3亿立方米，为该时期最低值。福建省的地表水资源量平均值为1183.0亿立方米，其中2010年地表水资源量为1651.5亿立方米，为该时期最高值；2011年地表水资源量为773.5亿立方米，为该时期最低值。广东省的地表水资源量平均值为1894.5亿立方米，其中2013年地表水资源量为2253.7亿立方米，为该时期最高值；2011年地表水资源量为1461.3亿立方米，为该时期最低值。海南省的地表水资源量平均值为409.1亿立方米，其中2013年地表水资源量为496.5亿立方米，为该时期最高值；2015年地表水资源量为195.9亿立方米，为该时期最低值（见表4-12）。

表4-12　2008—2015年东部地区地表水资源量　　单位：亿立方米

年份	北京	天津	河北	辽宁	山东	上海	江苏	浙江	福建	广东	海南
2008	12.8	13.6	62.4	226.8	229.0	30.0	280.9	839.9	1035.7	2197.3	414.1
2009	6.8	10.6	47.5	138.0	173.8	34.6	306.0	917.4	799.6	1604.1	474.6
2010	7.2	5.6	56.6	554.0	199.1	30.9	291.2	1382.9	1651.5	1989.5	474.3
2011	9.2	10.9	69.8	260.5	237.5	16.2	399.0	733.3	773.5	1461.3	478.8
2012	18.0	26.5	117.8	492.4	182.2	27.4	279.1	1429.1	1510.1	2017.5	360.2
2013	9.4	10.8	76.8	420.3	191.1	22.8	202.3	917.3	1150.7	2253.7	496.5
2014	6.5	8.3	46.9	123.7	76.6	40.1	296.4	1118.2	1218.4	1709.0	378.7
2015	9.3	8.7	50.9	152.0	84.3	55.3	462.9	1390.4	1324.7	1923.4	195.9

数据来源：EPS数据库。

2. 中部地区

我国中部8个省份的地表水资源量差异也较大。2008—2015年，黑龙江省的地表水资源量平均值为734.3亿立方米，其中2013年地表水资源量为1253.3亿立方米，为该时期最高值；2008年地表水资源量为341.9亿立方米，为该时期最低值。吉林省的地表水资源量平均值为357.5亿立方米，其中2010年地表水资源量为622.1亿立方米，为该时期最高值；2014年地表水资源量为251.0亿立方米，为该时期最低值。山西省的地表水资源量平均值为61.8亿立方米，其中2013年地表水资源量为81.0亿立方米，为该时期最高值；2009年地表水资源量为47.7亿立方米，为该时期最低值。河南省的地表水资源量平均值为220.7亿立方米，其中2010年地表水资源量为415.7亿立方米，为该时期最高值；2013年地表水资源量为123.1亿立方米，为该时期最低值。安徽省的地表水资源量平均值为685.9亿立方米，其中2010年地表水资源量为876.3亿立方米，为该时期最高值；2013年地表水资源量为525.4亿立方米，为该时期最低值。湖北省的地表水资源量平均值为896.9亿立方米，其中2010年地表水资源量为1239.1亿立方米，为该时期最高值；

2011 年地表水资源量为 725.4 亿立方米，为该时期最低值。湖南省的地表水资源量平均值为 1658.3 亿立方米，其中 2012 年地表水资源量为 1981.3 亿立方米，为该时期最高值；2011 年地表水资源量为 1120.7 亿立方米，为该时期最低值。江西省的地表水资源量平均值为 1614.0 亿立方米，其中 2010 年地表水资源量为 2255.2 亿立方米，为该时期最高值；2011 年地表水资源量为 1018.9 亿立方米，为该时期最低值（见表 4-13）。

表 4-13　2008—2015 年中部地区地表水资源量　　单位：亿立方米

年份	黑龙江	吉林	山西	河南	安徽	湖北	湖南	江西
2008	341.9	276.6	51.3	259.1	651.9	1003.7	1593.1	1335.7
2009	845.6	252.8	47.7	208.3	685.9	794.4	1393.8	1144.7
2010	725.2	622.1	52.8	415.7	876.3	1239.1	1899.4	2255.2
2011	512.5	262.9	76.6	222.5	544.2	725.4	1120.7	1018.9
2012	695.7	387.3	65.9	172.7	640.6	783.8	1981.3	2155.8
2013	1253.3	535.2	81.0	123.1	525.4	756.6	1574.3	1405.3
2014	814.4	251.0	65.2	177.4	712.9	885.9	1791.5	1613.3
2015	686.0	272.0	53.8	186.7	850.2	986.3	1912.4	1983.0

数据来源：EPS 数据库。

3. 西部地区

受区域面积、降水量、河流径流量等因素影响，我国西部 12 个省份的地表水资源量差异较大。2008—2015 年，内蒙古自治区的地表水资源量平均值为 381.5 亿立方米，其中 2013 年地表水资源量为 813.5 亿立方米，为该时期最高值；2010 年地表水资源量为 253.4 亿立方米，为该时期最低值。新疆维吾尔自治区的地表水资源量平均值为 837.8 亿立方米，其中 2010 年地表水资源量为 1051.2 亿立方米，为该时期最高值；2014 年地表水资源量为 686.6 亿立方米，为该时期最低值。甘肃省的地表水资源量平均值为 211.2 亿立方米，其中 2013 年地表水资源量为 262.2 亿立方米，为该时期最高值；2015 年地表水资源量为 157.3 亿立方米，为该时期最低值。青海省的地表水资源量平均值为 725.0 亿立方米，其中 2012 年地表水资源量为 879.2 亿立方米，为该时期最高值；2015 年地表水资源量为 570. 1 亿立方米，为该时期最低值。宁夏回族自治区的地表水资源量平均值为 7. 5 亿立方米，其中 2013 年地表水资源量为 9. 5 亿立方米，为该时期最高值；2009 年地表水资源量为 6 亿立方米，为该时期最低值。西藏自治区的地表水资源量平均值为 4308. 3 亿立方米，其中 2010 年地表水资源量为 4593. 0 亿立方米，为该时期最高值；2015 年地表水资源量为 3853. 0 亿立方米，为该时期最低值。陕西省的地表水资源量平均值为 383. 9 亿立方米，其中 2011 年地表水资源量为 575. 5 亿立方米，为该时期最高值；2008 年地表水资源量为 285. 0 亿立方米，为该时期最低值。广西壮族自治区的地表水资源量平均值为 1938. 1 亿立方米，其中 2015 年地表水资源量为 2432. 2 亿立方米，为该时期最高值；2011 年地表水资源量为 1350. 0 亿立方米，为该时期最低值。重庆市的地表水资源量平均值为 507. 7 亿立方米，其中 2014 年地表水资源量为 642. 6 亿立方米，为该时期最高值；2009 年地表水资源量为 455. 9 亿立方米，为该时期最低值。四川省的地表水资源量平均值为 2470. 9 亿立方米，其中 2012 年地表水资源量为 2891. 2 亿立方米，为该时期最高值；2015 年地表水资源量为 2219. 4 亿立方米，为该时期最低值。贵州省的地表水资源量平均值为 966. 5 亿立方米，其中 2014 年地表水资源量为 1213. 1 亿立方米，为该时期最高值；2011 年地表水资源量为 624. 3 亿立方米，为该时期最低值。云南省的地表水资源量平均值为 1788. 5 亿立方米，其中 2008 年地表水资源量为 2314. 5 亿立方米，为该时期最高值；2011 年地表水资源量为 1480. 2 亿立方米，为该时期最低值（见表 4-14）。

表 4-14　2008—2015 年西部地区地表水资源量　　单位：亿立方米

年份	内蒙古	新疆	甘肃	青海	宁夏	西藏	陕西	广西	重庆	四川	贵州	云南
2008	274. 8	772. 5	179. 3	640. 0	6. 6	4560. 2	285. 0	2282. 5	576. 9	2488. 3	1140. 7	2314. 5
2009	263. 4	713. 7	201. 8	873. 9	6. 0	4029. 2	393. 7	1484. 3	455. 9	2330. 6	910. 0	1576. 6
2010	253. 4	1051. 2	206. 7	715. 8	7. 0	4593. 0	482. 5	1823. 6	464. 3	2573. 7	956. 5	1941. 4
2011	298. 2	841. 0	233. 0	715. 1	6. 9	4402. 7	575. 5	1350. 0	514. 6	2238. 3	624. 3	1480. 2
2012	349. 2	851. 6	259. 0	879. 2	8. 5	4196. 4	368. 0	2086. 4	476. 9	2891. 2	974. 0	1689. 8

续表

年份	内蒙古	新疆	甘肃	青海	宁夏	西藏	陕西	广西	重庆	四川	贵州	云南
2013	813.5	905.6	262.2	629.5	9.5	4415.7	331.5	2056.3	474.3	2469.1	759.4	1706.7
2014	397.6	686.6	190.5	776.0	8.2	4416.3	325.8	1989.6	642.6	2556.5	1213.1	1726.6
2015	402.1	880.1	157.3	570.1	7.1	3853.0	309.2	2432.2	456.2	2219.4	1153.7	1871.9

数据来源：EPS 数据库。

三、 地下水资源量

地下水资源是指存在于地下可以为人类所利用的水资源，是水资源的一部分，并且与大气水资源和地表水资源密切联系、互相转化。地下水资源既有一定的地下储存空间，又参加自然界水循环，具有流动性和可恢复性。1997—2015 年，相较于地表水资源，我国地下水资源量变化幅度小。1998 年，我国地下水资源总量为 9400 亿立方米，是该时期的最高值。1997 年，我国地下水资源量为 6942 亿立方米，是该时期的最低值。两者相差 2458 亿立方米（见图 4-3）。

（一）北方六区地下水资源量

北方六区各个区域之间的地下水资源量差别较大。2008—2015 年，松花江区的地下水资源量平均值为 487.1 亿立方米，其中 2013 年地下水资源量为 618.7 亿立方米，为该时期最高值；2011 年地下水资源量为 420.5 亿立方米，为该时期最低值。辽河区的地下水资源量平均值为 189.4 亿立方米，其中 2012 年地下水资源量为 236.3 亿立方米，为该时期最高值；2009 年地下水资源量为 145.7 亿立方米，为该时期最低值。海河区的地下水资源量平均值为 235.3 亿立方米，其中 2012 年地下水资源量为 288.7 亿立方米，为该时期最高值；2014 年地下水资源量为 184.5 亿立方米，为该时期最低值。黄河区的地下水资源量平均值为 381.6 亿立方米，其中 2012 年地下水资源量为 429.4 亿立方米，为该时期最高值；2015 年地下水资源量为 337.3 亿立方米，为该时期最低值。淮河区的地下水资源量平均值为 382.6 亿立方米，其中 2008 年地下水资源量为 430.6 亿立方米，为该时期最高值；2013 年地下水资源量为 345.6 亿立方米，为该时期最低值。西北诸河区的地下水资源量平均值为 840.0 亿立方米，其中 2010 年地下水资源量为 966.1 亿立方米，为该时期最高值；2014 年地下水资源量为 735.6 亿立方米，为该时期最低值（见表 4-15）。

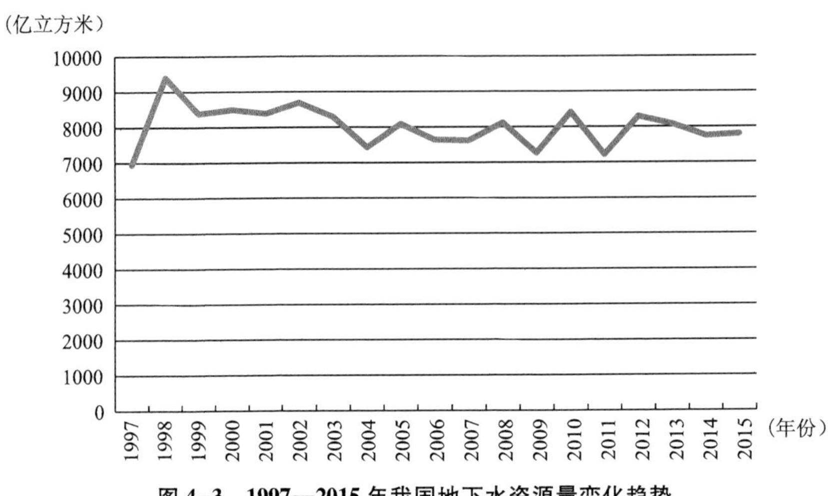

图 4-3　1997—2015 年我国地下水资源量变化趋势

数据来源：EPS 数据库。

表 4-15　2008—2015 年北方六区地下水资源量　　单位：亿立方米

年份	松花江区	辽河区	海河区	黄河区	淮河区	西北诸河区
2008	426.1	171.7	242.1	344.7	430.6	840.0
2009	489.0	145.7	232.2	385.0	390.4	764.8
2010	476.4	235.1	224.4	385.2	412.2	966.1
2011	420.5	179.8	237.3	411.2	399.0	861.4
2012	506.1	236.3	288.7	429.4	353.0	889.8
2013	618.7	222.0	259.8	381.2	345.6	866.1
2014	486.3	161.8	184.5	378.4	355.9	735.6
2015	473.6	162.7	213.6	337.3	374.2	796.4
平均值	487.1	189.4	235.3	381.6	382.6	840.0

数据来源：EPS 数据库。

（二）南方四区地下水资源量

南方四区的地下水资源量均比北方六区大。2008—2015 年，长江区的地下水资源量平均值为 2430.3 亿立方米，其中最低值为 2011 年的 2138.0 亿立方米，最高值为 2010 年的 2619.1 亿立方米。太湖区的地下水资源量平均值为 48.1 亿立方米，其中 2015 年地下水资源量为 59.3 亿立方米，为该时期最高值；2013 年地下水资源量为 41.5 亿立方米，为该时期最低值。东南诸河区的地下水资源量平均值为 494.5 亿立方米，其中 2010 年地下水资源量为 559.9 亿立方米，为该时期最高值；2011 年地下水资源量为 392.6 亿立方米，为该时期最低值。珠江区的地下水资源量平均值为 1112.7 亿立方米，其中 2008 年地下水资源量为 1293.7 亿立方米，为该时期最高值；2011 年地下水资源量为 862.7 亿立方米，为该时期最低值。西南诸河区的地下水资源量平均值为 1314.0 亿立方米，其中 2008 年地下水资源量为 1502.4 亿立方米，为该时期最高值；2015 年地下水资源量为 1176.4 亿立方米，为该时期最低值（见表 4-16）。

表 4-16 2008—2015 年南方四区地下水资源量 单位：亿立方米

年份	长江区	其中：太湖区	东南诸河区	珠江区	西南诸河区
2008	2416.3	45.7	454.4	1293.7	1502.4
2009	2308.2	49.5	418.6	909.3	1223.9
2010	2619.1	46.7	559.9	1115.9	1422.6
2011	2138.0	43.8	392.6	862.7	1311.9
2012	2536.2	51.6	556.7	1208.1	1292.1
2013	2336.2	41.5	498.8	1257.1	1295.7
2014	2542.1	46.4	520.9	1092.6	1286.9
2015	2546.0	59.3	554.3	1162.5	1176.4
平均值	2430.3	48.1	494.5	1112.7	1314.0

数据来源：EPS 数据库。

（三）各省份地下水资源量

1. 东部地区

我国东部 11 个省份的地下水资源量受区域面积、径流量等因素影响，差异较大。2008—2015 年，北京市的地下水资源量平均值为 20.6 亿立方米，其中 2012 年地下水资源量为 26.5 亿立方米，为该时期最高值；2014 年地下水资源量为 16.0 亿立方米，为该时期最低值。天津市的地下水资源量平均值为 5.3 亿立方米，其中 2012 年地下水资源量为 7.6 亿立方米，为该时期最高值；2014 年地下水资源量为 3.7 亿立方米，为该时期最低值。河北省的地下水资源量平均值为 125.6 亿立方米，其中 2012 年地下水资源量为 164.8 亿立方米，为该时期最高值；2014 年地下水资源量为 89.3 亿立方米，为该时期最低值。辽宁省的地下水资源量平均值为 113.0 亿立方米，其中 2012 年地下水资源量为 147.4 亿立方米，为该时期最高值；2014 年地下水资源量为 82.3 亿立方米，为该时期最低值。山东省的地下水资源量平均值为 165.6 亿立方米，其中 2011 年地下水资源量为 195.9 亿立方米，为该时期最高值；2014 年地下水资源量为 116.9 亿立方米，为该时期最低值。上海市的地下水资源量平均值为 9.5 亿立方米，其中 2015 年地下水资源量为 11.7 亿立方米，为该时期最高值；2011 年地下水资源量为 7.4 亿立方米，为该时期最低值。江苏省的地下水资源量平均值为 114.4 亿立方米，其中 2015 年地下水资源量为 142.4 亿立方米，为该时期最高值；2013 年地下水资源量为 97.2 亿立方米，为该时期最低值。浙江省的地下水资源量平均值为 229.7 亿立方米，其中 2012 年地下水资源量为 273.5 亿立方米，为该时期最高值；2011 年地下水资源量为 184.2 亿立方米，为该时期最低值。福建省的地下水资源量平均值为 311.9 亿立方米，其中 2010 年地下水资源量为 353.8 亿立方米，为该时期最高值；2011 年地下水资源量为 243.4 亿立方米，为该时期最低值。广东省的地下水资源量平均值为 456.9 亿立方米，其中 2013 年地下水资源量为 532.5 亿立方米，为该时期最高值；2011 年地下水资源量为 362.1 亿立方米，为该时期最低值。海南省的地下水资源量平均值为 97.6 亿立方米，其中 2013 年地下水资源量为 119.5 亿立方米，为该时期最高值；2015 年地下水资源量为 50.6 亿立方米，为该时期最低值（见表 4-17）。

表 4-17　2008—2015 年东部地区地下水资源量　　单位：亿立方米

年份	北京	天津	河北	辽宁	山东	上海	江苏	浙江	福建	广东	海南
2008	24.9	5.9	136.3	105.4	180.6	10.2	111.3	198.1	303.9	506.9	97.9

续表

年份	北京	天津	河北	辽宁	山东	上海	江苏	浙江	福建	广东	海南
2009	17.8	5.6	122.7	87.6	180.7	9.9	110.8	208.0	244.7	407.6	106.3
2010	18.9	4.5	112.9	146.8	181.2	8.9	108.9	264.7	353.8	478.3	105.7
2011	21.2	5.2	126.2	111.9	195.9	7.4	115.1	184.2	243.4	362.1	111.6
2012	26.5	7.6	164.8	147.4	164.2	9.7	110.2	273.5	349.3	485.8	92.6
2013	18.7	5.0	138.8	139.4	172.3	8.2	97.2	207.3	337.6	532.5	119.5
2014	16.0	3.7	89.3	82.3	116.9	10.0	118.9	231.8	330.5	420.5	96.7
2015	20.6	4.9	113.6	83.2	133.1	11.7	142.4	269.8	332.3	461.4	50.6

数据来源：EPS 数据库。

2. 中部地区

我国中部 8 个省份的地下水资源量差异也较大。2008—2015 年，黑龙江省的地下水资源量平均值为 290.8 亿立方米，其中 2013 年地下水资源量为 381.5 亿立方米，为该时期最高值；2011 年地下水资源量为 237.2 亿立方米，为该时期最低值。吉林省的地下水资源量平均值为 125.8 亿立方米，其中 2013 年地下水资源量为 160.2 亿立方米，为该时期最高值；2009 年地下水资源量为 97.3 亿立方米，为该时期最低值。山西省的地下水资源量平均值为 87.0 亿立方米，其中 2014 年地下水资源量为 97.3 亿立方米，为该时期最高值；2009 年地下水资源量为 76.1 亿立方米，为该时期最低值。河南省的地下水资源量平均值为 179.0 亿立方米，其中 2010 年地下水资源量为 214.7 亿立方米，为该时期最高值；2013 年地下水资源量为 147.1 亿立方米，为该时期最低值。安徽省的地下水资源量平均值为 172.7 亿立方米，其中 2010 年地下水资源量为 197.8 亿立方米，为该时期最高值；2011 年地下水资源量为 143.5 亿立方米，为该时期最低值。湖北省的地下水资源量平均值为 272.4 亿立方米，其中 2010 年地下水资源量为 306.1 亿立方米，为该时期最高值；2013 年地下水资源量为 251.3 亿立方米，为该时期最低值。湖南省的地下水资源量平均值为 389.3 亿立方米，其中 2014 年地下水资源量为 434.1 亿立方米，为该时期最高值；2011 年地下水资源量为 279.9 亿立方米，为该时期最低值。江西省的地下水资源量平均值为 398.5 亿立方米，其中 2010 年地下水资源量为486.8亿立方米，为该时期最高值；2009年地下水资源量为312.9亿立方米，为该时期最低值（见表4-18）。

表4-18　2008—2015年中部地区地下水资源量　　单位：亿立方米

年份	山西	吉林	黑龙江	安徽	江西	河南	湖北	湖南
2008	78.9	99.6	247.8	178.1	370.3	188.3	282.0	386.2
2009	76.1	97.3	313.4	185.4	312.9	188.1	263.4	351.7
2010	77.4	141.9	277.9	197.8	486.8	214.7	306.1	430.0
2011	95.0	112.9	237.2	143.5	315.2	191.8	251.9	279.9
2012	88.3	147.0	289.8	159.3	462.3	161.8	262.8	417.9
2013	96.9	160.2	381.5	144.5	378.4	147.1	251.3	382.1
2014	97.3	120.2	295.4	178.9	397.2	166.8	282.0	434.1
2015	86.4	127.4	283.0	193.7	465.0	173.1	279.6	432.4

数据来源：EPS数据库。

3. 西部地区

我国西部12个省份的地下水资源量差异也较大。2008—2015年，内蒙古自治区的地下水资源量平均值为232.4亿立方米，其中2012年地下水资源量为258.4亿立方米，为该时期最高值；2011年地下水资源量为213.4亿立方米，为该时期最低值。新疆维吾尔自治区的地下水资源量平均值为532.4亿立方米，其中2010年地下水资源量为624.3亿立方米，为该时期最高值；2014年地下水资源量为443.9亿立方米，为该时期最低值。甘肃省的地下水资源量平均值为122.9亿立方米，其中2012年地下水资源量为139.1亿立方米，为该时期最高值；2015年地下水资源量为100.9亿立方米，为该时期最低值。青海省的地下水资源量平均值为334.5亿立方米，其中2012年地下水资源量为400.5亿立方米，为该时期最高值；2015年地下水资源量为273.6亿立方米，为该时期最低值。宁夏回族自治区的地下水资源量平均值为22.0亿立方米，其中2008年地下水资源量为23.2亿立方米，为该时期最高值；2015年地下水资源量为20.9亿立方米，为该时期最低值。西藏自治区的地下水资源量平均值为960.3亿立方米，其中2008年地下水资源量为1054.3亿立方米，为该时期最高值；2015年地下水资源量为803.0亿立方米，为该时期最低值。陕西省的地下水资源量平均值为130.1亿立方米，其中2011年地下水资源量为164.3亿立方米，为该时期最高值；2008年地下水资源量为107.6亿立方米，为该时期最低值。广西壮族自治区的地下水资源量平均值为400.6亿立方米，其中2008年地下水资源量为504.8亿立方米，为该时期最高值；2009年地下水资源量为256.8亿立方米，为该时期最低值。重庆市的地下水资源量平均值为98.0亿立方米，其中2014年地下水资源量为121.8亿立方米，为该时期最高值；2009年地下水资源量为81.9亿立方米，为该时期最低值。四川省的地下水资源量平均值为595.5亿立方米，其中2012年地下水资源量为614.9亿立方米，为该时期最高值；2011年地下水资源量为578.2亿立方米，为该时期最低值。贵州省的地下水资源量平均值为255.9亿立方米，其中2014年地下水资源量为294.4亿立方米，为该时期最高值；2011年地下水资源量为216.4亿立方米，为该时期最低值。云南省的地下水资源量平均值为617.6亿立方米，其中2008年地下水资源量为801.6亿立方米，为该时期最高值；2011年地下水资源量为548.1亿立方米，为该时期最低值（见表4-19）。

表4-19 2008—2015年西部地区地下水资源量 单位：亿立方米

年份	内蒙古	广西	重庆	四川	贵州	云南	西藏	陕西	甘肃	青海	宁夏	新疆
2008	235.1	504.8	88.4	598.2	265.0	801.6	1054.3	107.6	114.3	298.5	23.2	518.5
2009	214.4	256.8	81.9	580.0	249.0	582.6	871.5	132.4	123.6	392.3	22.1	470.5
2010	227.6	355.8	96.3	595.0	251.4	686.0	1033.6	142.9	124.2	340.1	22.8	624.3
2011	213.4	271.2	98.3	578.2	216.4	548.1	990.9	164.3	129.3	331.1	21.6	540.2
2012	258.4	467.6	97.8	614.9	253.3	583.2	951.9	130.2	139.1	400.5	21.6	557.0
2013	249.3	478.1	96.4	607.5	235.6	573.3	991.7	118.5	138.9	290.8	22.1	560.2
2014	236.3	403.0	121.8	606.2	294.4	558.4	985.1	124.1	112.6	349.4	21.3	443.9
2015	224.6	467.3	103.3	584.0	282.2	607.5	803.0	120.6	100.9	273.6	20.9	544.9

数据来源：EPS数据库。

四、地表水与地下水资源重复量

由于自然或人为作用，降水、地表水、地下水三者之间往往会相互转化，特别是地表水资源与地下水资源之间转化更为频繁。因此计算水资源总量时，需要考虑地表水与地下水资源重复量。1997—2015 年，我国地表水与地下水资源重复量平均值为 6951.6 亿立方米，其中 1998 年为 8109 亿立方米，为该时期最高值；1997 年为 5923 亿立方米，为该时期最低值（见图 4-4）。

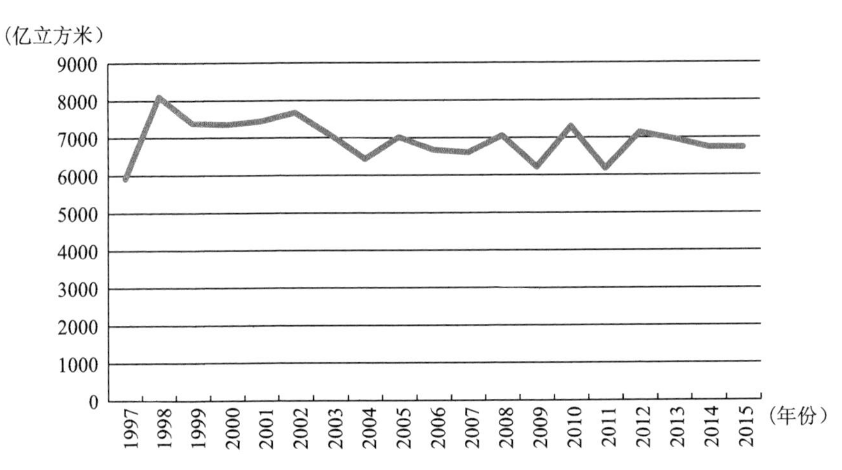

图 4-4　1997—2015 年我国地表水与地下水资源重复量变化趋势

数据来源：EPS 数据库。

（一）北方六区地表水与地下水资源重复量

2008—2015 年，松花江区的地表水与地下水资源重复量平均值为 272.3 亿立方米，其中 2013 年地表水与地下水资源重复量为 352.6 亿立方米，为该时期最高值；2011 年地表水与地下水资源重复量为 230.3 亿立方米，为该时期最低值。辽河区的地表水与地下水资源重复量平均值为 100.8 亿立方米，其中 2013 年地表水与地下水资源重复量为 128.6 亿立方米，为该时期最高值；2009 年地表水与地下水资源重复量为 74.6 亿立方米，为该时期最低值。海河区的地表水与地下水资源重复量平均值为 71.7 亿立方米，其中 2012 年地表水与地下水资源重复量为 87.6 亿立方米，为该时期最高值；2015 年地表水与地下水资源重复量为 61.7 亿立方米，为该时期最低值。黄河区的地表水与地下水资源重复量平均值为 272.1 亿立方米，其中 2012 年地表水与地下水资源重复量为 318.0 亿立方米，为该时期最高值；2015 年地表水与地下水资源重复量为 231.3 亿立方米，为该时期最低值。淮河区的地表水与地下水资源重复量平均值为138.7亿立方米，其中2008年地表水与地下水资源重复量为165.5亿立方米，为该时期最高值；2014年地表水与地下水资源重复量为118.1亿立方米，为该时期最低值。西北诸河区的地表水与地下水资源重复量平均值为735.3亿立方米，其中2010年地表水与地下水资源重复量为840.4亿立方米，为该时期最高值；2014年地表水与地下水资源重复量为639.3亿立方米，为该时期最低值（见表4-20）。

表4-20　2008—2015年北方六区地表水与地下水资源重复量

单位：亿立方米

年份	松花江区	辽河区	海河区	黄河区	淮河区	西北诸河区
2008	231.9	82.9	74.5	239.9	165.5	741.4
2009	278.4	74.6	62.6	279.9	134.0	672.0
2010	269.6	124.7	66.2	274.3	159.2	840.4
2011	230.3	101.9	75.4	292.7	149.7	763.8
2012	268.2	119.0	87.6	318.0	129.7	779.7
2013	352.6	128.6	79.6	276.5	125.9	760.4
2014	278.3	89.1	66.2	263.8	118.1	639.3
2015	269.2	85.5	61.7	231.3	127.3	685.7
平均值	272.3	100.8	71.7	272.1	138.7	735.3

数据来源：EPS数据库。

（二）南方四区地表水与地下水资源重复量

2008—2015年，长江区的地表水与地下水资源重复量平均值为2305.4亿立方米，其中最低值为2011年的2014.1亿立方米，最高值为2010年的2501.1亿立方米。太湖区的地表水与地下水资源重复量平均值为23.7亿立方米，其中2015年地表水与地下水资源重复量为28.5亿立方米，为该时期最高值；2013年地表水与地下水资源重复量为20.9亿立方米，为该时期最低值。东南诸河区的地表水与地下水资源重复量平均值为484.2亿立方米，其中2010年地表水与地下水资源重复量为549.1亿立方米，为该时期最高值；2011年地表水与地下水资源重复量为384.2亿立方米，为该时期最低值。珠江区的地表水与地下水资源重复量平均值为1097.8亿立方米，其中2008年地表水与地下水资源重复量为1279.1亿立方米，为该时期最高值；2011年地表水与地下水资源重复量为847.4亿立方米，为该时期最低值。西南诸河区的地表水与地下水资源重复量平均值为1314.0亿立方米，其中2008年地表水与地下水资源重复量为1502.4亿立方米，为该时期最高值；2015年地表水与地下水资源重复量为1176.4亿立方米，为该时期最低值。从数据来看，西南诸河区的地下水资源量和地表水与地下水资源重复量相等（见表4-21）。

表4-21　2008—2015年南方四区地表水与地下水资源重复量

单位：亿立方米

年份	长江区	其中：太湖区	东南诸河区	珠江区	西南诸河区
2008	2303.4	22.0	443.7	1279.1	1502.4
2009	2184.0	23.3	409.0	893.6	1223.9
2010	2501.1	24.0	549.1	1101.1	1422.6
2011	2014.1	23.5	384.2	847.4	1311.9
2012	2408.3	25.6	544.4	1193.9	1292.1
2013	2213.6	20.9	488.8	1241.0	1295.7
2014	2412.1	21.5	511.1	1077.1	1286.9
2015	2406.3	28.5	543.0	1148.9	1176.4
平均值	2305.4	23.7	484.2	1097.8	1314.0

数据来源：EPS数据库。

（三）各省份地表水与地下水资源重复量

1. 东部地区

2008—2015年，北京市的地表水与地下水资源重复量平均值为3.3亿立方米，其中2012年地表水与地下水资源重复量为4.9亿立方米，为该时期最高值；2014年地表水与地下水资源重复量为2.2亿立方米，为该时期最低值。天津市的地表水与地下水资源重复量平均值为0.9亿立方米，其中2012年和2013年地表水与地下水资源重复量均为1.2亿立方米，为该时期最高值；2014年地表水与地下水资源重复量为0.6亿立方米，为该时期最低值。河北省的地表水与地下水资源重复量平均值为35.3亿立方米，其中2012年地表水与地下水资源重复量为47.1亿立方米，为该时期最高值；2009年地表水与地下水资源重复量为29.1亿立方米，为该时期最低值。辽宁省的地表水与地下水资源重复量平均值为74.7亿立方米，其中2013年地表水与地下水资源重复量为96.5亿立方米，为该时期最高值；2009年地表水与地下水资源重复量为54.6亿立方米，为该时期最低值。山东省的地表水与地下水资源重复量平均值为68.1亿立方米，其中2011年地表水与地下水资源重复量为85.8亿立方米，为该时期最高值；2014年地表水与地下水资源重复量为45.0亿立方米，为该时期最低值。上海市的地表水与地下水资源重复量平均值为3.0亿立方米，其中2008年地表水与地下水资源重复量为3.3亿立方米，为该时期最高值；2011年和2015年地表水与地下水资源重复量均为2.9亿立方米，为该时期最低值。江苏省的地表水与地下水资源重复量平均值为17.5亿立方米，其中2015年地表水与地下水资源重复量为23.2亿立方米，为该时期最高值；2008年地表水与地下水资源重复量为14.2亿立方米，为该时期最低值。浙江省的地表水与地下水资源重复量平均值为214.8亿立方米，其中2012年地表水与地下水资源重复量为255.8亿立方米，为该时期最高值；2011年地表水与地下水资源重复量为172.5亿立方米，为该时期最低值。福建省的地表水与地下水资源重复量平均值为310.7亿立方米，其中2010年地表水与地下水资源重复量为352.6亿立方米，为该时期最高值；2011年地表水与地下水资源重复量为242.1亿立方米，为该时期最低值。广东省的地表水与地下水资源重复量平均值为447.3亿立方米，其中2013年地表水与地下水资源重复量为532.1亿立方米，为该时期最高值；2011年地表水与地下水资源重复量为352.1亿立方米，为该时期最低值。海南省的地表水与地下水资源重复量平均值为92.8亿立方米，其中2013年地表水与地下水资源重复量为113.9亿立方米，为该时期最高值；2015年地表水与地下水资源重复量为48.3亿立方米，为该时期最低值（见表4-22）。

表4-22 2008—2015年东部地区地表水与地下水资源重复量

单位：亿立方米

年份	北京	天津	河北	辽宁	上海	江苏	浙江	福建	山东	广东	海南
2008	3.5	1.2	37.7	66.2	3.3	14.2	182.8	302.7	80.8	497.3	92.9
2009	2.7	1.0	29.1	54.6	3.0	16.5	194.1	243.4	69.5	398.0	100.3

续表

年份	北京	天津	河北	辽宁	上海	江苏	浙江	福建	山东	广东	海南
2010	3.0	0.8	30.6	94.1	3.0	16.6	249.1	352.6	71.2	468.9	100.2
2011	3.5	0.7	38.9	77.6	2.9	21.7	172.5	242.1	85.8	352.1	106.3
2012	4.9	1.2	47.1	92.5	3.2	16.0	255.8	347.9	72.1	476.7	88.5
2013	3.4	1.2	39.8	96.5	3.0	16.0	193.3	336.3	71.7	523.1	113.9
2014	2.2	0.6	30.1	60.1	3.0	16.0	217.9	329.3	45.0	411.1	91.9
2015	3.1	0.8	29.4	56.2	2.9	23.2	253.1	331.1	49.0	451.4	48.3

数据来源：EPS 数据库。

2. 中部地区

2008—2015 年，黑龙江省的地表水与地下水资源重复量平均值为 155.8 亿立方米，其中 2013 年地表水与地下水资源重复量为 215.2 亿立方米，为该时期最高值；2011 年地表水与地下水资源重复量为 120.3 亿立方米，为该时期最低值。吉林省的地表水与地下水资源重复量平均值为 66.1 亿立方米，其中 2013 年地表水与地下水资源重复量为 88.0 亿立方米，为该时期最高值；2008 年地表水与地下水资源重复量为 44.2 亿立方米，为该时期最低值。山西省的地表水与地下水资源重复量平均值为 45.5 亿立方米，其中 2013 年和 2014 年地表水与地下水资源重复量为 51.4 亿立方米，为该时期最高值；2009 年地表水与地下水资源重复量为 38.1 亿立方米，为该时期最低值。河南省的地表水与地下水资源重复量平均值为 73.1 亿立方米，其中 2010 年地表水与地下水资源重复量为 95.5 亿立方米，为该时期最高值；2013 年地表水与地下水资源重复量为 57.2 亿立方米，为该时期最低值。安徽省的地表水与地下水资源重复量平均值为 116.5 亿立方米，其中 2010 年地表水与地下水资源重复量为 151.3 亿立方米，为该时期最高值；2013 年地表水与地下水资源重复量为 84.3 亿立方米，为该时期最低值。湖北省的地表水与地下水资源重复量平均值为 241.9 亿立方米，其中 2010 年地表水与地下水资源重复量为 276.5 亿立方米，为该时期最高值；2013 年地表水与地下水资源重复量为 217.8 亿立方米，为该时期最低值。湖南省的地表水与地下水资源重复量平均值为 382.2 亿立方米，其中 2014 年地表水与地下水资源重复量为 426.2 亿立方米，为该时期最高值；2011 年地表水与地下水资源重复量为 273.7 亿立方米，为该时期最低值。江西省的地表水与地下水资源重复量平均值为 379.0 亿立方米，其中 2010 年地表水与地下水资源重复量为 466.5 亿立方米，为该时期最高值；2009 年地表水与地下水资源重复量为 290.7 亿立方米，为该时期最低值（见表 4-23）。

表 4-23 2008—2015 年中部地区地表水与地下水资源重复量

单位：亿立方米

年份	山西	吉林	黑龙江	安徽	江西	河南	湖北	湖南
2008	42.8	44.2	127.7	130.7	349.8	76.1	251.8	379.4
2009	38.1	52.0	169.4	138.3	290.7	67.6	232.6	345.0
2010	38.7	77.3	149.6	151.3	466.5	95.5	276.5	422.8
2011	47.3	59.9	120.3	85.6	296.3	86.3	219.8	273.7
2012	48.0	73.8	144.1	99.0	443.7	68.9	232.7	410.3
2013	51.4	88.0	215.2	84.3	359.7	57.2	217.8	374.5
2014	51.4	65.2	165.5	113.3	378.7	60.9	253.6	426.2
2015	46.2	68.1	154.9	129.8	446.8	72.6	250.3	425.5

数据来源：EPS 数据库。

3. 西部地区

2008—2015 年，内蒙古自治区的地表水与地下水资源重复量平均值为 96.1 亿立方米，其中 2013 年地表水与地下水资源重复量为 103.0 亿立方米，为该时期最高值；2015 年地表水与地下水资源重复量为 89.7 亿立方米，为该时期最低值。新疆维吾尔自治区的地表水与地下水资源重复量平均值为 484.9 亿立方米，其中 2010 年地表水与地下水资源重复量为 562.3 亿立方米，为该时期最高值；2014 年地表水与地下水资源重复量为 403.6 亿立方米，为该时期最低值。甘肃省的地表水与地下水资源重复量平均值为 115.0 亿立方米，其中 2013 年地表水与地下水资源重复量为 132.2 亿立方米，为该时期最高值；2015 年地表水与地下水资源重复量为 93.4 亿立方米，为该时期最低值。青海省的地表水与地下水资源重复量平均值为 315.6 亿立方米，其中 2012 年地表水与地下水资源重复量为 384.5 亿立方米，为该时期最高值；2015 年地表水与地下水资源重复量为 254.4 亿立方米，为该时期最低值。宁夏回族自治区的地表水与地下水资源重复量平均值为 19.8 亿立方米，其中 2008 年地表水与地下水资源重复量为 20.6 亿立方米，为该时期最高值；2015

年地表水与地下水资源重复量为18.8亿立方米，为该时期最低值。西藏自治区的地表水与地下水资源重复量平均值为960.3亿立方米，其中2008年地表水与地下水资源重复量为1054.3亿立方米，为该时期最高值；2015年地表水与地下水资源重复量为803.0亿立方米，为该时期最低值。陕西省的地表水与地下水资源重复量平均值为106.3亿立方米，其中2011年地表水与地下水资源重复量为135.4亿立方米，为该时期最高值；2008年地表水与地下水资源重复量为88.6亿立方米，为该时期最低值。广西壮族自治区的地表水与地下水资源重复量平均值为400.0亿立方米，其中2008年地表水与地下水资源重复量为504.8亿立方米，为该时期最高值；2009年地表水与地下水资源重复量为256.8亿立方米，为该时期最低值。重庆市的地表水与地下水资源重复量平均值为98.0亿立方米，其中2014年地表水与地下水资源重复量为121.8亿立方米，为该时期最高值；2009年地表水与地下水资源重复量为81.9亿立方米，为该时期最低值。四川省的地表水与地下水资源重复量平均值为594.2亿立方米，其中2012年地表水与地下水资源重复量为613.8亿立方米，为该时期最高值；2011年地表水与地下水资源重复量为577.1亿立方米，为该时期最低值。贵州省的地表水与地下水资源重复量平均值为255.9亿立方米，其中2014年地表水与地下水资源重复量为294.4亿立方米，为该时期最高值；2011年地表水与地下水资源重复量为216.4亿立方米，为该时期最低值。云南省的地表水与地下水资源重复量平均值为617.6亿立方米，其中2008年地表水与地下水资源重复量为801.6亿立方米，为该时期最高值；2011年地表水与地下水资源重复量为548.1亿立方米，为该时期最低值（见表4-24）。

表4-24　2008—2015年西部地区地表水与地下水资源重复量

单位：亿立方米

年份	内蒙古	广西	重庆	四川	贵州	云南	西藏	陕西	甘肃	青海	宁夏	新疆
2008	97.9	504.8	88.4	596.6	265.0	801.6	1054.3	88.6	106.2	280.4	20.6	475.3
2009	99.6	256.8	81.9	578.4	249.0	582.6	871.5	109.6	116.4	371.1	19.7	429.8
2010	92.5	355.8	96.3	593.4	251.4	686.0	1033.6	117.9	115.7	314.8	20.4	562.3
2011	92.5	271.2	98.3	577.1	216.4	548.1	990.9	135.4	120.1	313.1	19.7	495.5
2012	97.4	466.6	97.8	613.8	253.3	583.2	951.9	107.7	131.1	384.5	19.2	508.0

续表

年份	内蒙古	广西	重庆	四川	贵州	云南	西藏	陕西	甘肃	青海	宁夏	新疆
2013	103.0	477.1	96.4	606.4	235.6	573.3	991.7	96.2	132.2	274.7	20.2	509.8
2014	96.1	401.7	121.8	605.1	294.4	558.4	985.1	98.3	104.7	331.5	19.4	403.6
2015	89.7	465.9	103.3	582.9	282.2	607.5	803.0	96.4	93.4	254.4	18.8	494.7

数据来源：EPS 数据库。

五、水资源总量

地表水资源量与地下水资源量之和，扣除地表水与地下水资源重复量后，可以得到水资源总量。1997—2015 年，我国水资源量变化幅度较大。1998 年，扣除地表水与地下水资源重复量 8109 亿立方米后，我国水资源总量为 34017 亿立方米，人均水资源量为 2723 立方米，处于该时期的最高值。2011 年，扣除地表水与地下水资源重复量 9171.4 亿立方米后，我国水资源量为 23257 亿立方米，人均水资源量为 1726 立方米，处于该时期的最低值。两者相差 10760 亿立方米。1997—2015 年的水资源总量平均值为 27454 亿立方米。2015 年，全国水资源总量为 27962.6 亿立方米，比常年值多 0.9%。北方六区水资源总量为 4733.5 亿立方米，比常年值少 10.1%，占全国的 16.9%；南方四区水资源总量为 23229.1 亿立方米，比常年值多 3.5%，占全国的 83.1%。全国水资源总量占降水总量的 44.7%（见图 4-5）。

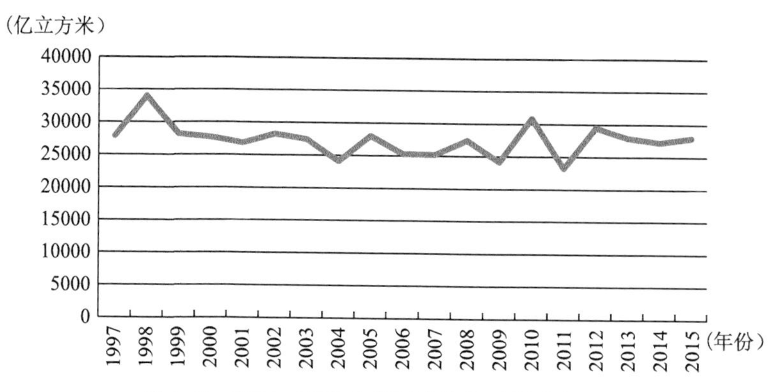

图 4-5　1997—2015 年我国水资源总量变化趋势

数据来源：EPS 数据库。

（一）北方六区水资源总量

2008—2015 年，松花江区的水资源总量平均值为 1580.5 亿立方米，其中 2013 年水资源总量为 2725.2 亿立方米，为该时期最高值；2008 年水资源总量为 982.7 亿立方米，为该时期最低值。辽河区的水资源总量平均值为 473.2 亿立方米，其中 2010 年水资源总量为 812.8 亿立方米，为该时期最高值；2014 年水资源总量为 239.7 亿立方米，为该时期最低值。海河区的水资源总量平均值为 306.8 亿立方米，其中 2012 年水资源总量为 436.7 亿立方米，为该时期最高值；2014 年水资源总量为 216.2 亿立方米，为该时期最低值。黄河区的水资源总量平均值为 660.6 亿立方米，其中 2012 年水资源总量为 771.8 亿立方米，为该时期最高值；2015 年水资源总量为 541.0 亿立方米，为该时期最低值。淮河区的水资源总量平均值为 840.3 亿立方米，其中 2008 年水资源总量为 1047.2 亿立方米，为该时期最高值；2013 年水资源总量为 671.2 亿立方米，为该时期最低值。西北诸河区的水资源总量平均值为 1365.9 亿立方米，其中 2010 年水资源总量为 1646.7 亿立方米，为该时期最高值；2014 年水资源总量为 1187.4 亿立方米，为该时期最低值（见表 4-25）。

表 4-25　2008—2015 年北方六区水资源总量　　单位：亿立方米

年份	松花江区	辽河区	海河区	黄河区	淮河区	西北诸河区
2008	982.7	393.9	294.5	559.0	1047.2	1323.4
2009	1488.1	276.3	285.2	656.9	799.8	1204.9
2010	1640.0	812.8	307.2	679.8	962.9	1646.7
2011	1177.4	410.0	297.9	739.4	892.6	1400.6
2012	1537.2	716.9	436.7	771.8	746.2	1430.4
2013	2725.2	632.7	356.3	683.0	671.2	1439.4
2014	1613.5	239.7	216.2	653.7	748.0	1187.4
2015	1480.2	303.6	260.3	541.0	854.2	1294.0
平均值	1580.5	473.2	306.8	660.6	840.3	1365.9

数据来源：EPS 数据库。

（二）南方四区水资源总量

2008—2015 年，长江区的水资源总量平均值为 9671.9 亿立方米，其中最低值为2011年的7837.6亿立方米，最高值为2010年的11264.1亿立方米。太湖区的水资源总量平均值为227.2亿立方米，其中2015年水资源总量为342.4亿立方米，为该时期最高值；2013年水资源总量为160.5亿立方米，为该时期最低值。东南诸河区的水资源总量平均值为2134.8亿立方米，其中2010年水资源总量为2869.0亿立方米，为该时期最高值；2011年水资源总量为1423.0亿立方米，为该时期最低值。珠江区的水资源总量平均值为4863.0亿立方米，其中2008年水资源总量为5696.8亿立方米，为该时期最高值；2011年水资源总量为3692.2亿立方米，为该时期最低值。西南诸河区的水资源总量平均值为5414.7亿立方米，其中2008年水资源总量为5944.4亿立方米，为该时期最高值；2015年水资源总量为5014.3亿立方米，为该时期最低值（见表4-26）。

表4-26　2008—2015年南方四区水资源总量　　单位：亿立方米

年份	长江区	其中：太湖区	东南诸河区	珠江区	西南诸河区
2008	9457.2	199.4	1735.2	5696.8	5944.4
2009	8732.4	249.4	1619.6	4075.1	5042.0
2010	11264.1	209.8	2869.0	4936.1	5787.7
2011	7837.6	193.8	1423.0	3692.2	5386.0
2012	10807.0	233.3	2749.4	5077.2	5256.2
2013	8797.1	160.5	1912.0	5303.2	5437.6
2014	10150.3	228.9	2222.2	4786.4	5449.5
2015	10329.7	342.4	2548.2	5337.0	5014.3
平均值	9671.9	227.2	2134.8	4863.0	5414.7

数据来源：EPS数据库。

（三）各省份水资源总量

1. 东部地区

2008—2015年，北京市的水资源总量平均值为27.2亿立方米，其中2012年水资源总量为39.5亿立方米，为该时期最高值；2014年水资源总量为20.3亿立方米，为该时期最低值。天津市的水资源总量平均值为16.2亿立方米，其中2012年水资源总量为32.9亿立方米，为该时期最高值；2010年水资源总量为9.2亿立方米，为该时期最低值。河北省的水资源总量平均值为

156.4 亿立方米，其中 2012 年水资源总量为 235.5 亿立方米，为该时期最高值；2014 年水资源总量为 106.2 亿立方米，为该时期最低值。辽宁省的水资源总量平均值为 334.2 亿立方米，其中 2010 年水资源总量为 606.7 亿立方米，为该时期最高值；2014 年水资源总量为 145.9 亿立方米，为该时期最低值。上海市的水资源总量平均值为 38.7 亿立方米，其中 2015 年水资源总量为 64.1 亿立方米，为该时期最高值；2011 年水资源总量为 20.7 亿立方米，为该时期最低值。山东省的水资源总量平均值为 269.2 亿立方米，其中 2011 年水资源总量为 347.6 亿立方米，为该时期最高值；2014 年水资源总量为 148.4 亿立方米，为该时期最低值。江苏省的水资源总量平均值为 411.6 亿立方米，其中 2015 年水资源总量为 582.1 亿立方米，为该时期最高值；2013 年水资源总量为 283.5 亿立方米，为该时期最低值。浙江省的水资源总量平均值为 1105.9 亿立方米，其中 2012 年水资源总量为 1446.7 亿立方米，为该时期最高值；2011 年水资源总量为 745.0 亿立方米，为该时期最低值。福建省的水资源总量平均值为 1184.3 亿立方米，其中 2010 年水资源总量为 1652.7 亿立方米，为该时期最高值；2011 年水资源总量为 774.9 亿立方米，为该时期最低值。广东省的水资源总量平均值为 1904.0 亿立方米，其中 2013 年水资源总量为 2263.2 亿立方米，为该时期最高值；2011 年水资源总量为 1471.3 亿立方米，为该时期最低值。海南省的水资源总量平均值为 414.0 亿立方米，其中 2013 年水资源总量为 502.1 亿立方米，为该时期最高值；2015 年水资源总量为 198.2 亿立方米，为该时期最低值（见表 4-27）。

表 4-27　2008—2015 年东部地区水资源总量　　单位：亿立方米

年份	北京	天津	河北	辽宁	上海	江苏	浙江	福建	山东	广东	海南
2008	34.2	18.3	161.0	266.0	37.0	378.0	855.2	1036.9	328.7	2206.8	419.1
2009	21.8	15.2	141.2	171.0	41.6	400.3	931.3	800.8	285.0	1613.7	480.7
2010	23.1	9.2	138.9	606.7	36.8	383.5	1398.6	1652.7	309.1	1998.8	479.8
2011	26.8	15.4	157.2	294.8	20.7	492.4	745.0	774.9	347.6	1471.3	484.1
2012	39.5	32.9	235.5	547.3	33.9	373.3	1446.7	1511.4	274.3	2026.5	364.3
2013	24.8	14.6	175.9	463.2	28.0	283.5	931.3	1151.9	291.7	2263.2	502.1

续表

年份	北京	天津	河北	辽宁	上海	江苏	浙江	福建	山东	广东	海南
2014	20.3	11.4	106.2	145.9	47.1	399.3	1132.1	1219.6	148.4	1718.4	383.5
2015	26.8	12.8	135.1	179.0	64.1	582.1	1407.1	1325.9	168.4	1933.4	198.2

数据来源：EPS 数据库。

2. 中部地区

2008—2015 年，黑龙江省的水资源总量平均值为 869.3 亿立方米，其中 2013 年水资源总量为 1419.6 亿立方米，为该时期最高值；2008 年水资源总量为 462.0 亿立方米，为该时期最低值。吉林省的水资源总量平均值为 417.2 亿立方米，其中 2010 年水资源总量为 686.7 亿立方米，为该时期最高值；2009 年水资源总量为 298.0 亿立方米，为该时期最低值。山西省的水资源总量平均值为 103.4 亿立方米，其中 2013 年水资源总量为 126.6 亿立方米，为该时期最高值；2009 年水资源总量为 85.8 亿立方米，为该时期最低值。河南省的水资源总量平均值为 326.5 亿立方米，其中 2010 年水资源总量为 534.9 亿立方米，为该时期最高值；2013 年水资源总量为 213.1 亿立方米，为该时期最低值。安徽省的水资源总量平均值为 742.1 亿立方米，其中 2010 年水资源总量为 922.8 亿立方米，为该时期最高值；2013 年水资源总量为 585.6 亿立方米，为该时期最低值。湖北省的水资源总量平均值为 927.4 亿立方米，其中 2010 年水资源总量为 1268.7 亿立方米，为该时期最高值；2011 年水资源总量为 757.5 亿立方米，为该时期最低值。湖南省的水资源总量平均值为 1665.5 亿立方米，其中 2012 年水资源总量为 1988.9 亿立方米，为该时期最高值；2011 年水资源总量为 1126.9 亿立方米，为该时期最低值。江西省的水资源总量平均值为 1633.5 亿立方米，其中 2010 年水资源总量为 2275.5 亿立方米，为该时期最高值；2011 年水资源总量为 1037.9 亿立方米，为该时期最低值（见表 4-28）。

表 4-28 2008—2015 年中部地区水资源总量 单位：亿立方米

年份	山西	吉林	黑龙江	安徽	江西	河南	湖北	湖南
2008	87.4	332.0	462.0	699.3	1356.2	371.3	1033.9	1600.0
2009	85.8	298.0	989.6	733.1	1166.9	328.8	825.3	1400.5

续表

年份	山西	吉林	黑龙江	安徽	江西	河南	湖北	湖南
2010	91.5	686.7	853.5	922.8	2275.5	534.9	1268.7	1906.6
2011	124.3	315.9	629.5	602.1	1037.9	328.0	757.5	1126.9
2012	106.2	460.5	841.4	701.0	2174.4	265.5	813.9	1988.9
2013	126.6	607.4	1419.6	585.6	1424.0	213.1	790.1	1582.0
2014	111.0	306.0	944.3	778.5	1631.8	283.4	914.3	1799.4
2015	94.0	331.3	814.1	914.1	2001.2	287.2	1015.6	1919.3

数据来源：EPS 数据库。

3. 西部地区

2008—2015 年，内蒙古自治区的水资源总量平均值为 517.8 亿立方米，其中 2013 年水资源总量为 959.8 亿立方米，为该时期最高值；2009 年水资源总量为 378.1 亿立方米，为该时期最低值。新疆维吾尔自治区的水资源总量平均值为 885.3 亿立方米，其中 2010 年水资源总量为 1113.1 亿立方米，为该时期最高值；2014 年水资源总量为 726.9 亿立方米，为该时期最低值。甘肃省的水资源总量平均值为 219.1 亿立方米，其中 2013 年水资源总量为 268.9 亿立方米，为该时期最高值；2015 年水资源总量为 164.8 亿立方米，为该时期最低值。青海省的水资源总量平均值为 743.9 亿立方米，其中 2012 年水资源总量为 895.2 亿立方米，为该时期最高值；2015 年水资源总量为 589.3 亿立方米，为该时期最低值。宁夏回族自治区的水资源总量平均值为 9.7 亿立方米，其中 2013 年水资源总量为 11.4 亿立方米，为该时期最高值；2009 年水资源总量为 8.4 亿立方米，为该时期最低值。西藏自治区的水资源总量平均值为 4308.3 亿立方米，其中 2010 年水资源总量为 4593.0 亿立方米，为该时期最高值；2015 年水资源总量为 3853.0 亿立方米，为该时期最低值。陕西省的水资源总量平均值为 407.7 亿立方米，其中 2011 年水资源总量为 604.4 亿立方米，为该时期最高值；2008 年水资源总量为 304.0 亿立方米，为该时期最低值。广西壮族自治区的水资源总量平均值为 1938.7 亿立方米，其中 2015 年水资源总量为 2433.6 亿立方米，为该时期最高值；2011 年水资源总量为 1350.0 亿立方米，为该时期最低值。重庆市的水资源总量平均值为 507.7 亿立方米，其中 2014 年水资源总量为 642.6 亿立方米，为该时期最高值；2009 年水资源总量为 455.9 亿立方米，为该时期最低值。四川省的水资源总量平均值为 2472. 2 亿立方米，其中 2012 年水资源总量为 2892. 4 亿立方米，为该时期最高值；2015 年水资源总量为 2220. 5 亿立方米，为该时期最低值。贵州省的水资源总量平均值为 966. 5 亿立方米，其中 2014 年水资源总量为 1213. 1 亿立方米，为该时期最高值；2011 年水资源总量为 624. 3 亿立方米，为该时期最低值。云南省的水资源总量平均值为 1788. 5 亿立方米，其中 2008 年水资源总量为 2314. 5 亿立方米，为该时期最高值；2011 年水资源总量为 1480. 2 亿立方米，为该时期最低值（见表 4-29）。

表 4-29　2008—2015 年西部地区水资源总量　　单位：亿立方米

年份	内蒙古	广西	重庆	四川	贵州	云南	西藏	陕西	甘肃	青海	宁夏	新疆
2008	412. 1	2282. 5	576. 9	2489. 9	1140. 7	2314. 5	4560. 2	304. 0	187. 5	658. 1	9. 2	815. 6
2009	378. 1	1484. 3	455. 9	2332. 2	910. 0	1576. 6	4029. 2	416. 5	209. 0	895. 1	8. 4	754. 3
2010	388. 5	1823. 6	464. 3	2575. 3	956. 5	1941. 4	4593. 0	507. 5	215. 2	741. 1	9. 3	1113. 1
2011	419. 0	1350. 0	514. 6	2239. 5	624. 3	1480. 2	4402. 7	604. 4	242. 2	733. 1	8. 8	885. 7
2012	510. 3	2087. 4	476. 9	2892. 4	974. 0	1689. 8	4196. 4	390. 5	267. 0	895. 2	10. 8	900. 6
2013	959. 8	2057. 3	474. 3	2470. 3	759. 4	1706. 7	4415. 7	353. 8	268. 9	645. 6	11. 4	956. 0
2014	537. 8	1990. 9	642. 6	2557. 7	1213. 1	1726. 6	4416. 3	351. 6	198. 4	793. 9	10. 1	726. 9
2015	537. 0	2433. 6	456. 2	2220. 5	1153. 7	1871. 9	3853. 0	333. 4	164. 8	589. 3	9. 2	930. 3

数据来源：EPS 数据库。

六、人均水资源量

虽然我国水资源总量丰富，但由于人口众多，人均水资源量较少。1997—2015 年，我国人均水资源量的变化趋势与水资源量的变动趋势基本一致，人均水资源量均值为 2099. 9 立方米，其中最低值为 2011 年的 1726 立方米，最高值为 1998 年的 2723 立方米（见图 4-6）。

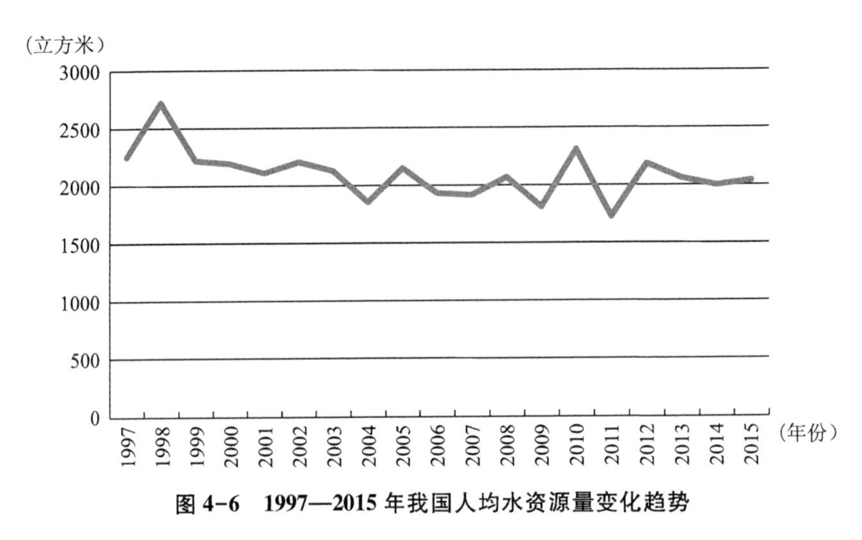

图 4-6　1997—2015 年我国人均水资源量变化趋势

数据来源：EPS 数据库。

（一）东部地区人均水资源量

2008—2015 年，北京市的人均水资源量平均值为 139.9 立方米，其中 2008 年人均水资源量为 205.6 立方米，为该时期最高值；2014 年人均水资源量为 95.1 立方米，为该时期最低值。天津市的人均水资源量平均值为 121.5 立方米，其中 2012 年人均水资源量为 238.0 立方米，为该时期最高值；2010 年人均水资源量为 72.8 立方米，为该时期最低值。河北省的人均水资源量平均值为 217.0 立方米，其中 2012 年人均水资源量为 324.2 立方米，为该时期最高值；2014 年人均水资源量为 144.3 立方米，为该时期最低值。辽宁省的人均水资源量平均值为 765.3 立方米，其中 2010 年人均水资源量为 1392.1 立方米，为该时期最高值；2014 年人均水资源量为 332.4 立方米，为该时期最低值。上海市的人均水资源量平均值为 173.2 立方米，其中 2015 年人均水资源量为 265.0 立方米，为该时期最高值；2011 年人均水资源量为 89.1 立方米，为该时期最低值。江苏省的人均水资源量平均值为 523.6 立方米，其中 2015 年人均水资源量为 731.0 立方米，为该时期最高值；2013 年人均水资源量为 357.6 立方米，为该时期最低值。浙江省的人均水资源量平均值为 2049.9 立方米，其中 2012 年人均水资源量为 2644.8 立方米，为该时期最高值；2011 年人均水资源量为 1365.7 立方米，为该时期最低值。福建省的人均水资源量平均值为 3184. 3 立方米，其中 2010 年人均水资源量为 4491. 7 立方米，为该时期最高值；2011 年人均水资源量为 2090. 5 立方米，为该时期最低值。山东省的人均水资源量平均值为 280. 7 立方米，其中 2011 年人均水资源量为 361. 6 立方米，为该时期最高值；2014 年人均水资源量为 152. 1 立方米，为该时期最低值。广东省的人均水资源量平均值为 1849. 8 立方米，其中 2008 年人均水资源量为 2323. 8 立方米，为该时期最高值；2011 年人均水资源量为 1404. 8 立方米，为该时期最低值。海南省的人均水资源量平均值为 4725. 1 立方米，其中 2013 年人均水资源量为 5636. 8 立方米，为该时期最高值；2015 年人均水资源量为 2185 立方米，为该时期最低值（见表 4-30）。

表 4-30　2008—2015 年东部地区人均水资源量　　单位：立方米

年份	北京	天津	河北	辽宁	上海	江苏	浙江	福建	山东	广东	海南
2008	205. 6	159. 8	231. 1	617. 7	197. 3	494. 1	1680. 2	2886. 4	350. 0	2323. 8	4934. 0
2009	124. 0	124. 0	201. 0	396. 0	216. 0	518. 0	1798. 0	2208. 0	301. 0	1674. 0	5564. 0
2010	124. 2	72. 8	195. 3	1392. 1	163. 1	489. 2	2608. 7	4491. 7	324. 4	1943. 3	5538. 7
2011	134. 7	116. 0	217. 7	673. 2	89. 1	624. 6	1365. 7	2090. 5	361. 6	1404. 8	5545. 6
2012	193. 2	238. 0	324. 2	1247. 8	143. 4	472. 0	2644. 8	4047. 8	283. 9	1921. 0	4130. 8
2013	118. 6	101. 5	240. 6	1055. 2	116. 9	357. 6	1697. 2	3062. 7	300. 4	2131. 2	5636. 8
2014	95. 1	76. 1	144. 3	332. 4	194. 8	502. 3	2057. 3	3218. 0	152. 1	1608. 4	4266. 0
2015	124. 0	84. 0	182. 0	408. 0	265. 0	731. 0	2547. 0	3469. 0	172. 0	1792. 0	2185. 0

数据来源：EPS 数据库。

（二）中部地区人均水资源量

2008—2015 年，山西省的人均水资源量平均值为 290. 3 立方米，其中 2013 年人均水资源量为 349. 6 立方米，为该时期最高值；2009 年人均水资源量为 250. 0 立方米，为该时期最低值。吉林省的人均水资源量平均值为 1519. 4 立方米，其中 2010 年人均水资源量为 2503. 3 立方米，为该时期最高值；2009 年人均水资源量为 1088. 0 立方米，为该时期最低值。黑龙江省的人均水资源量平均值为 2269. 4 立方米，其中 2013 年人均水资源量为 3702. 1 立方米，为该时期最高值；2008 年人均水资源量为 1207. 9 立方米，为该时期最低值。安徽省的人均水资源量平均值为 1225. 2 立方米，其中 2010 年人均水资源量为 1526. 9 立方米，为该时期最高值；2013 年人均水资源量为 974. 5 立方米，为该时期最低值。江西省的人均水资源量平均值为 3643. 5 立方米，其中 2010 年人均水资源量为 5116. 7 立方米，为该时期最高值；2011 年人均水资源量为 2319. 1 立方米，为该时期最低值。河南省的人均水资源量平均值为 346. 4 立方米，其中 2010 年人均水资源量为 566. 2 立方米，为该时期最高值；2013 年人均水资源量为 226. 4 立方米，为该时期最低值。湖北省的人均水资源量平均值为 1610. 3 立方米，其中 2010 年人均水资源量为 2216. 5 立方米，为该时期最高值；2011 年人均水资源量为 1319. 1 立方米，为该时期最低值。湖南省的人均水资源量平均值为 2531. 0 立方米，其中 2012 年人均水资源量为 3005. 7 立方米，为该时期最高值；2011 年人均水资源量为 1711. 9 立方米，为该时期最低值（见表 4-31）。

表 4-31　2008—2015 年中部地区人均水资源量　　单位：立方米

年份	山西	吉林	黑龙江	安徽	江西	河南	湖北	湖南
2008	256. 9	1215. 3	1207. 9	1141. 4	3093. 4	395. 2	1812. 3	2512. 7
2009	250. 0	1088. 0	2587. 0	1196. 0	2633. 0	347. 0	1443. 0	2186. 0
2010	261. 5	2503. 3	2228. 6	1526. 9	5116. 7	566. 2	2216. 5	2938. 7
2011	347. 0	1149. 5	1642. 0	1010. 1	2319. 1	349. 0	1319. 1	1711. 9
2012	295. 0	1674. 5	2194. 6	1172. 6	4836. 0	282. 6	1411. 0	3005. 7
2013	349. 6	2208. 2	3702. 1	974. 5	3155. 3	226. 4	1364. 9	2373. 6
2014	305. 1	1112. 2	2463. 1	1285. 4	3600. 6	300. 7	1574. 3	2680. 1
2015	257. 0	1204. 0	2130. 0	1495. 0	4394. 0	304. 0	1741. 0	2839. 0

数据来源：EPS 数据库。

（三）西部地区人均水资源量

2008—2015 年，内蒙古自治区的人均水资源量平均值为 2091. 4 立方米，其中 2013 年人均水资源量为 3848. 6 立方米，为该时期最高值；2009 年人均水资源量为 1561. 0 立方米，为该时期最低值。广西壮族自治区的人均水资源量平均值为 4092. 8 立方米，其中 2015 年人均水资源量为 5096. 0 立方米，为该时期最高值；2011 年人均水资源量为 2917. 4 立方米，为该时期最低值。重庆市的人均水资源量平均值为 1741. 4 立方米，其中 2014 年人均水资源量为 2155. 9 立方米，为该时期最高值；2015 年人均水资源量为 1519. 0 立方米，为该时期最低值。四川省的人均水资源量平均值为 3046. 6 立方米，其中 2012 年人均水资源量为 3587. 2 立方米，为该时期最高值；2015 年人均水资源量为 2717. 0 立方米，为该时期最低值。贵州省的人均水资源量平均值为 2707. 6 立方米，其中 2014 年人均水资源量为 3461. 1 立方米，为该时期最高值；2011 年人均水资源量为 1802. 1 立方米，为该时期最低值。云南省的人均水资源量平均值为 3865. 2 立方米，其中 2008 年人均水资源量为 5110. 9 立方米，为该时期最高值；2011 年人均水资源量为 3206. 5 立方米，为该时期最低值。西藏自治区的人均水资源量平均值为 142283. 4 立方米，其中 2008 年人均水资源量为 159727. 5 立方米，为该时期最高值；2015 年人均水资源量为 120032 立方米，为该时期最低值。陕西省的人均水资源量平均值为 1085. 9 立方米，其中 2011 年人均水资源量为 1616. 6 立方米，为该时期最高值；2008 年人均水资源量为 809. 5 立方米，为该时期最低值。甘肃省的人均水资源量平均值为 847. 2 立方米，其中 2013 年人均水资源量为 1042. 3 立方米，为该时期最高值；2015 年人均水资源量为 635. 0 立方米，为该时期最低值。青海省的人均水资源量平均值为 13099. 5 立方米，其中 2009 年人均水资源量为 16070 立方米，为该时期最高值；2015 年人均水资源量为 10065. 0 立方米，为该时期最低值。宁夏回族自治区的人均水资源量平均值为 150. 6 立方米，其中 2013 年人均水资源量为 175. 3 立方米，为该时期最高值；2009 年人均水资源量为 135. 0 立方米，为该时期最低值。新疆维吾尔自治区的人均水资源量平均值为 4000. 0 立方米，其中 2010 年人均水资源量为 5125. 2 立方米，为该时期最高值；2014 年人均水资源量为 3186. 9 立方米，为该时期最低值（见表 4-32）。

表 4-32　2008—2015 年西部地区人均水资源量

单位:立方米

年份	内蒙古	广西	重庆	四川	贵州	云南	西藏	陕西	甘肃	青海	宁夏	新疆
2008	1710.2	4763.1	2040.4	3061.6	3019.6	5110.9	159727.5	809.5	715.0	11899.8	149.9	3860.0
2009	1561.0	3057.0	1595.0	2849.0	2396.0	3449.0	138937.0	1104.0	793.0	16070.0	135.0	3494.0
2010	1576.1	3852.9	1616.8	3173.5	2726.8	4233.1	153681.9	1360.3	841.7	13225.0	148.2	5125.2
2011	1691.6	2917.4	1773.3	2782.9	1802.1	3206.5	145779.8	1616.6	945.4	12956.8	137.7	4031.3
2012	2052.7	4476.0	1626.5	3587.2	2801.8	3637.9	137378.1	1041.9	1038.4	15687.2	168.0	4055.5
2013	3848.6	4376.8	1603.9	3052.9	2174.2	3652.2	142530.6	941.3	1042.3	11216.6	175.3	4251.9
2014	2149.9	4203.3	2155.9	3148.5	3461.1	3673.3	140200.0	932.8	767.0	13675.5	153.0	3186.9
2015	2141.0	5096.0	1519.0	2717.0	3279.0	3959.0	120032.0	881.0	635.0	10065.0	138.0	3995.0

数据来源:EPS 数据库。

第三节　我国水资源特点

一、 人均水资源占有量少

我国年平均降水量约6万亿立方米，水资源总量约2.7万亿立方米，居世界第六位，仅次于巴西、俄罗斯、加拿大、美国、印度尼西亚。但按人口计算，我国人均水资源量约2100立方米，远低于世界人均水资源量。按照国际公认的标准，人均水资源量低于3000立方米为轻度缺水；人均水资源量低于2000立方米为中度缺水；人均水资源量低于1000立方米为严重缺水；人均水资源量低于500立方米为极度缺水。总体上我国属于轻度缺水国家。

二、 水资源地区分布不均

由于我国所处地理位置，每年夏秋季节，来自太平洋和孟加拉湾的东南风会带来大量雨水，由东南向西北方向输送；冬春季节，西伯利亚寒流自西北向东南移动，常在我国西北和华北地区形成大面积干旱。我国年平均降水量自东南向西北方向逐渐减少。我国水资源地区分布特点是南多北少，相差悬殊，与人口和耕地分布不相适应（赵宝璋，1994）。中国目前有8个省、直辖市、自治区（天津、北京、宁夏、上海、河北、山东、山西、河南）人均水资源量低于500立方米，属于极度缺水地区；有3个省份（江苏、辽宁、甘肃）人均水资源量低于1000立方米，属于严重缺水地区；有6个省、直辖市（陕西、安徽、吉林、湖北、重庆、广东）人均水资源量低于2000立方米，属于中度缺水地区。

三、 年内和年际降水不均

我国降水量和径流量在年内、年际变化幅度都很大，并有枯水年和丰水年持续出现的特点。从全年来看，我国大部分地区冬春少雨，夏秋多雨。南方各省汛期一般为5—8月，降水量占全年的60%~70%，2/3的降水量都以洪水和涝水形式排入海洋，而华北、西北和东北地区，降雨集中在6—9月，占全年降水量的70%~80%（赵宝璋，1994）。

第四节 我国水资源开发利用情况

一、供水量

供水量是指为用户提供的包括输水损失在内的毛供水量之和，包括有效供水量和漏损水量。1997—2015年，我国供水量总体呈上升趋势。1997年，我国供水量为5623.2亿立方米；2015年，我国供水量为6103.2亿立方米，比2014年增加8.3亿立方米。

供水的来源构成包括地表水、地下水和其他供水。1997—2015年，地表水供水量占总供水量的81%左右，地下水供水量占总供水量的18%左右，其他供水量占总供水量的1%左右。2015年，我国地表水供水量为4969.5亿立方米，比2014年增加49亿立方米。其中，北方六区的地表水供水量为1762.1亿立方米，占地表水总供水量的35.46%；南方四区的地表水供水量为3207.3亿立方米，占地表水总供水量的64.54%。2015年，我国地下水供水量为1069.2亿立方米，比2014年减少47.7亿立方米。其中，北方六区的地下水供水量为954.2亿立方米，占地下水总供水量的89.24%；南方四区的地下水供水量为115.0亿立方米，占地下水总供水量的10.76%。2015年，我国其他供水量为64.5亿立方米，比2014年增加7亿立方米。其中，北方六区的其他供水量为45.8亿立方米，占其他总供水量的71.01%；南方四区的其他供水量为18.7亿立方米，占其他总供水量的28.99%（见表4-33）。

表4-33 1997—2015年我国供水总量及供水来源构成 单位：亿立方米

年份	供水量	地表水供水量	地下水供水量	其他供水量
1997	5623.2	4565.9	1031.5	25.7
1998	5469.8	4419.6	1028.9	21.4
1999	5613.3	4514.2	1074.6	24.5

续表

年份	供水量	地表水供水量	地下水供水量	其他供水量
2000	5530. 7	4440. 4	1069. 2	21. 1
2001	5567. 4	4450. 7	1094. 9	21. 9
2002	5497. 3	4404. 4	1072. 4	20. 5
2003	5320. 4	4286. 0	1018. 1	16. 3
2004	5547. 8	4504. 2	1026. 4	17. 2
2005	5633. 0	4572. 2	1038. 8	22. 0
2006	5795. 0	4706. 8	1065. 5	22. 7
2007	5818. 7	4723. 5	1069. 5	25. 7
2008	5910. 0	4796. 4	1084. 8	28. 7
2009	5965. 2	4839. 5	1094. 5	31. 2
2010	6022. 0	4881. 6	1107. 3	33. 1
2011	6107. 2	4953. 3	1109. 1	44. 8
2012	6131. 2	4952. 8	1133. 8	44. 6
2013	6183. 4	5007. 3	1126. 2	49. 9
2014	6094. 9	4920. 5	1116. 9	57. 5
2015	6103. 2	4969. 5	1069. 2	64. 5

数据来源：EPS 数据库。

二、用水量

用水量是指用水户所使用的水量，通常是由供水单位提供，也可以由用水户直接从江河、湖泊、水库（塘）或地下取水获得。1997—2015 年，我国用水总量总体呈上升趋势。1997 年，我国用水总量为 5566. 0 亿立方米；2015 年，用水总量为 6103. 2 亿立方米，比 2014 年增加 8. 3 亿立方米。北方六区用水量占全国用水量的比重在 45%左右，南方四区用水量占全国用水量的比重在 55%左右。

用水量的来源构成包括农业用水、工业用水、生活用水和生态环境用水。1997—2015 年，农业用水占总用水量的比重呈下降趋势。1997 年，我国农业用水量为 3919. 7 亿立方米，占总用水量的 70. 42%；2015 年，我国农业用水量为

3852.2亿立方米，占总用水量的63.12%。工业用水占总用水量的比重呈先升后降的趋势。1997年，我国工业用水量为1121.2亿立方米，占总用水量的20.14%；2007年，我国工业用水量为1404.1亿立方米，占总用水量的24.13%；2015年，我国工业用水量为1334.8亿立方米，占总用水量的21.87%。生活用水占总用水量的比重呈上升趋势。1997年，我国生活用水量为525.1亿立方米，占总用水量的9.43%；2015年，我国生活用水量为793.5亿立方米，占总用水量的13.00%。生态环境用水占总用水量的比重变化较小。2003年，我国生态环境用水量为79.5亿立方米，占总用水量的1.49%；2015年，我国生态环境用水量为122.7亿立方米，占总用水量的2.01%（见表4-34）。

表4-34　1997—2015年我国用水总量及构成　　单位：亿立方米

年份	用水量	农业用水	工业用水	生活用水	生态环境用水
1997	5566.0	3919.7	1121.2	525.1	—
1998	5435.4	3766.2	1126.2	542.9	—
1999	5590.9	3869.2	1159.0	562.8	—
2000	5497.6	3783.5	1139.1	574.9	—
2001	5567.4	3825.7	1141.8	599.9	—
2002	5497.3	3736.2	1142.4	618.7	—
2003	5320.4	3432.8	1177.2	630.9	79.5
2004	5547.8	3585.7	1228.9	651.2	82.0
2005	5633.0	3580.0	1285.2	675.1	92.7
2006	5795.0	3664.4	1343.8	693.8	93.0
2007	5818.7	3598.5	1404.1	710.4	105.7
2008	5910.0	3663.5	1397.1	729.3	120.2
2009	5965.2	3723.1	1390.9	748.2	103.0
2010	6022.0	3689.1	1447.3	765.8	119.8
2011	6107.2	3743.6	1461.8	789.9	111.9
2012	6131.2	3902.5	1380.7	739.7	108.3
2013	6183.4	3921.5	1406.4	750.1	105.4
2014	6094.9	3869.0	1356.1	766.6	103.2
2015	6103.2	3852.2	1334.8	793.5	122.7

数据来源：EPS数据库。

第五章　城市用水需求分析

第一节　生活用水

城市生活用水包含城市居民生活用水和市政公共用水两部分。城市居民生活用水（Water for City’s Residential Use），亦称居民生活用水、居民住宅用水或小生活用水，指使用公共供水设施或自建供水设施供水的城市居民家庭的日常生活用水，包括冲洗卫生洁具、洗浴、洗涤、饮用、炊事烹调、清洁、庭院绿化、家庭洗车以及漏失水等（关鸿滨，2002）。居民生活用水占城市生活用水的比例很大。市政公共用水由公共设施用水和其他公共用水两部分组成。学校、科研机构、医院、办公楼、商业场所等地方的用水属于公共设施用水。洒扫道路、绿化、消防、军事、监狱等方面的用水属于其他公共用水（钱易，2002）。

一、生活用水影响因素

城市生活用水量与很多因素有关，如城市规模和用水人口、生活水平、生活环境、公共服务设施普及率等。下文从经济、自然、社会文化、技术和政策等因素进行归纳分析。

（一）经济因素

1. 居民收入水平

居民收入水平与居民用水量有密切关系。众多研究表明，用水量随着收入水平的增加而增加。具体来说，居民收入水平提高后，一方面对一些家庭耗水器具和设备的需求增加，如对洗衣机、淋浴器、热水器、洗碗机等器具的需求会增加；另一方面，生活方式发生变化，如人们更加注重自身形象，洗澡和洗衣服的次数增加，这些都会导致用水量的增加。

2. 水价

水价也会影响居民用水量，但两者之间并非呈简单的线性关系。水价制定方法、收费制度和结构、水费支出占家庭收入比重等因素均会对居民用水量产生影响。有学者认为，阶梯式递增的水价计收制度往往能够促使人们节水（Herrington，1999）。Nieswiadomy 对阶梯式递增水价结构和阶梯式递减水价结构进行了比较，发现城市用水需求对递增水价结构的价格弹性是-0.64，对递减水价结构的价格弹性是-0.46，从中可以看出，不同水价计收方式会对居民用水量产生不同影响（Nieswiadomy & Cobb，1993）。

水费支出占家庭收入的比重也会对居民用水量产生较大影响。有一些学者认为，家庭收入决定了居民对水价的看法，低收入的家庭一般比高收入的家庭对水价的反应更敏感，因为水费支出占其家庭收入的比例较大。水价政策在低收入的社区能够比在高收入的社区更大程度上削减用水量。只有水价涨到一定水平，并且占家庭收入的一定比例时，才会影响到居民的用水行为和需水量（Foster & Beattie，1981；Renwick & Green，2000）。建设部发布的《城乡缺水问题研究》报告中，分析了水费支出占家庭收入不同比例对居民心理的影响。当居民水费支出占家庭收入的1%时，对居民的心理影响不大；当居民水费支出占家庭收入的2%时，人们开始关心用水量；当居民水费支出占家庭收入的2.5%时，人们开始注意节水；当居民水费支出占家庭收入的5%时，对人们的心理影响较大，人们开始认真节水；当居民水费支出占家庭收入的10%时，人们开始考虑如何重复利用水（崔慧珊、邓逸群，2009）。

（二）自然因素

1. 地域

居民用水量与地域特征存在密切关系。我国幅员辽阔，气候和地形地貌差异较大，在降水量大、水资源丰富的地区，居民用水量更大；在降水量少、水资源匮乏的地区，居民用水量则相对较小。我国南方地区和北方地区存在较大差异，北方用水量低于南方用水量。当然，也要根据地区的具体特点进行分析。例如，我国西南地区虽然降水量较大，但一些地区属于喀斯特地貌区，地表水不容易存储，当地居民用水条件较差，因此用水量会比东南沿海地区小一些。

2. 气候变化

居民用水量与年份、季节气候变化也存在关系。一些统计结果表明，在干旱年和湿润年，居民年用水量有较大差异，具有明显的趋势性和随机性；季度用水量随着季节的变化而变化，不同季节之间存在较大差异；月度用水量也受平均气温、天气阴晴状况、降水量等因素影响（Homwongs & Sastri，1994；李红艳、崔建国、张星全，2004；吕谋、赵洪宾，1997；吕谋、赵洪宾、李红卫等，1998）。

（三）社会文化因素

居民用水需求与社会文化因素也存在关系，其中家庭人数、年龄结构、节假日、节水文化的宣传等因素会影响居民用水量。一些研究成果表明，家庭人数与人均用水量呈负相关关系；相同家庭人数条件下，若家庭年龄结构中青壮年比例高则用水量较多，老人和小孩比例较高的家庭用水量相对较少（崔慧珊、邓逸群，2009）。节假日期间，居民的用水量也会显著高于非节假日（张雄、党志良、张贤洪等，2009）。一些地区如果在节水文化宣传方面加大投入力度，会培养和提高人们的节水意识，从而影响居民的用水量。

（四）技术因素

节水技术与器具的发明和应用也会显著影响居民的用水量。随着水污染问题的日益突出以及人们节水意识的提高，节水技术和节水型器具逐渐受到重视，居民对节水马桶、洗衣机、淋浴器等节水器具的需求增加。这些节水器具的应用和普及，可以提高居民的用水效率，从而降低用水量。

（五）政策因素

为了提高人们的节水意识，缓解水资源供给压力，政府实施了各种用水需求管理政策来控制居民用水，涉及节水器具使用法规或标准、用水定额等行政或经济激励政策。例如，1998 年，国家计委和建设部颁发了《城市供水价格管理办法》，将促进节约用水作为制定供水价格的主要原则之一（钱易，2002）。2002 年，建设部发布了《城市居民生活用水量标准》，将 31 个省份划分成 6 个区域，对每个区域的用水标准进行了规定（中华人民共和国建设部，2002）。

二、 生活用水状况分析

本部分重点对国内城市生活用水状况进行分析。首先，分析北方六区和南方四区的生活用水变化趋势；其次，分析各省份城市生活用水变化趋势，找出各地的生活用水变化特点。

（一）分区用水情况

从全国范围来看，生活用水总量总体呈上升趋势，根据 Wind 资讯提供的数据，2002 年全国生活用水总量为 618. 74 亿立方米，到 2016 年为 821. 60 亿立方米。北方六区的生活用水总量呈缓慢上升趋势，由 2002 年的 230. 37 亿立方米上升到 2016 年的 274. 80 亿立方米，占全国生活用水总量的比重从 2002 年的 37%降低到 2016 年的 33%。南方四区的生活用水总量上升趋势较明显，从 2002 年的 388. 37 亿立方米增加到 2016 年的 546. 80 亿立方米，占全国生活用水总量的比重从 2002 年的 63%提高到 2016 年的 67%（见图 5-1）。

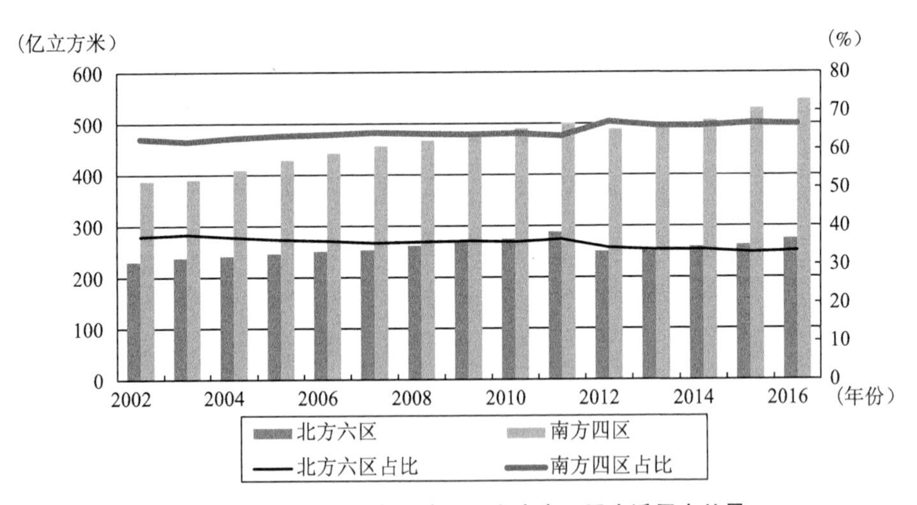

图 5-1 2002—2016 年北方六区和南方四区生活用水总量

数据来源：Wind 资讯。

1. 北方六区

北方六区生活用水总量上升较为缓慢的部分原因在于松花江区的生活用

水总量下降，西北诸河区的生活用水总量变化幅度不大。从数据来看，松花江区的生活用水总量呈下降趋势，从2003年的33.02亿立方米下降到2016年的29.00亿立方米；辽河区的生活用水总量呈上升趋势，从2003年的27.41亿立方米上升到2016年的31.20亿立方米；海河区的生活用水总量呈上升趋势，从2003年的53.53亿立方米上升到2016年的63.20亿立方米；黄河区的生活用水总量呈上升趋势，从2003年的35.75亿立方米上升到2016年的46.50亿立方米；淮河区的生活用水总量呈上升趋势，从2003年的71.42亿立方米上升到2016年的87.20亿立方米；西北诸河区的生活用水总量变化较为平缓，从2003年的16.88亿立方米上升到2016年的17.70亿立方米（见表5-1）。

表5-1　2003—2016年北方六区生活用水总量　　单位：亿立方米

年份	松花江区	辽河区	海河区	黄河区	淮河区	西北诸河区
2003	33.02	27.41	53.53	35.75	71.42	16.88
2004	33.70	28.80	52.50	37.10	72.70	16.40
2005	32.70	29.30	55.20	38.30	75.70	14.90
2006	32.40	30.10	56.50	39.40	76.90	15.20
2007	31.40	31.20	56.30	39.90	78.40	15.80
2008	33.40	31.70	57.10	39.80	81.90	17.60
2009	33.10	31.50	57.80	43.30	84.20	20.20
2010	34.40	33.30	59.00	44.00	85.90	18.00
2011	36.30	34.20	62.70	48.00	88.10	19.00
2012	27.50	29.00	56.70	42.40	79.10	15.50
2013	28.60	29.30	58.10	42.10	80.60	15.20
2014	29.80	30.20	59.30	43.10	81.20	15.80
2015	28.30	30.70	60.60	44.20	82.40	16.70
2016	29.00	31.20	63.20	46.50	87.20	17.70

数据来源：Wind资讯。

2. 南方四区

南方四区生活用水总量上升趋势较明显的原因之一在于长江区的生活用

水总量上升较快。从数据来看，长江区的生活用水总量呈上升趋势，从2003年的212.54亿立方米上升到2016年的312.00亿立方米，增长近100亿立方米；东南诸河区的生活用水总量呈上升趋势，从2003年的42.16亿立方米上升到2016年的66.40亿立方米，增长大约24亿立方米；珠江区的生活用水总量呈上升趋势，从2003年的127.68亿立方米上升到2016年的157.90亿立方米，增长大约30亿立方米；西南诸河区的生活用水总量上升较慢，从2003年的8.84亿立方米上升到2016年的10.50亿立方米，增长大约1.7亿立方米（见表5-2）。

表5-2　2003—2016年南方四区生活用水总量　　单位：亿立方米

年份	长江区	其中：太湖区	东南诸河区	珠江区	西南诸河区
2003	212.54	35.93	42.16	127.68	8.84
2004	223.20	37.50	43.60	134.20	8.90
2005	231.50	39.90	43.40	144.60	9.50
2006	237.60	41.50	45.50	150.40	9.80
2007	245.80	44.00	47.10	154.60	9.90
2008	250.50	46.00	49.50	155.70	11.90
2009	260.10	47.50	50.70	155.10	12.10
2010	268.50	48.50	53.10	157.40	12.30
2011	273.40	50.90	55.40	159.60	13.10
2012	271.80	51.00	60.20	148.40	9.00
2013	275.00	53.10	62.70	149.10	9.40
2014	282.20	52.80	63.90	152.60	8.60
2015	301.30	53.70	64.40	155.90	9.10
2016	312.00	55.90	66.40	157.90	10.50

数据来源：Wind资讯。

（二）各省份城市生活用水情况

本部分重点分析全国各省份的城市生活用水情况，对各个地区的城市用水人口、人均日生活用水量、城市用水普及率和城市生活用水总量变化情况进行分析，找出各地的城市生活用水变化特点。

1. 城市用水人口

随着城镇化的持续推进，全国城市用水人口总体呈上升趋势。从数据来看，2002 年全国用水人口有 27420 万人，2015 年增加到 45112.62 万人，在 2006 年增速出现下降，2011—2015 年的增速保持在 3%~4%（见图 5-2）。

各地区城市用水人口增速具有一定差异，受到当地的城镇化发展水平、城区人口数量、用水人口基数、城市用水普及率等因素的影响。从各省的城市用水人口数据来看，西藏地区的增速最高，2004—2015 年，年均增速达 11.27%，这与该地区的城市用水人口基数较小有关。2015 年，云南、海南、重庆、青海地区的城市用水人口均比 2004 年的城市用水人口翻了一番。福建、上海和宁夏的城市用水人口年均增速也超过 5%，属于增长较快地区（见表 5-3）。

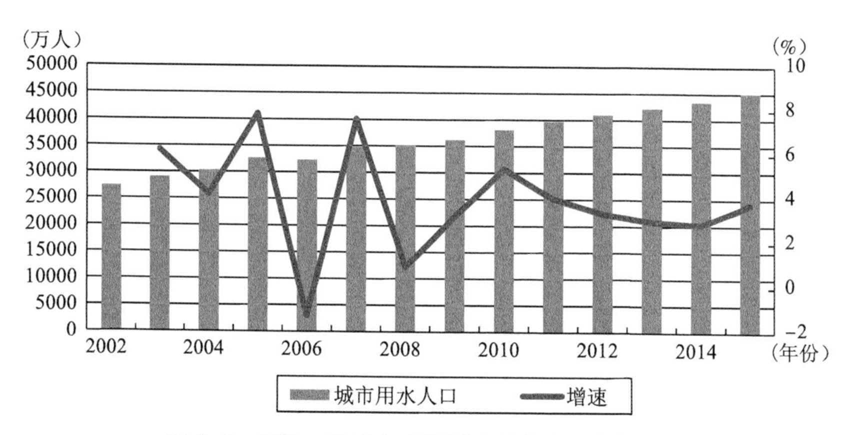

图 5-2　2002—2015 年全国城市用水人口变化趋势

数据来源：Wind 资讯。

表 5-3　2004—2015 年城市用水人口高速增长地区（增速高于 5%）

单位：万人

年份	西藏	云南	海南	重庆	青海	福建	上海	宁夏
2004	20.60	416.53	141.68	644.70	94.77	625.23	1289.13	155.49
2005	20.90	442.03	140.04	669.66	96.52	630.57	1778.00	161.73
2006	16.00	451.92	144.34	677.50	98.80	687.86	1815.00	168.49
2007	32.70	566.81	160.90	779.05	100.52	895.93	1858.08	182.84
2008	39.76	586.56	189.22	820.13	105.09	882.86	1888.46	186.41
2009	42.97	634.38	190.14	865.54	111.50	942.49	1921.32	212.73

续表

年份	西藏	云南	海南	重庆	青海	福建	上海	宁夏
2010	43.80	706.80	204.09	996.55	118.68	993.86	2301.91	220.14
2011	44.90	755.34	215.57	973.78	127.24	1024.22	2347.46	225.98
2012	42.04	814.68	233.55	1049.40	136.82	1065.36	2380.43	242.81
2013	59.82	789.09	242.14	1090.47	162.16	1098.37	2415.15	254.74
2014	59.81	810.55	259.13	1203.44	165.10	1128.37	2425.68	265.96
2015	66.67	867.87	287.97	1296.13	183.51	1175.97	2415.27	272.95
年均增速（%）	11.27	6.90	6.66	6.55	6.19	5.91	5.87	5.25

数据来源：国家统计局。

2004—2015 年，内蒙古、湖南、广西、浙江、广东、河南、江西、北京等地区的增速在 4%~5%，属于增长较快地区。这些地区增长加快的部分原因在于城市化发展速度较快，外来人口增多（见表 5-4）。

2004—2015 年，安徽、四川、甘肃、新疆、山西、天津等地区的增速在 3%~4%，属于增速适中地区（见表 5-5）。

表 5-4　2004—2015 年城市用水人口增长较快地区（增速在 4%~5%）

单位：万人

年份	内蒙古	湖南	广西	浙江	广东	河南	江西	北京
2004	517.23	886.42	620.86	1321.86	3154.93	1438.64	639.22	1187.00
2005	537.68	946.75	652.44	1345.87	3586.86	1480.35	666.97	1654.70
2006	571.83	997.48	637.47	1396.69	3775.12	1545.71	690.57	1644.39
2007	600.37	1046.18	745.44	1741.47	4377.16	1539.62	691.02	1585.48
2008	628.61	1077.17	776.18	1754.12	4117.01	1701.24	723.86	1439.10
2009	696.48	1127.56	743.69	1758.90	4238.67	1737.82	758.35	1491.80
2010	736.86	1173.74	801.84	1814.96	4329.89	1933.33	801.74	1685.90
2011	768.18	1280.45	853.15	1822.52	4658.75	2000.08	838.36	1740.70
2012	828.58	1350.88	883.30	1876.00	4567.73	2108.19	887.94	1783.70
2013	851.18	1385.31	903.35	1997.40	4822.00	2138.58	938.08	1825.10
2014	854.20	1414.88	935.54	2026.72	4969.33	2232.45	965.92	1859.00
2015	862.07	1454.12	1018.06	2166.92	5069.54	2308.57	1024.85	1877.70
年均增速（%）	4.75	4.60	4.60	4.60	4.41	4.39	4.38	4.26

数据来源：国家统计局。

表 5-5　2004—2015 年城市用水人口增速适中地区（增速在 3%~4%）

单位：万人

年份	安徽	四川	甘肃	新疆	山西	天津
2004	977.52	1291.35	422.74	492.89	758.95	632.00
2005	1021.43	1361.60	440.00	510.04	812.76	640.48
2006	989.37	1208.84	467.36	484.96	815.76	568.90
2007	1050.38	1245.25	475.18	517.62	878.26	651.12
2008	1094.14	1292.68	465.01	547.70	884.43	639.02
2009	1148.64	1348.02	477.92	608.79	914.31	607.26
2010	1195.59	1437.85	495.44	625.67	941.20	615.29
2011	1218.96	1532.39	508.13	646.99	986.84	615.43
2012	1310.51	1636.69	523.79	666.21	1013.35	649.41
2013	1358.51	1711.78	531.90	692.97	1037.76	663.66
2014	1412.77	1796.29	543.55	710.70	1068.59	786.49
2015	1471.13	1907.23	618.38	716.35	1099.39	875.24
年均增速（%）	3.79	3.61	3.52	3.46	3.43	3.00

数据来源：国家统计局。

2004—2015 年，贵州、吉林、江苏、河北、山东、陕西、湖北、黑龙江、辽宁等地区的城市用水人口增速低于 3%，属于增长较慢地区。这些省份的城市用水人口增速较低与城市用水人口基数较大存在关联。东北三省的城市用水增速较低的部分原因在于人口出生率降低、外迁人口增多，导致城市用水人口增速较低，黑龙江地区的城市用水人口在 12 年间仅增加了 244.89 万人（见表 5-6）。

表 5-6　2014—2015 年城市用水人口增长较慢地区（增速低于 3%）

单位：万人

年份	贵州	吉林	江苏	河北	山东	陕西	湖北	黑龙江	辽宁
2004	448.96	811.26	2273.66	1291.21	2444.45	729.25	1580.57	1134.37	1896.21
2005	452.39	904.82	2408.52	1324.12	2629.41	734.81	1616.04	1127.09	1928.82
2006	453.84	835.98	2209.06	1332.59	2475.98	704.74	1435.96	1092.79	1907.78
2007	430.31	866.65	2300.91	1464.29	2629.28	741.11	1520.25	1129.48	1962.82
2008	465.78	877.25	2331.49	1479.19	2624.33	731.60	1607.60	1130.06	2000.60

续表

年份	贵州	吉林	江苏	河北	山东	陕西	湖北	黑龙江	辽宁
2009	491.22	906.88	2443.90	1527.05	2648.44	762.18	1640.80	1172.81	2041.65
2010	509.75	957.72	2515.63	1534.94	2715.33	782.88	1705.37	1199.56	2060.39
2011	536.67	1036.96	2660.46	1565.59	2792.06	765.17	1750.97	1239.58	2158.41
2012	555.94	1051.98	2785.12	1593.35	2886.48	793.07	1782.33	1293.41	2233.43
2013	578.21	1058.19	2875.15	1606.27	2940.83	831.64	1807.26	1299.42	2294.95
2014	597.56	1083.22	2970.72	1617.14	3036.28	848.95	1856.40	1325.94	2245.64
2015	612.67	1096.84	3068.64	1685.76	3129.04	905.01	1948.92	1379.26	2250.59
年均增速（%）	2.87	2.78	2.76	2.45	2.27	1.98	1.92	1.79	1.57

数据来源：国家统计局。

2. 人均日生活用水量

人均日生活用水量是指每一用水人口平均每天的生活用水量。我国人均用水量呈现先升后降的特点，也就是“倒U型”结构，2002年人均用水量为429.50立方米，到2013年达到最高值455.54立方米，2015年又下降到445.09立方米。我国城市人均日生活用水量总体呈下降趋势，2002年城市人均日生活用水量为213升，到2015年下降到174.46升。其中，2003—2011年一直保持下降趋势，2012—2015年虽有所增加，但幅度均低于1%（见图5-3、图5-4）。

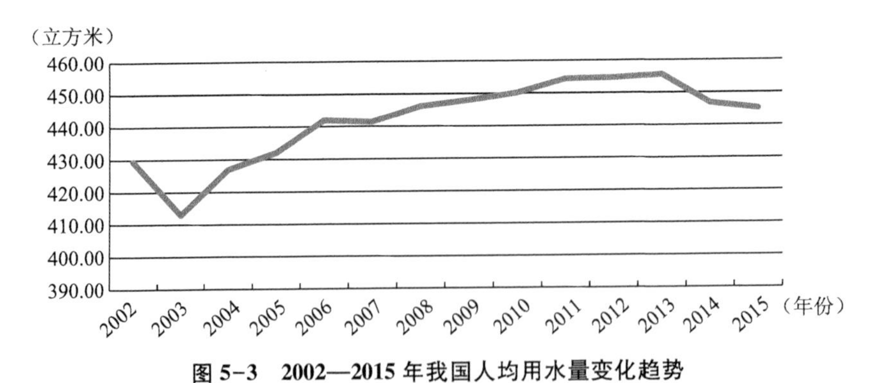

图5-3　2002—2015年我国人均用水量变化趋势

数据来源：《城市居民生活用水标准》（GB/TS0331—2002）。

2002 年 9 月 16 日，建设部主编的国家标准《城市居民生活用水量标准》（GB/T50331—2002）正式发布，自 2002 年 11 月 1 日起施行。该标准将我国 31 个省份划分为 6 个区域，黑龙江、吉林、辽宁和内蒙古 4 个省份的日用水量标准为 80~135 升/人·天，北京、天津、河北等 9 个省份的日用水量标准为 85~140 升/人·天，上海、江苏、浙江等 8 个省份的日用水量标准为 120~180 升/人·天，广西、广东、海南 3 个省份的日用水量标准为 150~220 升/人·天，重庆、四川、贵州和云南 4 个省份的日用水量标准为 100~140 升/人·天，新疆、西藏和青海 3 个省份的日用水量标准为 75~125 升/人·天（见表 5-7）。

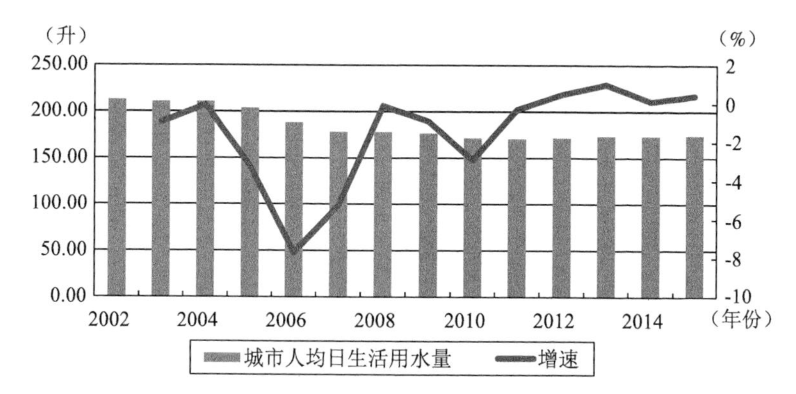

图 5-4　2002—2015 年我国城市人均日生活用水量变化趋势

数据来源：Wind 资讯。

表 5-7　城市居民生活用水量标准

地域分区	日用水量标准（升/人·天）	适用范围
一	80~135	黑龙江、吉林、辽宁、内蒙古
二	85~140	北京、天津、河北、山东、河南、山西、陕西、宁夏、甘肃
三	120~180	上海、江苏、浙江、福建、江西、湖北、湖南、安徽
四	150~220	广西、广东、海南
五	100~140	重庆、四川、贵州、云南
六	75~125	新疆、西藏、青海

资料来源：《城市居民生活用水量标准》（GB/T50331—2002）。

表 5-8 展示了 2002—2015 年我国东部地区（北方省份）城市人均日生活用水量变化情况。北京市人均日生活用水量从 2002 年的 237.00 升下降至 2015 年的 183.81 升，年均增速-1.94%，高于用水标准。河北省人均日生活用水量从 2002 年的 153.00 升下降至 2015 年的 119.13 升，年均增速-1.91%。辽宁省人均日生活用水量从 2002 年的 149.00 升下降至 2015 年的 135.50 升，年均增速-0.73%，基本符合用水标准。山东省人均日生活用水量从 2002 年的 146.00 升下降至 2015 年的 138.47 升，年均增速-0.41%，符合用水标准。天津市人均日生活用水量从 2002 年的 133.00 升下降至 2015 年的 119.58 升，年均增速-0.81%，符合用水标准。

表 5-8　2002—2015 年东部地区（北方省份）城市人均日生活用水量变化情况

单位：升

年份	北京	河北	辽宁	山东	天津
2002	237.00	153.00	149.00	146.00	133.00
2003	248.03	154.15	145.20	140.14	130.99
2004	226.78	145.24	147.20	143.19	124.88
2005	152.91	144.64	147.27	140.22	123.56
2006	154.67	132.59	134.12	140.88	130.43
2007	166.80	125.38	127.93	132.91	122.38
2008	187.22	125.07	125.84	127.87	129.25
2009	192.05	124.79	124.19	129.91	133.15
2010	174.92	122.96	120.96	129.52	132.04
2011	172.62	124.45	126.16	129.79	128.80
2012	171.79	126.23	128.05	131.60	134.12
2013	196.85	125.79	128.71	134.93	142.34
2014	187.52	116.91	131.79	138.78	124.33
2015	183.81	119.13	135.50	138.47	119.58
年均增速（%）	-1.94	-1.91	-0.73	-0.41	-0.81

数据来源：Wind 资讯。

表5-9展示了2002—2015年东部地区（南方省份）城市人均日生活用水量变化情况。福建省城市人均日生活用水量从2002年的285.00升下降至2015年的176.93升，年均增速-3.60%，符合用水标准。广东省城市人均日生活用水量从2002年的333.00升下降至2015年的248.95升，年均增速-2.21%。海南省城市人均日生活用水量总体呈下降趋势，2002年为324.00升，2015年下降至263.78升，年均增速-1.57%。江苏省城市人均日生活用水量从2002年的226.00升下降至2015年的210.66升，年均增速-0.54%。上海市城市人均日生活用水量从2002年266.00升下降至2015年的190.19升，年均增速-2.55%。广东、海南、江苏、上海、浙江5个省份的城市人均日生活用水量均高于用水标准。

表5-9　2002—2015年东部地区（南方省份）城市人均日生活用水量变化情况

单位：升

年份	福建	广东	海南	江苏	上海	浙江
2002	285.00	333.00	324.00	226.00	266.00	240.00
2003	264.64	294.33	222.37	217.18	330.58	236.32
2004	251.73	309.61	314.70	215.77	361.68	228.06
2005	267.91	320.16	337.85	211.47	262.08	243.93
2006	275.42	260.27	311.52	204.55	213.10	230.68
2007	211.73	238.16	292.25	199.54	215.09	189.28
2008	219.64	252.03	252.74	204.99	201.95	194.22
2009	191.92	253.14	265.06	207.17	206.96	201.55
2010	186.62	249.96	264.50	220.37	174.83	185.43
2011	188.18	241.38	249.20	212.26	183.57	196.30
2012	178.37	246.68	237.16	215.44	186.54	195.81
2013	180.87	242.02	222.90	209.76	192.00	192.32
2014	180.98	247.51	243.54	209.62	186.40	197.01
2015	176.93	248.95	263.78	210.66	190.19	196.18
年均增速（%）	-3.60	-2.21	-1.57	-0.54	-2.55	-1.54

数据来源：Wind资讯。

表 5-10 展示了 2002—2015 年中部地区城市人均日生活用水量变化情况。河南省城市人均日生活用水量总体呈下降趋势，2002 年为 168.00 升，2015 年下降到 111.07 升，年均增速-3.13%。黑龙江省城市人均日生活用水量从 2002 年的 165.00 升下降至 2015 年的 116.34 升，年均增速-2.65%。吉林省城市人均日生活用水量从 2002 年的 142.00 升下降至 2015 年的 122.27 升，年均增速-1.14%。2002 年，山西省城市人均日生活用水量为 130.00 升，2015 年下降至 112.44 升，年均增速-1.11%。安徽省人均日生活用水量从 2002 年的 221 升下降至 2015 年的 168.90 升，年均增速-2.05%，符合用水标准。湖北省城市人均日生活用水量从 2002 年的 255.00 升下降至 2015 年的 205.32 升，年均增速-1.65%，高于用水标准。湖南省城市人均日生活用水量从 2002 年的 335.00 升下降至 2015 年的 207.79 升，年均增速-3.61%，高于用水标准。江西省人均日生活用水量从 2002 年的 262.00 升下降至 2015 年的 171.28 升，年均增速-3.22%。江西、河南、黑龙江、吉林、山西 5 个省份的城市人均日生活用水量均符合用水标准。

表 5-10　2002—2015 年中部地区城市人均日生活用水量变化情况　　单位：升

年份	河南	黑龙江	吉林	山西	安徽	湖北	湖南	江西
2002	168.00	165.00	142.00	130.00	221.00	255.00	335.00	262.00
2003	160.14	166.18	151.92	119.38	213.47	266.58	311.68	262.21
2004	147.32	160.27	155.41	115.78	206.17	274.06	304.47	242.03
2005	147.06	151.18	137.97	120.35	195.69	274.33	278.68	236.54
2006	129.47	138.96	131.27	126.60	189.95	246.43	252.70	211.56
2007	125.90	143.52	121.12	124.65	180.40	244.45	240.95	201.50
2008	115.88	142.13	128.01	120.90	174.61	228.34	234.53	201.75
2009	118.49	129.70	122.99	122.10	160.96	215.00	229.46	194.24
2010	109.10	123.87	121.03	106.39	160.83	211.54	220.38	184.35
2011	108.59	128.02	113.33	111.42	168.99	213.18	203.16	174.79
2012	104.09	125.48	111.60	110.93	165.45	215.72	212.78	175.69
2013	105.38	119.33	119.31	111.19	166.15	214.82	215.00	173.98
2014	107.44	116.54	122.79	114.59	166.72	210.60	202.96	178.71
2015	111.07	116.34	122.27	112.44	168.90	205.32	207.79	171.28

续表

年份	河南	黑龙江	吉林	山西	安徽	湖北	湖南	江西
年均增速（%）	-3.13	-2.65	-1.14	-1.11	-2.05	-1.65	-3.61	-3.22

数据来源：Wind 资讯。

表 5-11 展示了 2002—2015 年西部地区（北方省份）城市人均日生活用水量变化情况。甘肃省 2002 年城市人均日生活用水量为 130.00 升，2015 年为 132.00 升，其间波动较大，2004 年曾上升到 170.82 升。内蒙古自治区城市人均日生活用水量总体呈下降趋势，2002 年为 129.00 升，2015 年下降到 106.71 升，年均增速-1.45%。宁夏回族自治区城市人均日生活用水量从 2002 年的 190.00 升下降至 2015 年的 171.67 升，年均增速-0.78%。青海省城市人均日生活用水量从 2002 年的 225.00 升下降至 2015 年的 168.76 升，年均增速-2.19%。2002 年，陕西省城市人均日生活用水量为 204.00 升，2015 年下降至 155.71 升，年均增速-2.06%。新疆维吾尔自治区城市人均日生活用水量总体呈上升趋势，2002 年为 155.00 升，2004 年上升到 206.25 升，2015 年为 170.55 升，年均增速 0.74%。宁夏、青海、陕西、新疆 4 个省份的城市人均日生活用水量均高于用水标准。

表 5-11 2002—2015 年西部地区（北方省份）城市人均日生活用水量变化情况

单位：升

年份	甘肃	内蒙古	宁夏	青海	陕西	新疆
2002	130.00	129.00	190.00	225.00	204.00	155.00
2003	139.34	124.50	182.91	224.93	162.78	196.55
2004	170.82	123.34	171.57	241.16	147.61	206.25
2005	157.30	129.93	170.28	242.95	145.14	163.23
2006	158.62	105.08	159.55	183.61	131.60	172.98
2007	144.91	102.09	157.14	176.46	154.45	165.78
2008	156.05	85.65	160.04	182.50	165.65	169.93
2009	158.58	85.99	150.66	176.49	164.65	148.74
2010	155.12	88.49	177.55	179.03	165.70	150.79

续表

年份	甘肃	内蒙古	宁夏	青海	陕西	新疆
2011	146.46	94.48	163.14	196.98	163.25	160.06
2012	144.02	91.12	156.51	194.19	174.72	171.02
2013	142.17	97.47	144.69	179.64	179.54	168.72
2014	146.25	103.49	148.60	176.52	154.05	171.82
2015	132.00	106.71	171.67	168.76	155.71	170.55
年均增速（%）	0.12	-1.45	-0.78	-2.19	-2.06	0.74

数据来源：Wind 资讯。

表 5-12 展示了 2002—2015 年西部地区（南方省份）城市人均日生活用水量变化情况。广西壮族自治区城市人均日生活用水量从 2002 年的 319.00 升下降至 2015 年的 255.65 升，年均增速-1.69%。贵州省城市人均日生活用水量总体呈下降趋势，2002 年为 190.00 升，2015 年下降至 163.78 升，年均增速-1.14%。2002 年，四川省城市人均日生活用水量为 210.00 升，2015 年下降至 204.13 升，年均增速-0.22%。西藏自治区城市人均日生活用水量波动较大，2002 年为 394.00 升，2006 年上升至 834.80 升，2012 年下降至 127.69 升，2015 年又上升至 403.62 升。2002 年，云南省城市人均日生活用水量为 184.00 升，2015 年下降至 132.77 升，年均增速-2.48%。重庆市城市人均日生活用水量变化幅度较小，2002 年为 159.00 升，2015 年为 151.97 升。除云南省外，广西、贵州、四川、西藏、重庆 5 个省份的城市人均日生活用水量均高于用水标准。

表 5-12　2002—2015 年西部地区（南方省份）城市人均日生活用水量变化情况

单位：升

年份	广西	贵州	四川	西藏	云南	重庆
2002	319.00	190.00	210.00	394.00	184.00	159.00
2003	306.59	185.52	221.96	513.37	186.91	155.24
2004	285.12	184.29	223.00	513.37	177.11	155.82
2005	272.05	169.48	222.42	676.15	219.17	163.49
2006	269.29	181.22	205.56	834.80	223.18	174.49

续表

年份	广西	贵州	四川	西藏	云南	重庆
2007	246.62	172.52	200.90	239.78	142.19	140.64
2008	239.99	150.87	197.28	253.62	145.98	143.57
2009	259.05	145.95	196.01	213.50	138.63	141.46
2010	249.70	130.47	196.69	218.86	146.24	136.75
2011	241.94	142.79	191.71	228.10	124.89	145.43
2012	248.11	144.88	195.58	127.69	118.29	148.75
2013	239.89	152.37	193.47	330.03	130.04	154.04
2014	234.97	159.65	216.00	328.98	129.06	146.13
2015	255.65	163.78	204.13	403.62	132.77	151.97
年均增速（%）	-1.69	-1.14	-0.22	0.19	-2.48	-0.35

数据来源：Wind 资讯。

3. 城市用水普及率

根据国家统计局给出的解释，城市用水普及率是指报告期末城区用水人口数与城市人口总数的比率。计算公式：城市用水普及率=城区用水人口（含暂住人口）÷（城区人口+城区暂住人口）×100%。从图 5-5 中可以看出，我国城市用水普及率已经从 2002 年的 78.00%上升到 2015 年的 98.07%。北京、天津、上海 3 个地区的城市用水普及率已经达到 100%。

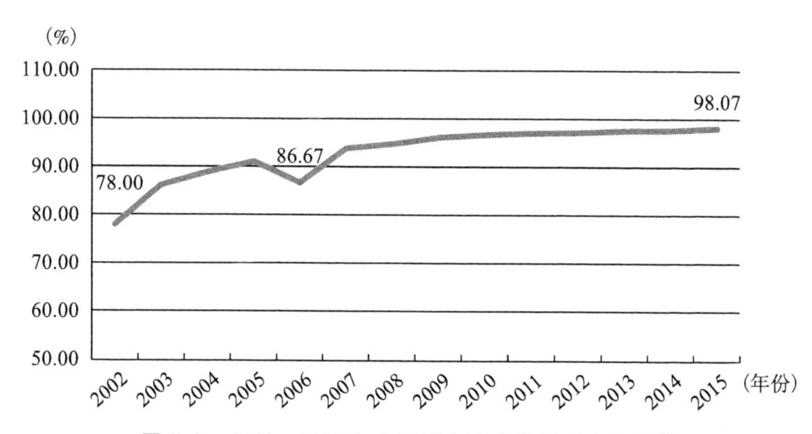

图 5-5　2002—2015 年全国城市用水普及率变化趋势

数据来源：Wind 资讯。

东部属于较为发达的地区，城市化率较高，城市人口相对较多，各项基础设施投入力度较大，供水设施和设备也较为完善。2015 年，这些地区的城市用水普及率均高于 98%。表 5-13 展示了 2002—2015 年我国东部地区（北方省份）城市用水普及率变化情况。北京市从 2002 年到 2015 年均保持 100%的用水普及率。河北省 2002 年的城市用水普及率为 99.90%，2006 年下降至 92.01%，2015 年提高至 99.56%。辽宁省城市用水普及率从 2002 年的 87.30%提高至 2015 年的 98.84%。山东省城市用水普及率增长较快，从 2002 年的 64.20%提高至 2015 年的 99.95%。天津市从 2002 年到 2015 年均保持 100%的用水普及率。

表 5-14 展示了 2002—2015 年我国东部地区（南方省份）的城市用水普及率变化情况。福建省城市用水普及率从 2002 年的 83.20%提高至 2015 年的 99.55%。广东省城市用水普及率波动较大，2002 年为 92.10%，2006 年下降至 76.60%，2015 年提高至 98.46%。海南省城市用水普及率从 2002 年的 85.70%提高至 2015 年的 98.64%。江苏省城市用水普及率波动也较大，2002 年为 90.00%，2006 年下降至 81.99%，2015 年提高至 99.83%。上海市城市用水普及率除 2005 年外，2002—2015 年的普及率均保持在 100%的水平。2002 年，浙江省城市用水普及率为 96.80%，2006 年下降至 70.96%，2015 年提高至 99.95%。

表 5-13　2002—2015 年东部地区（北方省份）城市用水普及率变化情况

单位:%

年份	北京	河北	辽宁	山东	天津
2002	100.00	99.90	87.30	64.20	100.00
2003	100.00	99.87	87.91	71.61	100.00
2004	100.00	99.97	93.01	75.46	100.00
2005	100.00	99.95	93.83	77.39	100.00
2006	123.36	92.01	92.14	97.17	100.26
2007	100.00	99.97	96.94	98.79	100.00
2008	100.00	99.97	96.89	99.39	100.00
2009	100.00	99.97	97.23	99.47	100.00

续表

年份	北京	河北	辽宁	山东	天津
2010	100.00	99.97	97.44	99.57	100.00
2011	100.00	100.00	98.36	99.74	100.00
2012	100.00	99.96	98.45	99.85	100.00
2013	100.00	99.85	98.77	99.85	100.00
2014	100.00	99.29	98.72	99.92	100.00
2015	100.00	99.56	98.84	99.95	100.00

数据来源：Wind 资讯。

表 5-14 2002—2015 年东部地区（南方省份）城市用水普及率变化情况

年份	福建（%）	广东（%）	海南（%）	江苏（%）	上海（%）	浙江（%）
2002	83.20	92.10	85.70	90.00	100.00	96.80
2003	92.13	90.78	83.64	91.96	100.00	98.27
2004	95.93	95.15	89.65	94.03	100.00	98.89
2005	98.68	98.80	85.97	96.28	99.98	99.10
2006	78.37	76.60	80.40	81.99	100.00	70.96
2007	98.86	84.80	77.15	99.47	100.00	99.58
2008	97.47	93.97	83.87	99.88	100.00	99.70
2009	99.18	97.70	89.65	99.65	100.00	99.81
2010	99.50	98.37	89.43	99.56	100.00	99.79
2011	99.11	98.39	96.09	99.58	100.00	99.84
2012	99.13	97.62	97.74	99.70	100.00	99.88
2013	99.42	97.47	98.38	99.69	100.00	99.97
2014	99.49	97.26	98.10	99.75	100.00	99.93
2015	99.55	98.46	98.64	99.83	100.00	99.95

数据来源：Wind 资讯。

表 5-15 展示了 2002—2015 年中部地区城市用水普及率变化情况。河南省城市用水普及率从 2002 年的 73.20%提高至 2015 年的 93.10%。黑龙江省城市用水普及率在 2011—2015 年期间增长较快，从 90.78%提高至 97.20%。

山西省城市用水普及率从 2002 年的 82.90%提高至 2015 年的 98.85%。安徽省城市用水普及率从 2002 年的 79.70%提高至 2015 年的 98.79%。湖北省城市用水普及率增长最快，从 2004 年的 73.75%提高至 2015 年的 98.83%。湖南省城市用水普及率从 2002 年的 80.70%提高至 2015 年的 97.30%。江西省 2002 年城市用水普及率为 84.00%，2015 年提高至 97.55%。2015 年，中部地区的山西省、湖北省、安徽省的城市用水普及率均高于 98%，吉林省和河南省的用水普及率远低于中部其他地区。

表 5-15　2002—2015 年中部地区城市用水普及率变化情况

年份	河南（%）	黑龙江（%）	吉林（%）	山西（%）	安徽（%）	湖北（%）	湖南（%）	江西（%）
2002	73.20	80.50	76.40	82.90	79.70	66.30	80.70	84.00
2003	90.44	80.01	78.54	81.16	79.93	73.61	86.36	92.26
2004	92.14	80.77	77.26	85.62	89.95	73.75	87.61	92.24
2005	91.94	79.55	83.20	90.32	90.52	77.62	91.11	92.64
2006	87.16	79.20	80.53	89.58	89.93	91.45	90.27	91.34
2007	88.63	81.84	88.03	92.96	94.40	97.56	93.71	94.59
2008	85.56	84.24	88.63	93.27	95.11	97.88	94.57	96.49
2009	88.34	86.56	88.75	95.38	95.25	97.45	94.82	98.00
2010	91.03	88.43	89.60	97.26	96.06	97.59	95.17	97.43
2011	92.64	90.78	92.71	97.48	96.55	98.25	95.68	97.94
2012	91.76	94.14	92.38	97.64	98.02	98.24	96.42	97.67
2013	92.16	95.46	93.84	98.14	98.40	98.19	96.86	97.73
2014	92.99	96.20	93.79	98.54	98.63	98.75	97.05	97.78
2015	93.10	97.20	93.64	98.85	98.79	98.83	97.30	97.55

数据来源：Wind 资讯。

表 5-16 展示了 2002—2015 年西部地区（北方省份）城市用水普及率变化情况。青海省、新疆维吾尔自治区和内蒙古自治区等省份的城市用水普及率较高，2015 年已经超过 98%。甘肃省城市用水普及率从 2002 年的 57.50%提高至 2015 年的 97.28%。内蒙古自治区城市用水普及率从 2002 年的 77.20%提高至 2015 年的 98.47%。宁夏回族自治区的城市用水普及率增速最

快，从 2004 年的 61. 12%提高至 2015 年的 96. 40%。陕西省城市用水普及率从 2002 年的 76. 90%提高至 2015 年的 97. 12%。新疆维吾尔自治区城市用水普及率在 2002—2015 年期间保持较高水平。

表 5-16　2002—2015 年西部地区（北方省份）城市用水普及率变化情况

年份	甘肃（%）	内蒙古（%）	宁夏（%）	青海（%）	陕西（%）	新疆（%）
2002	57. 50	77. 20	62. 80	103. 00	76. 90	95. 80
2003	82. 24	80. 04	63. 61	105. 00	93. 78	96. 71
2004	85. 16	82. 21	61. 12	99. 97	94. 43	98. 12
2005	85. 94	83. 88	62. 89	100. 00	93. 24	97. 86
2006	88. 66	80. 67	84. 03	91. 28	85. 66	90. 50
2007	91. 76	81. 45	90. 07	100. 00	95. 70	99. 12
2008	87. 85	82. 03	87. 25	100. 00	96. 65	92. 82
2009	89. 66	87. 89	97. 20	99. 45	98. 06	99. 03
2010	91. 57	87. 97	98. 23	99. 87	99. 39	99. 17
2011	92. 50	91. 39	95. 45	99. 86	95. 72	99. 17
2012	92. 77	94. 43	92. 30	99. 90	96. 15	99. 13
2013	93. 68	96. 23	96. 51	99. 08	96. 52	98. 08
2014	94. 95	97. 79	97. 26	99. 71	96. 31	98. 15
2015	97. 28	98. 47	96. 40	99. 06	97. 12	98. 81

数据来源：Wind 资讯。

表 5-17 展示了 2002—2015 年西部地区（南方省份）城市用水普及率变化情况。广西壮族自治区城市用水普及率从 2002 年的 63. 90%提高至 2015 年的 97. 50%。贵州省城市用水普及率从 2002 年的 74. 80%提高至 2015 年的 95. 43%。四川省 2002 年城市用水普及率为 43. 50%，2015 年提高至 93. 05%。西藏自治区的城市用水普及率为全国最低，2015 年仅达到 88. 06%。云南省城市用水普及率从 2002 年的 77. 90%提高至 2015 年的 97. 33%。重庆市城市用水普及率从 2002 年的 62. 60%提高至 2015 年的 96. 87%。

总的来看，东部地区的城市用水普及率平均值高于中部和西部地区。2015 年，东部地区的城市用水普及率平均值为 99. 53%，中部地区为

96.91%，西部地区为96.28%。这一现象与地区的经济发展水平、用水设施建设投入力度有关。

表5-17　2002—2015年西部地区（南方省份）城市用水普及率变化情况

年份	广西（%）	贵州（%）	四川（%）	西藏（%）	云南（%）	重庆（%）
2002	63.90	74.80	43.50	87.60	77.90	62.60
2003	65.92	78.72	97.28	69.01	81.45	76.48
2004	78.74	88.60	97.50	69.01	81.50	76.81
2005	82.28	92.75	97.22	61.82	82.07	79.38
2006	79.85	84.24	80.83	48.63	74.46	81.38
2007	91.89	82.52	86.55	90.58	95.41	91.49
2008	92.87	88.69	88.09	86.59	95.22	93.20
2009	94.43	92.09	89.68	92.53	96.23	94.60
2010	94.65	94.10	90.80	97.42	96.50	94.05
2011	93.91	91.55	91.83	91.93	95.09	93.41
2012	95.30	92.07	92.04	75.39	94.32	93.84
2013	95.91	92.86	91.76	96.95	97.92	96.25
2014	94.40	94.47	91.12	89.07	97.85	96.78
2015	97.50	95.43	93.05	88.06	97.33	96.87

数据来源：Wind资讯。

4. 城市生活用水总量

虽然我国的城市人均日生活用水量呈下降趋势，但随着我国城市化进程的加快，城市人口和城市用水人口规模不断扩大。城市用水人口增速远高于人均日生活用水量下降速度，城市生活用水总量总体呈上升趋势。2002年，我国城市生活用水总量为213.19亿立方米，2015年增加到287.27亿立方米，年均增速为2.32%（见图5-6）。

下面对东部、中部和西部三大区域的城市生活用水量进行分析。

（1）东部地区城市生活用水量。

表5-18展示了2002—2015年东部地区（北方省份）城市生活用水量变化情况。北京市城市生活用水量从2002年的8.20亿立方米提高至2015年的

12.60亿立方米，年均增长3.36%。河北省城市生活用水量变化幅度较小，2002年为6.81亿立方米，2006年下降到6.45亿立方米，2015年为7.33亿立方米。辽宁省城市生活用水量从2002年的9.55亿立方米提高至2015年的11.13亿立方米，年均增长1.19%。山东省2002年城市生活用水量为10.71亿立方米，2015年提高至15.82亿立方米，年均增长3.04%。天津市城市生活用水量从2002年的2.99亿立方米提高至2015年的3.82亿立方米，年均增长1.91%。

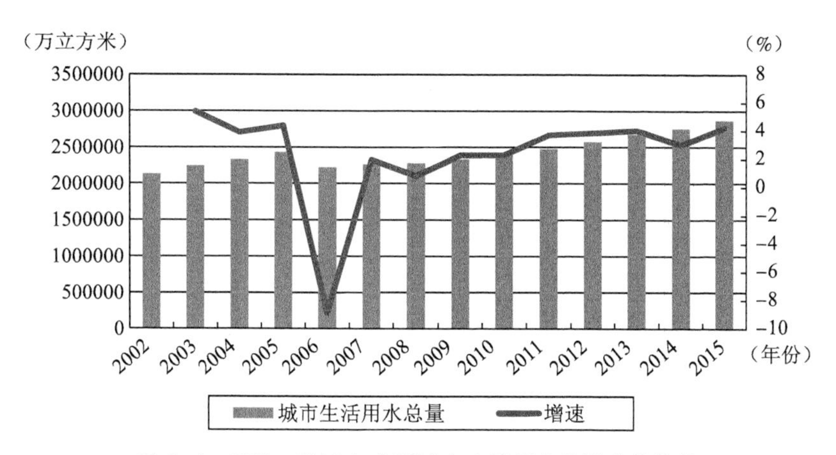

图5-6　2002—2015年全国城市生活用水总量变化趋势

数据来源：Wind资讯。

表5-18　2002—2015年东部地区（北方省份）城市生活用水量变化情况

单位：亿立方米

年份	北京	河北	辽宁	山东	天津
2002	8.20	6.81	9.55	10.71	2.99
2003	8.72	7.00	9.43	11.88	2.98
2004	9.83	6.85	10.19	12.78	2.88
2005	9.24	6.99	10.37	13.46	2.89
2006	9.28	6.45	9.33	12.73	2.71
2007	9.65	6.70	9.17	12.76	2.91
2008	9.83	6.75	9.19	12.25	3.01
2009	10.46	6.96	9.26	12.56	2.95
2010	10.76	6.89	9.10	12.84	2.97

续表

年份	北京	河北	辽宁	山东	天津
2011	10.97	7.11	9.94	13.23	2.95
2012	11.18	7.34	10.44	13.87	3.25
2013	13.11	7.38	10.78	14.48	3.45
2014	12.72	6.90	10.80	15.38	3.57
2015	12.60	7.33	11.13	15.82	3.82
年均增速（%）	3.36	0.57	1.19	3.04	1.91

数据来源：国家统计局。

表5-19展示了2002—2015年东部地区（南方省份）城市生活用水量变化情况。福建省城市生活用水量从2002年的6.11亿立方米提高至2015年的7.59亿立方米，年均增长1.69%。广东省的城市生活用水量一直居全国首位，2015年达46.07亿立方米，占全国城市生活用水总量的16.04%，这与广东省常住人口和流动人口数量大有关。海南省城市生活用水量增长最快，从2002年的1.54亿立方米提高至2015年的2.77亿立方米，年均增长4.61%。江苏省2002年城市生活用水量为16.89亿立方米，2015年提高至23.60亿立方米，年均增长2.60%。上海市的城市生活用水量无明显变化趋势，2002—2015年用水量平均值为15.46亿立方米。浙江省城市生活用水量从2002年的10.68亿立方米提高至2015年的15.52亿立方米，年均增长2.91%。

表5-19　2002—2015年东部地区（南方省份）城市生活用水量变化情况

单位：亿立方米

年份	福建	广东	海南	江苏	上海	浙江
2002	6.11	28.92	1.54	16.89	12.33	10.68
2003	5.78	31.90	1.48	17.18	16.10	11.13
2004	5.74	35.65	1.63	17.91	17.02	11.00
2005	6.17	41.92	1.73	18.59	17.01	11.98
2006	6.92	35.86	1.64	16.49	14.12	11.76
2007	6.92	38.05	1.72	16.76	14.59	12.03
2008	7.08	37.87	1.75	17.44	13.92	12.43
2009	6.60	39.16	1.84	18.48	14.51	12.94
2010	6.77	39.50	1.97	20.23	14.69	12.28

续表

年份	福建	广东	海南	江苏	上海	浙江
2011	7.04	41.04	1.96	20.61	15.73	13.06
2012	6.94	41.13	2.02	21.90	16.21	13.41
2013	7.25	42.60	1.97	22.01	16.93	14.02
2014	7.45	44.89	2.30	22.73	16.50	14.57
2015	7.59	46.07	2.77	23.60	16.77	15.52
年均增速（%）	1.69	3.65	4.61	2.60	2.39	2.91

数据来源：国家统计局。

（2）中部地区城市生活用水量。

中部地区的城市生活用水量呈波段式增长。河南省城市生活用水量从2002年的8.14亿立方米提高至2015年的9.36亿立方米，年均增长1.08%。黑龙江省和湖北省的城市生活用水量总体均呈下降趋势，年均增速分别为-0.83%和-0.55%。山西省城市生活用水量从2002年的3.68亿立方米提高至2015年的4.51亿立方米，年均增长1.58%。安徽省城市生活用水量从2002年的7.19亿立方米提高至2015年的9.07亿立方米，年均增长1.80%。湖南省城市生活用水量变化趋势呈"U型"结构，2002年为10.37亿立方米，2006年下降至9.20亿立方米，2015年提高至11.03亿立方米。江西省城市生活用水量从2002年的5.47亿立方米提高至2015年的6.41亿立方米，年均增长1.23%（见表5-20）。

表5-20　2002—2015年中部地区城市生活用水量变化情况

单位：亿立方米

年份	河南	黑龙江	吉林	山西	安徽	湖北	湖南	江西
2002	8.14	6.53	4.04	3.68	7.19	15.69	10.37	5.47
2003	8.09	6.67	4.46	3.38	7.23	15.41	9.92	5.92
2004	7.74	6.64	4.60	3.21	7.36	15.81	9.85	5.65
2005	7.95	6.22	4.56	3.57	7.30	16.18	9.63	5.76
2006	7.30	5.54	4.01	3.77	6.86	12.92	9.20	5.33
2007	7.08	5.92	3.83	4.00	6.92	13.56	9.20	5.08
2008	7.20	5.86	4.10	3.90	6.97	13.40	9.22	5.33

续表

年份	河南	黑龙江	吉林	山西	安徽	湖北	湖南	江西
2009	7.52	5.55	4.07	4.07	6.75	12.88	9.44	5.38
2010	7.70	5.42	4.23	3.65	7.02	13.17	9.44	5.39
2011	7.93	5.79	4.29	4.01	7.52	13.62	9.49	5.35
2012	8.01	5.92	4.29	4.10	7.91	14.03	10.49	5.69
2013	8.23	5.66	4.61	4.21	8.24	14.17	10.87	5.96
2014	8.75	5.64	4.85	4.47	8.60	14.27	10.48	6.30
2015	9.36	5.86	4.90	4.51	9.07	14.61	11.03	6.41
年均增速（%）	1.08	-0.83	1.48	1.58	1.80	-0.55	0.48	1.23

数据来源：国家统计局。

（3）西部地区城市生活用水量。

西部地区的城市生活用水量均呈上升趋势且增长较快。西藏自治区2002—2015年年均增长7.63%，属于增长最快的地区。其次为重庆市和宁夏回族自治区，分别为5.61%和5.27%。四川省的城市生活用水量居西部地区首位。西部地区城市生活用水量增长较快的原因主要有城市化水平提高、城市人口增多、用水普及率提高等。表5-21展示了2002—2015年西部地区（北方省份）城市生活用水量变化情况。甘肃省城市生活用水量从2002年的1.88亿立方米提高至2015年的2.98亿立方米，年均增长3.60%。内蒙古自治区城市生活用水量总体呈上升趋势，2002年为2.24亿立方米，2008年下降至1.97亿立方米，2015年提高至3.36亿立方米。新疆维吾尔自治区的城市生活用水量增长也较快，2002年为2.57亿立方米，2015年提高至4.46亿立方米，年均增长4.34%。

表5-21　2002—2015年西部地区（北方省份）城市生活用水量变化情况

单位：亿立方米

年份	甘肃	内蒙古	宁夏	青海	陕西	新疆
2002	1.88	2.24	0.88	0.74	4.11	2.57
2003	2.16	2.25	0.88	0.76	4.25	3.43
2004	2.64	2.33	0.97	0.83	3.93	3.71

续表

年份	甘肃	内蒙古	宁夏	青海	陕西	新疆
2005	2.53	2.55	1.01	0.86	3.89	3.04
2006	2.71	2.19	0.98	0.66	3.39	3.06
2007	2.51	2.24	1.05	0.65	4.18	3.13
2008	2.65	1.97	1.09	0.70	4.42	3.40
2009	2.77	2.19	1.17	0.72	4.58	3.31
2010	2.81	2.38	1.43	0.78	4.74	3.44
2011	2.72	2.65	1.35	0.91	4.56	3.78
2012	2.75	2.76	1.39	0.97	5.06	4.16
2013	2.76	3.03	1.35	1.06	5.45	4.27
2014	2.90	3.23	1.44	1.06	4.77	4.46
2015	2.98	3.36	1.71	1.13	5.14	4.46
年均增速（%）	3.60	3.17	5.27	3.31	1.75	4.34

数据来源：国家统计局。

表5-22展示了2002—2015年西部地区（南方省份）城市生活用水量变化情况。广西壮族自治区城市生活用水量从2002年的6.48亿立方米提高至2015年的9.50亿立方米，年均增长2.99%。贵州省城市生活用水量总体呈上升趋势，2002年为2.60亿立方米，2015年提高到3.66亿立方米，年均增长2.68%。四川省城市生活用水量波动较大，2002年为9.44亿立方米，2005年提高到11.05亿立方米，2007年减少到9.13亿立方米，2015年又提高至14.21亿立方米。云南省城市生活用水量增长也较快，2002年为2.52亿立方米，2015年提高到4.21亿立方米。

总的来看，东部地区的城市生活用水量平均值高于中部和西部地区。2015年，东部地区的城市生活用水量平均值为14.82亿立方米，中部地区为8.22亿立方米，西部地区为4.88亿立方米。这与各地区的用水人口数量密切相关。

表 5-22　2002—2015 年西部地区（南方省份）城市生活用水量变化情况

单位：亿立方米

年份	广西	贵州	四川	西藏	云南	重庆
2002	6.48	2.60	9.44	0.38	2.52	3.54
2003	6.72	2.58	10.26	0.39	2.78	3.54
2004	6.46	3.02	10.51	0.39	2.69	3.67
2005	6.48	2.80	11.05	0.52	3.54	4.00
2006	6.27	3.00	9.07	0.49	3.68	4.32
2007	6.71	2.71	9.13	0.29	2.94	4.00
2008	6.80	2.56	9.31	0.37	3.13	4.30
2009	7.03	2.62	9.64	0.33	3.21	4.47
2010	7.31	2.43	10.32	0.35	3.77	4.97
2011	7.53	2.80	10.72	0.37	3.44	5.17
2012	8.00	2.94	11.68	0.20	3.52	5.70
2013	7.91	3.22	12.09	0.72	3.75	6.13
2014	8.02	3.48	14.16	0.72	3.82	6.42
2015	9.50	3.66	14.21	0.98	4.21	7.19
年均增速（%）	2.99	2.68	3.19	7.63	4.03	5.61

数据来源：国家统计局。

下面对我国 27 个省份的省会城市的生活用水量进行分析。从表 5-23 中可以看出，拉萨、昆明、西安、南宁、合肥等城市的生活用水量增长很快，2005—2015 年年均增速超过 6%，10 年间生活用水量增加了 1 倍左右。这些省会城市主要集中在中西部地区，主要受用水人口增多、用水普及率提高等因素影响，生活用水量大幅增加。石家庄、太原、乌鲁木齐、济南、长春、南昌、哈尔滨等城市的生活用水量呈下降趋势，主要原因在于用水人口增长较慢、人均日生活用水量下降幅度大等。

我们也对 255 个非省会城市 2005—2015 年的生活用水量进行了分析。生活用水量总体呈下降趋势的城市有 79 个，其中有 19 个城市生活用水量年均增幅低于-5%，如湖南省岳阳市、湖北省襄阳市、甘肃省嘉峪关市、黑龙江省七台河市、江西省萍乡市等；有 22 个城市年均增幅在-5%～-2.5%，如黑龙江省大庆市、山东省泰安市、吉林省白城市、黑龙江省黑河市等；增幅在-2.5%~0的城市有38个，如内蒙古自治区乌兰察布市、山西省朔州市、湖北省黄冈市、广东省汕尾市等。总体呈上升趋势的城市有176个，增幅在0~2.5%的城市有57个，如辽宁省丹东市、河南省南阳市、广西壮族自治区河池市、四川省乐山市等；增幅在2.5%~5%的城市有57个，如湖北省十堰市、河南省新乡市、湖南省常德市、陕西省咸阳市等；增幅在5%~10%的城市有49个，如广西壮族自治区玉林市、山东省东营市、浙江省金华市、江西省赣州市等；有13个城市的增幅大于10%，如宁夏回族自治区固原市、广东省河源市、江苏省宿迁市、广西壮族自治区来宾市等。

表5-23　省会城市生活用水量变化情况　　单位：万立方米

省会	2005年	2007年	2009年	2011年	2013年	2014年	2015年	年均增速（%）
拉萨	—	2815	860	3441	4065	4113	5533	8.81
昆明	12865	13931	18513	19945	24549	26771	29138	8.52
西安	10013	11471	13781	15312	18757	19697	20951	7.66
南宁	12964	13389	15717	20563	20684	20765	27094	7.65
合肥	24650	36713	41939	46336	40449	52207	48215	6.94
长沙	10939	10857	12522	13382	11871	15488	17381	4.74
呼和浩特	9076	11250	12255	12942	14170	13825	13820	4.29
海口	13914	14396	16980	19035	20965	20822	21183	4.29
沈阳	9235	12420	12367	13203	11992	12835	—	3.73
广州	27280	33060	28324	31389	36636	38216	39143	3.68
兰州	2762	1945	2614	2353	3256	3309	3813	3.28
郑州	10414	10024	13619	12717	12059	13300	14239	3.18
杭州	—	8102	8000	8786	9655	—	10181	2.90
成都	85745	73933	80170	87695	88722	94571	105493	2.09
贵阳	7428	6473	7525	6590	7148	8073	9125	2.08
西宁	42450	37100	39736	44624	48212	50073	—	1.85
武汉	22920	25466	28108	22384	23733	26894	26162	1.33
南京	31540	24630	26597	29243	31263	33880	35138	1.09
银川	6532	4853	4249	5856	6152	6458	7149	0.91

续表

省会	2005年	2007年	2009年	2011年	2013年	2014年	2015年	年均增速（%）
福州	11222	13793	13357	12597	13286	15223	11823	0.52
石家庄	10683	8209	9596	10133	9782	9865	10370	-0.30
太原	2715	3413	4452	5104	5776	6316	2586	-0.49
乌鲁木齐	14628	12811	11292	12075	13085	12921	13802	-0.58
济南	15097	11295	12600	11226	11226	14475	14231	-0.59
长春	11954	6120	6813	8020	8829	9974	10116	-1.66
南昌	18956	18037	13492	12018	12681	13394	12005	-4.47
哈尔滨	14456	15842	15701	14858	15070	13391	8949	-4.68

注：对于缺失2005年数据的城市，计算时用2007年的数据代替，同时减掉相应的年份数。缺失2015年的数据则用2014年的数据代替。

数据来源：Wind资讯。

第二节　工业用水

工业用水包含工业生产过程中的生产用水和厂区内职工生活用水。生产用水的主要用途包括原料用水、产品处理用水、锅炉用水和冷却用水等（刘满平，2005）。目前，我国的工业用水具有用水量大、大量工业废水直接排放、供水效率总体水平较低、用水相对集中等现实特点。

一、　工业用水影响因素

本部分从经济、社会、技术、自然等角度对工业用水的影响因素进行梳理和分析。

（一）经济因素

从经济因素的角度来看，很多因素对工业用水量和用水效率造成了正向或负向的影响，如工业产值、工业用水价格、工业投资规模、产业结构、外部经济环境等（张礼兵、徐勇俊、金菊良等，2014）。

1. 工业产值

一个国家或地区的经济发展程度与其工业化发展水平高度相关。工业总产值可以直观地反映工业经济的规模状况，规模越大，需水量越多。另外，工业从业人数、工业企业个数、能源消耗总量等因素与工业用水量存在密切关系。经济发展程度与资料利用效率存在密切关系，一些学者将人均GDP 作为影响工业用水效率的因素之一进行研究（贾绍凤，2001）。

2. 工业用水价格

工业用水不同于生活用水，因此政府会单独制定工业用水价格，通过水价调节工业用水需求和提高工业用水效率。因此，工业用水价格也会对工业用水量造成很大的影响（褚俊英、王灿、王琦等，2003）。

3. 工业投资规模

工业投资规模与工业用水量存在显著关系。一个地区的工业投资规模越大，工业用水的需求和负荷就越大，从而影响到当地水资源供求关系和用水价格。一些学者在对工业用水效率进行实证分析时，就考虑了外商及港澳台商投资规模这一因素，分析了外商及港澳台商投资的实际使用额对工业用水效率的影响（张宁、张媛媛，2011）。

4. 产业结构

工业用水量与产业结构存在密切关系。当一个国家或地区正在经历工业化过程，第二产业特别是制造业占据较大比重时，工业用水量也会较高。随着产业结构升级，第二产业中耗水量高的部门逐渐被耗水量低的部门替代，再加上第三产业比重不断提高，工业用水量也会随之降低。也有一些学者认为，工业结构水平也是影响工业用水效率的重要因素，通常工业结构水平越高的地区，其工业用水效率也越高（朱启荣，2007）。

5. 外部经济环境

外部经济环境对一个国家或地区的工业用水量也会产生影响。例如，石油危机会使发达国家调整经济结构，从而导致工业用水量的下降。1973 年爆发了第一次石油危机，日本的工业用水量开始下降。20 世纪 80 年代，第二次原油价格大规模上涨期间，美国的工业用水量也呈下降趋势。

（二）社会因素

一个国家或地区的环保和节水意识、受教育程度也会对工业用水量产生影响。通常情况下，高素质的人口节水意识较强。此外，环境保护运动的开展也会影响相关环境法律法规的制定。自 20 世纪 60 年代起，西方国家的环境保护运动蓬勃开展，市民保护环境的呼声越来越高，这将迫使政府出台更为严格的环境法律法规，从而使公司减少用水量和废水排放量。例如，1964 年瑞典国会通过了新的环境法，1966 年瑞典的工业用水量开始下降。

（三）技术因素

节水技术的发明和应用、工业用水重复利用率的提高都会降低工业用水量，从而使用水效率不断提高。特别是未来智能设备的应用将对工业用水量造成显著影响。

（四）自然因素

与上一节对生活用水影响因素的分析类似，水资源丰富的地区，人们的节水意识较差，用水效率也较低。但同时也要考虑该地区的人口数量，这样才能准确地描述出这个地区的水资源短缺与否。一些学者选择人均水资源量作为影响工业用水效率的自然因素进行研究（孙才志、王妍、李红新，2009）。

二、 工业用水状况分析

本部分重点对国内工业用水状况进行分析。2002—2015 年，我国城市生产用水总量总体呈下降趋势。2002 年我国城市生产用水为 208.56 亿立方米，2006 年达到顶峰（252.62 亿立方米），随后呈波段式下降，2015 年城市生产用水为 162.43 亿立方米（见图 5-7）。

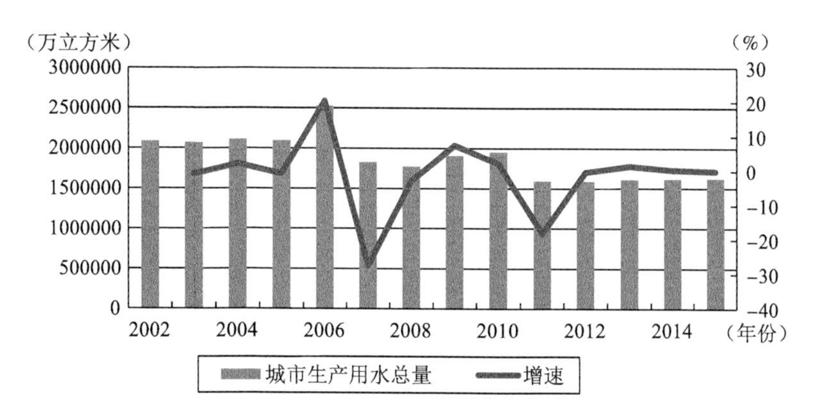

图 5-7　2002—2015 年全国城市生产用水总量变化趋势

数据来源：Wind 资讯。

下面将详细对国内工业用水状况进行分析。首先，分析北方六区和南方四区的工业用水变化趋势；其次，分析各个区域的工业用水变化趋势，找出各个区域的工业用水变化特点。

（一）分区用水情况

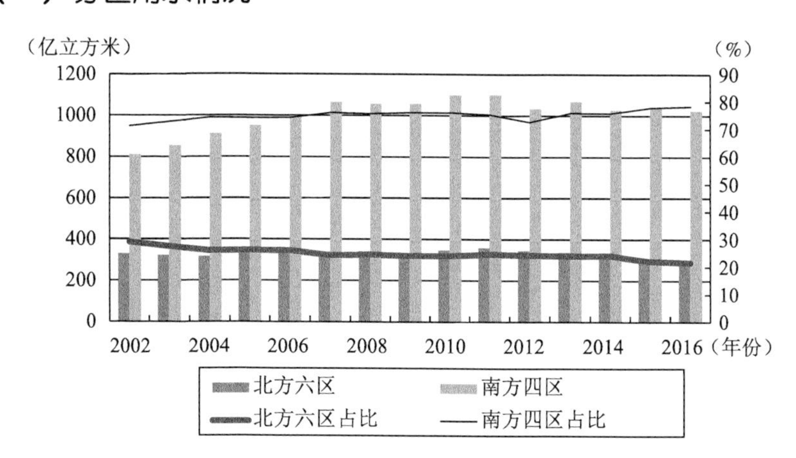

图 5-8　2002—2016 年北方六区和南方四区工业用水总量变化趋势

数据来源：Wind 资讯。

从全国范围来看，工业用水总量总体呈上升趋势，根据 Wind 咨讯提供的数据，2002 年全国工业用水总量为 1142.36 亿立方米，到 2016 年增加为 1308.00 亿立方米。北方六区的工业用水总量呈下降趋势，由 2002 年的

329.86亿立方米下降到2016年的282.70亿立方米，占全国工业用水总量的比重从2002年的29%降低到2016年的22%。南方四区的工业用水总量呈上升趋势，从2002年的812.50亿立方米增加到2016年的1025.30亿立方米，占全国工业用水总量的比重从2002年的71%提高到2016年的78%（见图5-8）。

1. 北方六区

北方六区工业用水总量下降的部分原因在于松花江区的工业用水总量下降较快。从数据来看，松花江区的工业用水总量呈快速下降趋势，从2003年的74.20亿立方米下降到2016年的40.80亿立方米，这与东北地区经济发展趋势息息相关。辽河区的工业用水总量呈现了先升后降的特点，从2003年的25.86亿立方米上升到2010年的34.80亿立方米，随后下降到2016年的27.60亿立方米。海河区的工业用水总量也呈下降趋势，从2003年的59.57亿立方米下降到2016年的48.00亿立方米。黄河区的工业用水总量也呈先升后降的特点，从2003年的54.87亿立方米上升到2011年的65.50亿立方米，随后下降到2016年的55.60亿立方米。淮河区的工业用水总量波动性较大，从2003年的93.18亿立方米上升到2006年的107.20亿立方米，随后下降到2009年的97.90亿立方米，2014年又上升到105.90亿立方米，到2016年下降到92.10亿立方米。西北诸河区的工业用水总量变化较为平缓，从2003年的14.47亿立方米上升到2016年的18.70亿立方米（见表5-24）。

表5-24　2003—2016年北方六区工业用水总量　　单位：亿立方米

年份	松花江区	辽河区	海河区	黄河区	淮河区	西北诸河区
2003	74.20	25.86	59.57	54.87	93.18	14.47
2004	69.60	23.40	56.60	54.70	97.90	14.70
2005	74.70	25.80	55.40	55.60	105.30	16.90
2006	77.40	29.10	55.20	60.40	107.20	18.10
2007	78.70	29.70	52.00	61.50	99.60	17.10
2008	79.21	30.40	51.30	60.80	98.60	20.43
2009	81.80	30.70	49.20	56.90	97.90	16.80
2010	82.50	34.80	50.80	61.50	98.80	18.40

续表

年份	松花江区	辽河区	海河区	黄河区	淮河区	西北诸河区
2011	79.40	34.80	55.00	65.50	103.80	21.10
2012	68.90	33.60	55.20	61.40	104.30	22.20
2013	60.40	33.60	55.50	62.40	104.20	21.50
2014	54.70	32.60	54.00	58.60	105.90	21.00
2015	45.90	30.70	49.30	57.00	92.50	19.50
2016	40.80	27.60	48.00	55.60	92.10	18.70

数据来源：Wind 资讯。

2. 南方四区

南方四区工业用水总量呈上升趋势的原因之一，在于长江区的工业用水总量上升较快。从数据来看，长江区的工业用水总量呈快速上升趋势，从2003 年的 565.62 亿立方米上升到 2016 年的 735.30 亿立方米，增长近 170 亿立方米。东南诸河区的工业用水总量呈先升后降的特点，从 2003 年的 101.44 亿立方米上升到 2011 年的 128.20 亿立方米，随后下降到 2016 年的 101.90 亿立方米。珠江区的工业用水总量也呈先升后降的特点，从 2003 年的 183.96 亿立方米上升到 2010 年的 222.60 亿立方米，随后下降到 2016 年的 179.20 亿立方米。西南诸河区的工业用水总量上升较慢，从 2003 年的 4.42 亿立方米上升到 2016 年的 8.80 亿立方米（见表 5-25）。

（二）各地区和工业城市生产用水情况

下面对东部、中部、西部地区以及我国主要工业城市的生产用水情况进行具体分析。2002—2015 年，东部地区生产用水量呈先升后降的趋势，占全国的生产用水总量的比重呈上升趋势。2002 年生产用水量为 105.15 亿立方米，占全国的比重为 50.41%；2006 年生产用水量为 145.95 亿立方米，占全国的比重为 57.77%；2015 年生产用水量为 98.81 亿立方米，占全国的比重为 60.83%。中部地区生产用水量以及占全国的比重均呈下降趋势。2002 年生产用水量为 73.69 亿立方米，占全国的比重为 35.33%；2015 年生产用水量为 36.06 亿立方米，占全国的比重为 22.20%。西部地区生产用水量总体呈下降趋势，占全国生产用水总量的比重呈上升趋势。2002 年生产用水量为 29.73

亿立方米，占全国的比重为 14.25%；2015 年生产用水量为 27.56 亿立方米，占全国的比重为 16.97%。青海省、西藏自治区和海南省的生产用水增幅较高，与这些地区的工业发展基础薄弱、工业用水基数过小有关。

表 5-25　2003—2016 年南方四区工业用水总量　　单位：亿立方米

年份	长江区	其中：太湖区	东南诸河区	珠江区	西南诸河区
2003	565.62	157.73	101.44	183.96	4.42
2004	613.60	182.00	96.20	197.50	4.60
2005	645.50	202.70	105.50	195.70	4.80
2006	678.60	214.10	112.70	199.90	5.30
2007	728.60	233.00	118.40	210.80	7.70
2008	718.00	217.50	119.80	210.30	8.30
2009	720.30	212.50	116.70	212.00	8.60
2010	746.60	212.50	121.80	222.60	9.70
2011	746.80	213.80	128.20	216.60	10.50
2012	707.10	207.90	119.90	197.00	11.10
2013	742.70	217.30	117.30	198.90	9.80
2014	708.20	206.60	115.10	196.10	10.00
2015	734.60	208.80	107.20	189.00	9.10
2016	735.30	207.70	101.90	179.20	8.80

数据来源：Wind 资讯。

1. 东部地区

表 5-26 展示了 2002—2015 年东部地区（北方省份）生产用水量变化情况，除山东省和天津市外，北京市、河北省和辽宁省的生产用水量均呈下降趋势。北京市生产用水量从 2002 年的 5.09 亿立方米减少至 2015 年的 2.79 亿立方米，年均增长-4.51%。河北省生产用水量从 2002 年的 7.68 亿立方米减少至 2015 年的 6.41 亿立方米，年均增长-1.38%。辽宁省生产用水量下降较快，从 2002 年的 13.69 亿立方米减少至 2015 年的 8.74 亿立方米，年均增长-3.39%。山东省生产用水量呈上升趋势，2002 年为 11.60 亿立方米，2015 年提高至 14.79 亿立方米，年均增长 1.89%。天津市生产用水量变化幅度较

小，2002 年为 3.02 亿立方米，2003 年减少至 2.49 亿立方米，2015 年提高至 3.10 亿立方米。

表 5-26　2002—2015 年东部地区（北方省份）生产用水量变化情况

单位：亿立方米

年份	北京	河北	辽宁	山东	天津
2002	5.09	7.68	13.69	11.60	3.02
2003	3.81	7.78	13.20	12.56	2.49
2004	3.84	7.70	12.67	12.10	2.50
2005	3.63	6.51	13.02	12.18	3.14
2006	3.57	6.77	13.22	11.66	3.16
2007	3.02	6.42	12.13	10.70	3.15
2008	2.62	6.02	12.18	11.37	2.87
2009	3.04	6.90	13.74	12.50	3.04
2010	2.91	7.97	10.92	13.62	2.99
2011	2.34	6.77	8.72	13.97	3.15
2012	2.23	6.48	9.74	14.35	3.05
2013	2.78	6.39	9.82	14.09	3.08
2014	2.75	5.91	9.31	14.44	3.00
2015	2.79	6.41	8.74	14.79	3.10
年均增速（%）	-4.51	-1.38	-3.39	1.89	0.19

数据来源：国家统计局。

表 5-27 展示了 2002—2015 年东部地区（南方省份）生产用水量变化情况。福建省生产用水量呈下降趋势，从 2002 年的 5.03 亿立方米减少至 2015 年的 3.44 亿立方米，年均增长-2.89%。广东省的生产用水量呈先升后降的特征，2002 年为 20.64 亿立方米，2006 年提高至 51.30 亿立方米，2015 年减少至 22.27 亿立方米。海南省生产用水量也呈先升后降的特点，从 2002 年的 0.25 亿立方米提高至 2010 年的 0.94 亿立方米，2015 年减少至 0.47 亿立方米。江苏省 2002 年生产用水量为 18.26 亿立方米，2006 年提高至 25.45 亿立方米，2015 年减少至 19.37 亿立方米。上海市的生产用水量呈先升后降趋

势，2002 年为 10.00 亿立方米，到 2006 年提高至 13.82 亿立方米，此后波动减少至 2010 年为 12.52 亿立方米，然后快速减少至 2011 年的 5.82 亿立方米，到 2015 年又减少至 5.16 亿立方米。浙江省生产用水量呈上升趋势，从 2002 年的 9.88 亿立方米提高至 2015 年的 12.27 亿立方米。

表 5-27　2002—2015 年东部地区（南方省份）生产用水量变化情况

单位：亿立方米

年份	福建	广东	海南	江苏	上海	浙江
2002	5.03	20.64	0.25	18.26	10.00	9.88
2003	5.16	19.97	0.20	17.48	11.56	10.28
2004	5.14	29.51	0.11	17.96	12.17	10.78
2005	5.28	25.28	0.42	16.13	12.68	11.37
2006	4.77	51.30	0.66	25.45	13.82	11.56
2007	3.74	26.04	0.27	19.86	10.97	10.06
2008	4.19	26.87	0.25	18.32	11.40	9.79
2009	5.48	26.71	0.82	20.82	13.21	10.37
2010	5.05	28.57	0.94	22.80	12.52	11.07
2011	3.81	21.83	0.45	19.88	5.82	9.99
2012	4.28	21.62	0.31	20.05	5.38	10.03
2013	4.80	20.89	0.70	19.49	5.42	11.60
2014	4.16	22.02	0.81	18.44	5.35	11.57
2015	3.44	22.27	0.47	19.37	5.16	12.27
年均增速（%）	-2.89	0.59	4.94	0.45	-4.96	1.68

数据来源：国家统计局。

2. 中部地区

表 5-28 展示了 2002—2015 年中部地区生产用水量变化情况，中部地区 8 个省份的生产用水量均呈下降趋势，其中江西、吉林和湖南 3 个省份的下降趋势极快。河南省生产用水量从 2002 年的 8.88 亿立方米减少至 2015 年的

6.67亿立方米，年均增长-2.18%。黑龙江省生产用水量呈先升后降的特征，2002年为7.71亿立方米，2006年提高至9.52亿立方米，2015年减少至5.82亿立方米。吉林省生产用水量从2002年的9.61亿立方米减少至2015年的2.60亿立方米，年均增长-9.56%。山西省生产用水量变化幅度相对较小，2002年为3.89亿立方米，2015年减少至3.07亿立方米。安徽省生产用水量从2002年的11.39亿立方米减少至2015年的5.01亿立方米，年均增长-6.12%。湖北省生产用水量波动较大，2002年为10.17亿立方米，2007年减少至6.71亿立方米，随后保持在7亿立方米左右。湖南省生产用水量从2002年的14.34亿立方米减少至2015年的3.89亿立方米，年均增长-9.55%。江西省生产用水量从2002年的7.70亿立方米减少至2015年的1.80亿立方米，年均增长-10.59%，较为特别的是从2006年的8.21亿立方米减少至2007年的2.49亿立方米。

表5-28　2002—2015年中部地区生产用水量变化情况

单位：亿立方米

年份	河南	黑龙江	吉林	山西	安徽	湖北	湖南	江西
2002	8.88	7.71	9.61	3.89	11.39	10.17	14.34	7.70
2003	8.76	7.32	9.91	4.14	12.12	9.51	13.42	7.66
2004	8.79	5.02	9.47	4.18	11.78	9.51	10.66	7.75
2005	8.44	4.58	9.69	4.63	12.18	11.34	13.70	7.09
2006	8.56	9.52	9.17	4.02	10.61	11.18	11.88	8.21
2007	6.94	8.94	3.44	3.84	11.68	6.71	6.68	2.49
2008	6.40	8.40	3.51	3.21	10.11	6.89	5.74	2.19
2009	7.39	8.87	3.23	3.55	7.20	7.51	5.02	2.17
2010	7.90	8.33	3.43	3.42	6.80	7.77	5.89	1.98
2011	7.22	6.13	3.02	3.32	5.14	6.45	4.30	1.92
2012	7.37	6.06	3.36	3.10	4.70	6.18	3.52	1.59
2013	7.31	5.87	3.04	3.08	4.91	6.10	3.95	1.61
2014	6.83	5.98	2.81	3.00	5.00	6.61	4.20	1.61

续表

年份	河南	黑龙江	吉林	山西	安徽	湖北	湖南	江西
2015	6.67	5.82	2.60	3.07	5.01	7.21	3.89	1.80
年均增速（%）	-2.18	-2.14	-9.56	-1.80	-6.12	-2.61	-9.55	-10.59

数据来源：国家统计局。

3. 西部地区

表5-29展示了2002—2015年西部地区（北方省份）生产用水量变化情况。甘肃省生产用水量从2002年的3.71亿立方米减少至2015年的1.91亿立方米，年均增长-4.96%。内蒙古自治区生产用水量从2002年的3.34亿立方米减少至2015年的2.61亿立方米，年均增长-1.88%。宁夏回族自治区生产用水量变化幅度较小，平均值为1.21亿立方米左右，2002年为1.16亿立方米，2015年为1.02亿立方米。青海省生产用水量从2002年的0.50亿立方米提高至2015年的0.96亿立方米，年均增长5.15%。陕西省生产用水量从2002年的2.19亿立方米提高至2015年的3.10亿立方米，年均增长2.71%。新疆维吾尔自治区生产用水量从2002年的1.98亿立方米提高至2015年的2.67亿立方米，年均增长2.34%。

表5-29 2002—2015年西部地区（北方省份）生产用水量变化情况

单位：亿立方米

年份	甘肃	内蒙古	宁夏	青海	陕西	新疆
2002	3.71	3.34	1.16	0.50	2.19	1.98
2003	3.64	3.37	1.15	0.48	2.50	1.63
2004	3.10	3.45	1.22	0.47	2.55	2.21
2005	2.98	3.13	1.15	0.60	2.19	1.79
2006	3.56	3.31	1.57	0.80	3.05	2.98
2007	2.89	2.25	1.19	0.68	2.20	1.49
2008	3.12	1.95	1.19	0.70	2.36	2.06
2009	2.82	2.69	1.46	0.76	2.82	2.97
2010	2.92	3.06	1.30	0.87	2.47	3.02
2011	1.82	2.11	1.26	0.91	1.95	2.31

续表

年份	甘肃	内蒙古	宁夏	青海	陕西	新疆
2012	1.90	2.30	1.01	0.93	2.01	2.47
2013	2.08	2.82	1.15	0.95	2.04	2.48
2014	1.94	2.76	1.16	0.98	3.03	2.70
2015	1.91	2.61	1.02	0.96	3.10	2.67
年均增速（%）	-4.96	-1.88	-0.98	5.15	2.71	2.34

数据来源：国家统计局。

表5-30展示了2002—2015年西部地区（南方省份）生产用水量变化情况。广西壮族自治区生产用水量变化幅度较小，2002年为5.73亿立方米，2015年为5.52亿立方米。贵州省生产用水量总体呈下降趋势，2002年为1.35亿立方米，2015年减少至0.89亿立方米。四川省生产用水量下降较快，2002年为6.23亿立方米，2015年减少至3.82亿立方米。西藏自治区生产用水量从2002年的0.10亿立方米提高至2015年的0.25亿立方米。云南省生产用水量从2002年的1.46亿立方米提高至2015年的1.96亿立方米。重庆市生产用水量从2002年的1.98亿立方米提高至2015年的2.84亿立方米。

表5-30　2002—2015年西部地区（南方省份）生产用水量变化情况

单位：亿立方米

年份	广西	贵州	四川	西藏	云南	重庆
2002	5.73	1.35	6.23	0.10	1.46	1.98
2003	5.88	1.16	5.54	0.10	1.33	2.83
2004	5.68	1.47	5.69	0.10	1.35	2.46
2005	5.85	1.31	5.46	0.11	1.36	2.57
2006	5.97	1.77	4.92	0.20	2.63	2.76
2007	6.32	1.41	4.11	0.16	0.99	2.09
2008	5.54	1.16	3.99	0.16	0.98	2.11
2009	5.46	1.05	4.79	0.28	1.85	2.51
2010	5.86	1.17	4.88	0.28	2.00	2.54
2011	6.01	0.86	4.28	0.06	1.66	2.21
2012	5.85	0.81	4.22	0.50	1.56	2.28

续表

年份	广西	贵州	四川	西藏	云南	重庆
2013	6. 19	0. 73	4. 06	0. 17	1. 55	2. 60
2014	6. 14	0. 76	4. 13	0. 19	1. 84	2. 95
2015	5. 52	0. 89	3. 82	0. 25	1. 96	2. 84
年均增速（%）	-0. 29	-3. 18	-3. 69	7. 17	2. 30	2. 83

数据来源：国家统计局。

4. 主要工业城市

下面对我国主要工业城市的工业用水总量变化情况进行分析。图 5-9 为 2000—2015 年全国 109 个主要工业城市工业用水总量（平均值）变化趋势。2000 年我国主要工业城市的工业用水总量平均值为 2204 万立方米，2010 年达到峰值，为 2503 万立方米，随后开始下降，到 2015 年为 2439 万立方米（见图 5-9）。

表 5-31 展示了我国 2015 年工业用水量排前 20 位的城市，这 20 个城市在 2015 年的工业用水总量占据了 109 个工业城市用水总量的 50. 85%。其中，唐山市的工业用水量最高，达 152. 45 亿立方米，其次依次是苏州、武汉、石家庄、南京、鞍山等城市，这些城市都是我国工业重镇，用水量总体均呈上升趋势。

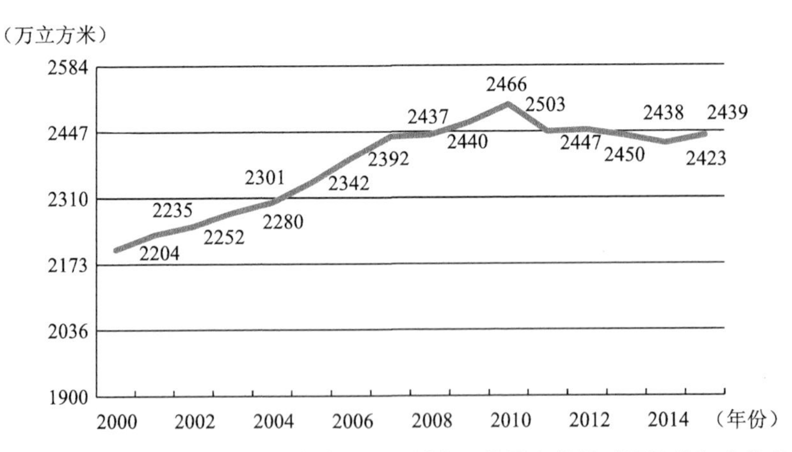

图 5-9　2000—2015 年全国 109 个主要工业城市工业用水总量（平均值）变化趋势

数据来源：Wind 资讯。

表 5-31　我国 2015 年工业用水量前 20 位城市工业用水情况

单位：万立方米

年份	唐山	苏州	武汉	石家庄	南京	鞍山	宁波	包头	济宁	淄博	邯郸	徐州	泉州	杭州	柳州	抚顺	合肥	郑州	吉林	马鞍山
2001	393258	206975	334559	197570	447833	219117	459280	189683	315768	256260	345657	224326	34126	238529	97745	209704	111557	117052	206292	128098
2003	470750	250744	376333	425130	512633	230399	512312	219720	318006	289152	459432	214386	31241	247826	207438	220295	156308	147378	271729	143858
2005	890747	406607	477889	523936	616291	288646	569584	239765	372677	411232	342558	311340	43667	303217	183631	271181	149900	228304	311821	183897
2007	950478	643831	528159	669163	896922	284345	820866	263609	464279	496015	494715	341179	62688	357004	240629	340905	147311	235804	286706	235700
2009	1170722	860388	587273	692199	916448	389737	736371	411587	553642	507362	542532	349784	140888	366121	262224	313433	156136	264652	271953	277463
2011	1354072	948901	654584	607661	816659	391547	874926	635000	494781	504661	748029	540493	175974	325903	370618	276140	189432	234249	323906	288227
2013	1458094	914662	638112	697923	658702	263927	1068300	613719	591502	533047	459862	441556	230831	342678	356777	243098	209204	194553	338166	309707
2015	1524472	913828	712781	710088	686261	681448	672195	587050	568670	528693	447915	378893	335213	327458	327214	312479	309293	307205	300177	287829

数据来源：Wind 资讯。

第三节　生态环境用水

一、生态环境用水概念界定

生态环境用水是针对水资源开发利用中的生态环境保护以及科学地进行生态环境修复、改善等问题提出的新概念。生态环境用水是为维护生态环境不再进一步恶化并逐渐改善所需要消耗的地表水和地下水资源总量。换句话说，只要区域水资源供需产生矛盾，水资源成为区域社会经济发展和生态环境保护的主要限制因子，水资源的开发利用就必须考虑生态环境用水份额（王礼先，2002）。

需要说明的是，生态环境用水是一个十分广泛的概念，如用于河流水质保护和鱼类洄游等所需的水量也属于生态环境用水的范畴，但对于我国目前水资源状况而言，河流水质保护主要应从控制污染源入手，特别是水资源紧缺地区的水质保护，不能依靠增加生态环境用水实现。因此，笔者认为生态环境用水不应包括此项。据此，水土保持、植被建设（含保护）、维持河流水沙平衡、维持陆地水盐平衡、保护和维持河流生态系统的生态基流、回补超采地下水所需水量以及城市绿地用水等都属于生态环境用水范畴。

二、生态环境用水状况分析

本部分重点对生态环境用水状况进行分析。首先，分析北方六区和南方四区的生态环境用水变化趋势；其次，分析各区域生态环境用水变化趋势，找出各区域的生态环境用水变化特点。

（一）分区用水情况

从全国范围来看，生态环境用水总量总体呈上升趋势，根据 Wind 咨讯提供的数据，2003 年全国生态环境用水总量为 79.49 亿立方米，到 2016 年为 142.60 亿立方米。北方六区的生态环境用水总量上升较快，由 2003 年的

34.65 亿立方米上升到 2016 年的 101.80 亿立方米，占全国生态环境用水总量的比重从 2003 年的 44%上升到 2016 年的 71%。南方四区的生态环境用水总量呈缓慢下降趋势，从 2003 年的 44.84 亿立方米下降到 2016 年的 40.80 亿立方米，占全国生态环境用水总量的比重从 2003 年的 56%下降到 2016 年的 29%（见图 5-10）。

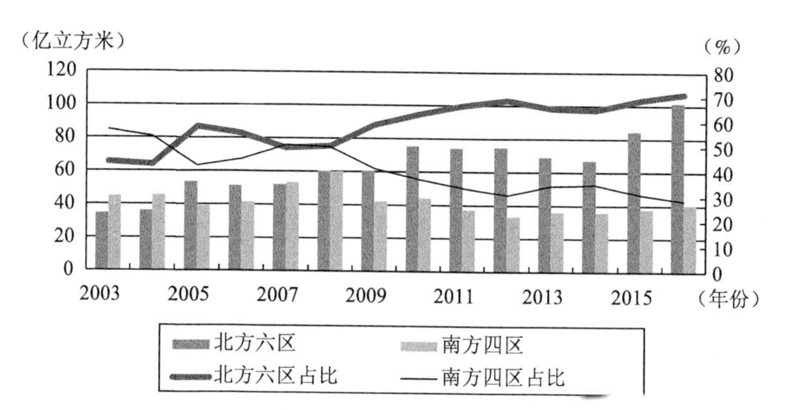

图 5-10　2003—2016 年北方六区和南方四区生态环境用水总量变化趋势

数据来源：Wind 资讯。

1. 北方六区

北方六区生态环境用水总量上升较快的部分原因在于海河区、黄河区、松花江区的生态环境用水总量上升较快。从数据来看，松花江区的生态环境用水总量呈快速上升趋势，从 2003 年的 2.84 亿立方米上升到 2016 年的 15.00 亿立方米。辽河区的生态环境用水总量呈上升趋势，从 2004 年的 1.30 亿立方米上升到 2016 年的 7.70 亿立方米。海河区的生态环境用水总量呈快速上升趋势，从 2003 年的 1.89 亿立方米上升到 2016 年的 26.00 亿立方米。黄河区的生态环境用水总量呈快速上升趋势，从 2003 年的 2.48 亿立方米上升到 2016 年的 15.60 亿立方米。淮河区的生态环境用水总量呈上升趋势，从 2003 年的 2.84 亿立方米上升到 2016 年的 16.70 亿立方米。西北诸河区的生态环境用水总量呈下降趋势，从 2003 年的 24.72 亿立方米下降到 2016 年的 20.90 亿立方米（见表 5-32）。

表 5-32　2003—2016 年北方六区生态环境用水总量　单位：亿立方米

年份	松花江区	辽河区	海河区	黄河区	淮河区	西北诸河区
2003	2.84	—	1.89	2.48	2.84	24.72
2004	3.20	1.30	4.30	3.20	4.10	20.10
2005	5.50	1.60	5.10	3.60	5.00	32.80
2006	2.40	2.40	4.60	3.70	5.50	32.60
2007	2.40	3.10	7.50	5.20	6.40	27.60
2008	4.30	3.30	9.10	6.50	9.00	28.20
2009	6.90	4.10	9.70	6.80	8.40	24.70
2010	8.30	4.10	10.90	9.10	9.20	33.70
2011	15.40	5.50	12.60	9.60	14.80	16.40
2012	15.90	5.80	14.20	11.80	14.90	12.20
2013	13.80	6.00	15.00	10.50	10.20	13.60
2014	8.80	6.30	17.60	11.30	9.30	13.80
2015	15.00	7.60	22.00	12.90	12.10	15.10
2016	15.00	7.70	26.00	15.60	16.70	20.90

数据来源：Wind 资讯。

2. 南方四区

南方四区生态环境用水总量呈下降趋势的原因之一，在于太湖区的生态环境用水总量下降较快。从数据来看，长江区的生态环境用水总量呈快速下降趋势，从 2003 年的 27.42 亿立方米下降到 2016 年的 23.00 亿立方米，其中太湖区生态环境用水量从 2003 年的 20.03 亿立方米下降到 2016 年的 2.20 亿立方米。东南诸河区的生态环境用水总量变化不大，从 2003 年的 7.61 亿立方米下降到 2016 年的 7.50 亿立方米。珠江区的生态环境用水总量变化也不大，从 2003 年的 9.24 亿立方米上升到 2016 年的 9.30 亿立方米。西南诸河区的生态环境用水总量呈上升趋势，从 2003 年的 0.56 亿立方米上升到 2016 年的 1.00 亿立方米（见表 5-33）。

表 5-33　2003—2016 年南方四区生态环境用水总量　单位：亿立方米

年份	长江区	其中：太湖区	东南诸河区	珠江区	西南诸河区
2003	27.42	20.03	7.61	9.24	0.56
2004	30.00	21.20	7.50	8.00	0.20
2005	22.10	11.80	7.90	8.90	0.30
2006	24.70	14.00	8.20	8.60	0.30
2007	32.40	20.50	8.70	12.10	0.30
2008	34.90	21.40	11.60	12.90	0.40
2009	19.60	3.00	8.00	14.30	0.40
2010	19.90	3.10	9.80	14.20	0.40
2011	16.70	2.70	5.10	15.30	0.40
2012	16.40	2.80	6.50	10.10	0.40
2013	19.90	3.00	7.10	8.80	0.40
2014	19.70	2.30	7.30	8.30	0.70
2015	21.00	2.30	7.70	8.60	0.80
2016	23.00	2.20	7.50	9.30	1.00

数据来源：Wind 资讯。

（二）各地区生态环境用水状况

下面对东部、中部和西部地区的生态环境用水量变化情况进行分析。2003—2015 年，东部地区 11 个省份的生态环境用水量占全国生态环境用水量的比重总体呈下降趋势。2003 年东部地区生态环境用水量为 38.21 亿立方米，占全国生态环境用水量的 47.74%；2015 年东部地区生态环境用水量为 48.00 亿立方米，占全国生态环境用水量的 39.22%。中部地区 8 个省份的生态环境用水量占全国生态环境用水量的比重总体呈上升趋势。2003 年中部地区生态环境用水量为 8.86 亿立方米，占全国生态环境用水量的 11.07%；2015 年中部地区生态环境用水量为 31.90 亿立方米，占全国生态环境用水量的 26.06%。西部地区 12 个省份的生态环境用水量占全国生态环境用水量的比重总体呈下降趋势。2003 年西部地区生态环境用水量为 32.97 亿立方米，占全国生态环境用水量的 41.19%；2015 年西部地区生态环境用水量为 42.50 亿立方米，占全国生态环境用水量的 34.72%。

1. 东部地区

东部地区中，浙江省 2003—2015 年的生态环境用水总量最高（125.17 亿立方米），其中 2008 年为 20.50 亿立方米；其次为广东省，2003—2015 年生态环境用水总量为 79.99 亿立方米。表 5-34 展示了 2003—2015 年东部地区（北方省份）生态环境用水量变化情况。北京市生态环境用水量增长较快，从 2003 年的 0.95 亿立方米增加至 2015 年的 10.40 亿立方米。河北省生态环境用水量从 2003 年的 0.35 亿立方米增加至 2015 年的 5.00 亿立方米。辽宁省生态环境用水量从 2004 年的 0.86 亿立方米增加至 2015 年的 5.60 亿立方米。山东省生态环境用水量从 2003 年的 1.38 亿立方米增加至 2015 年的 6.90 亿立方米。天津市生态环境用水量总体呈上升趋势，2003 年为 0.60 亿立方米，2013 年减少至 0.90 亿立方米，2015 年又增加至 2.90 亿立方米。

表 5-34　2003—2015 年东部地区（北方省份）生态环境用水量变化情况

单位：亿立方米

年份	北京	河北	辽宁	山东	天津
2003	0.95	0.35	—	1.38	0.60
2004	1.00	2.00	0.86	1.68	0.50
2005	1.10	2.24	1.09	2.37	0.47
2006	1.62	1.19	1.91	2.61	0.49
2007	2.70	2.00	2.50	3.20	0.50
2008	3.20	3.20	2.70	3.70	0.70
2009	3.60	2.70	3.30	3.90	1.10
2010	4.00	2.90	3.40	4.60	1.20
2011	4.50	3.60	4.90	7.20	1.10
2012	5.67	3.79	4.40	6.66	1.36
2013	5.92	4.65	5.07	6.06	0.90
2014	7.25	5.06	4.91	5.78	2.07
2015	10.40	5.00	5.60	6.90	2.90

数据来源：Wind 资讯。

表 5-35 展示了 2003—2015 年东部地区（南方省份）生态环境用水量变化情况。福建省生态环境用水量从 2003 年的 1.10 亿立方米增加至 2015 年的

3.30 亿立方米。广东省生态环境用水量呈“倒 U 型”结构，2003 年为 5.07 亿立方米，2011 年增加至 9.10 亿立方米，2015 年减少至 5.30 亿立方米。海南省生态环境用水量较低，2003 年为 0.59 亿立方米，2015 年为 0.30 亿立方米。江苏省生态环境用水量呈下降趋势，从 2003 年的 14.56 亿立方米减少至 2015 年的 2.00 亿立方米。上海市生态环境用水量从 2003 年的 2.14 亿立方米减少至 2015 年的 0.80 亿立方米。浙江省 2003 年生态环境用水量为 11.47 亿立方米，2008 年增加至 20.50 亿立方米，2015 年减少至 5.50 亿立方米。

表 5-35　2003—2015 年东部地区（南方省份）生态环境用水量变化情况

单位：亿立方米

年份	福建	广东	海南	江苏	上海	浙江
2003	1.10	5.07	0.59	14.56	2.14	11.47
2004	1.28	4.70	0.10	13.85	2.33	13.26
2005	1.35	4.90	0.11	4.95	1.73	13.76
2006	1.38	4.52	0.09	9.21	1.83	11.84
2007	1.40	6.10	0.10	16.20	1.00	12.60
2008	1.40	6.80	0.10	12.10	1.10	20.50
2009	1.30	8.10	0.10	3.20	1.20	7.50
2010	1.30	8.60	0.10	3.20	1.20	9.30
2011	1.50	9.10	0.10	3.30	0.50	4.60
2012	3.11	6.49	0.20	3.33	0.74	4.51
2013	3.17	5.17	0.19	3.24	0.78	5.17
2014	3.18	5.14	0.24	2.72	0.79	5.16
2015	3.30	5.30	0.30	2.00	0.80	5.50

数据来源：Wind 资讯。

2. 中部地区

表 5-36 展示了 2003—2015 年中部地区生态环境用水量变化情况。其中，河南省 2003—2015 年的生态环境用水总量最高（82.11 亿立方米），年均用水量为 6.32 亿立方米；其次为吉林省，年均用水量为 3.77 亿立方米。河南省生态环境用水量呈先升后降的趋势，且波动较大，2003 年为 2.36 亿立方米，2012 年增加至 10.62 亿立方米，2015 年减少至 9.10 亿立方米。黑龙江省

生态环境用水量无明显变动，2003 年为 2.99 亿立方米，2011 年增加至 5.60 亿立方米，2015 年减少至 2.60 亿立方米。吉林省生态环境用水量从 2004 年的 2.42 亿立方米增加至 2015 年的 7.40 亿立方米。山西省生态环境用水量从 2003 年的 0.32 亿立方米增加至 2015 年的 2.30 亿立方米。安徽省生态环境用水量从 2003 年的 0.37 亿立方米增加至 2015 年的 4.90 亿立方米。湖北省生态环境用水量较低，2003 年为 0.08 亿立方米，2015 年为 0.80 亿立方米。湖南省生态环境用水量总体呈下降趋势，2009 年为 3.50 亿立方米，2015 年减少至 2.70 亿立方米。江西省 2003 年生态环境用水量为 1.09 亿立方米，2009 年增加至 4.80 亿立方米，2015 年下降到 2.10 亿立方米。

表 5-36　2003—2015 年中部地区生态环境用水量变化情况

单位：亿立方米

年份	河南	黑龙江	吉林	山西	安徽	湖北	湖南	江西
2003	2.36	2.99	—	0.32	0.37	0.08	1.65	1.09
2004	3.63	1.04	2.42	0.34	0.66	0.07	3.00	1.14
2005	3.84	3.71	1.76	0.38	1.37	0.08	3.15	1.29
2006	3.94	0.43	1.94	0.42	1.44	0.08	3.19	1.33
2007	5.20	0.50	2.00	0.50	1.60	0.10	3.20	2.00
2008	7.80	2.50	2.20	0.70	1.60	0.10	3.40	2.00
2009	6.30	4.40	2.30	1.30	2.00	0.20	3.50	4.80
2010	7.30	1.80	3.70	2.60	2.20	0.20	3.20	3.90
2011	10.30	5.60	7.90	3.40	4.00	0.30	2.60	2.10
2012	10.62	5.97	6.03	3.32	4.60	0.31	2.46	2.05
2013	6.06	2.95	3.93	3.54	4.05	0.41	2.87	2.12
2014	5.66	1.28	3.60	3.44	4.65	0.63	2.68	2.08
2015	9.10	2.60	7.40	2.30	4.90	0.80	2.70	2.10

数据来源：Wind 资讯。

3. 西部地区

西部地区中，新疆维吾尔自治区 2003—2015 年生态环境用水总量居全国首位（206.94 亿立方米），年均用水量 15.92 亿立方米；其次为内蒙古自治区，年均用水量 8.96 亿立方米。表 5-37 展示了 2003—2015 年西部地区（北方省份）生态环境用水量变化情况。甘肃省生态环境用水量从2003年的0.21亿立方米增加至2015年的3.10亿立方米。内蒙古自治区生态环境用水量增长较快，2003年为0.73亿立方米，2015年增加至16.40亿立方米。宁夏回族自治区生态环境用水量从2003年的0.44亿立方米增加至2015年的2.20亿立方米。青海省生态环境用水量较低，2003年为0.16亿立方米，2015年为0.50亿立方米。陕西省生态环境用水量从2003年的0.09亿立方米增加至2015年的2.90亿立方米。新疆维吾尔自治区生态环境用水量呈下降趋势，从2003年的24.36亿立方米减少至2015年的5.80亿立方米。

表5-37　2002—2015年西部地区（北方省份）生态环境用水量变化情况

单位：亿立方米

年份	甘肃	内蒙古	宁夏	青海	陕西	新疆
2003	0.21	0.73	0.44	0.16	0.09	24.36
2004	0.21	0.76	0.42	0.16	0.74	19.71
2005	3.08	5.56	0.62	0.17	0.74	25.46
2006	3.12	6.72	0.66	0.17	0.80	24.20
2007	3.00	6.70	1.00	0.20	0.80	20.50
2008	2.90	6.50	1.20	0.80	0.90	20.10
2009	3.00	7.60	1.60	0.80	0.90	16.50
2010	3.00	9.80	1.40	0.80	1.00	26.50
2011	3.00	10.00	1.00	0.50	2.10	8.70
2012	3.01	15.06	1.47	0.22	1.74	4.02
2013	1.79	16.40	2.05	0.22	2.26	5.83
2014	1.80	14.28	2.33	0.42	2.52	5.26
2015	3.10	16.40	2.20	0.50	2.90	5.80

数据来源：Wind资讯。

表5-38展示了2003—2015年西部地区（南方省份）生态环境用水量变化情况。广西壮族自治区生态环境用水量呈“倒U型”结构，2003年为3.24亿立方米，2009年增加至5.70亿立方米，2015年减少至2.40亿立方米。贵州省生态环境用水量较低，2003年为0.38亿立方米，2015年增加至0.70亿

立方米。四川省生态环境用水量从2003年的1.80亿立方米增加至2015年的5.10亿立方米。西藏自治区生态环境用水量数据缺失较多，2015年为0.10亿立方米。云南省生态环境用水量波动较大，2003年为0.84亿立方米，2010年增加至3.90亿立方米，2015年为2.30亿立方米。云南省生态环境用水量从2003年的0.34亿立方米增加至2015年的1.00亿立方米。

表5-38 2003—2015年西部地区（南方省份）生态环境用水量变化情况

单位：亿立方米

年份	广西	贵州	四川	西藏	云南	重庆
2003	3.24	0.38	1.80	0.38	0.84	0.34
2004	3.10	0.38	1.72	—	0.85	0.35
2005	3.80	0.70	1.98	—	0.90	0.40
2006	3.69	0.65	2.23	0.00	0.92	0.41
2007	5.60	0.60	1.90	—	1.80	0.40
2008	5.50	0.50	1.80	—	3.70	0.50
2009	5.70	0.60	2.00	—	3.20	0.50
2010	5.30	0.60	2.10	—	3.90	0.50
2011	5.60	0.60	2.20	—	1.00	0.70
2012	3.01	0.27	2.50	—	1.04	0.76
2013	3.05	0.69	4.67	—	1.29	0.84
2014	2.35	0.70	4.21	0.05	2.02	0.93
2015	2.40	0.70	5.10	0.10	2.30	1.00

数据来源：Wind资讯。

第六章 城市供水能力分析

城市供水是城市基础设施的重要组成部分，是城市形成的必要基础，是城市发展的“血液”，是城市兴衰及容纳能力的标志，是建设一个政治稳定、经济繁荣、科技发达、生活富裕的现代化城市的基本条件。它既能创造良好的投资环境，又是制约城市发展的一个重要因素。城市供水直接关系到工业生产和群众生活的需要。服务是全方位的，影响是全局性的。它与城市经济和社会发展的各要素，形成一种须臾不可分离的关系，是反映城市发展水平的重要标志（秦秋莉和陈景艳，2001）。

第一节 城市供水状况分析

一、城市供水总体情况

我国城市全年供水总量总体上呈上升趋势。2002 年，我国城市全年供水总量为 466.46 亿立方米，全国全年供水总量为 5497.65 亿立方米，城市供水占 8.48%。到 2015 年，城市全年供水总量增加到 560.47 亿立方米，年均增长 1.42%，全国全年供水总量增加到 6103.06 亿立方米，城市供水占 9.18%（见图 6-1）。其中，生活用水保持上升趋势，从 2002 年的 213.19 亿立方米增加到 2015 年的 287.27 亿立方米，年均增长 2.32%。生产用水则呈下降趋势，从 2002 年的 208.56 亿立方米下降到 2015 年的 162.43 亿立方米，年均增长-1.9%。

供水综合生产能力是指按供水设施取水、净化、送水、出厂输水等环节设计能力计算的综合生产能力，包括在原设计能力的基础上，经挖、革、改增加的生产能力。计算时，以四个环节中最薄弱的环节为主确定能力。

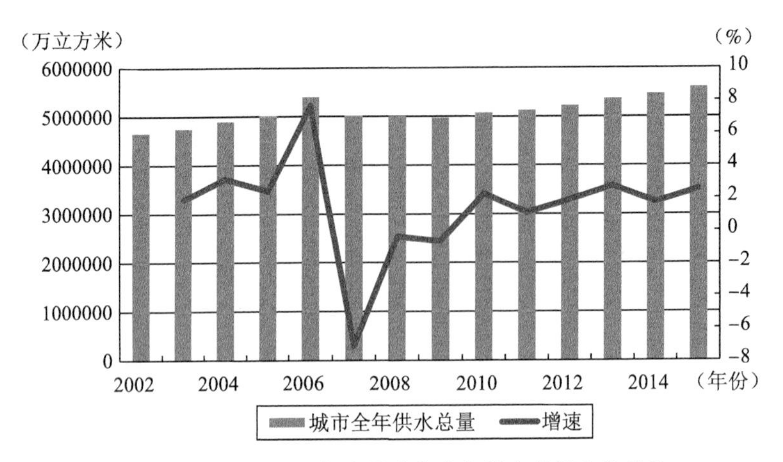

图 6-1　2002—2015 年我国城市全年供水总量变化趋势

数据来源：Wind 资讯。

我国城市供水综合生产能力呈波段式增长。2002 年，我国城市供水综合生产能力为 23546 万立方米/日，2006 年增加到 26961.6 万立方米/日，但 2007 年下降到 25708.36 万立方米/日，随后逐渐上升（2011 年除外，该年同比下降了 3.38%），到 2015 年，城市供水综合生产能力增加到 29678.26 万立方米/日，年均增长 1.8%（见图 6-2）。

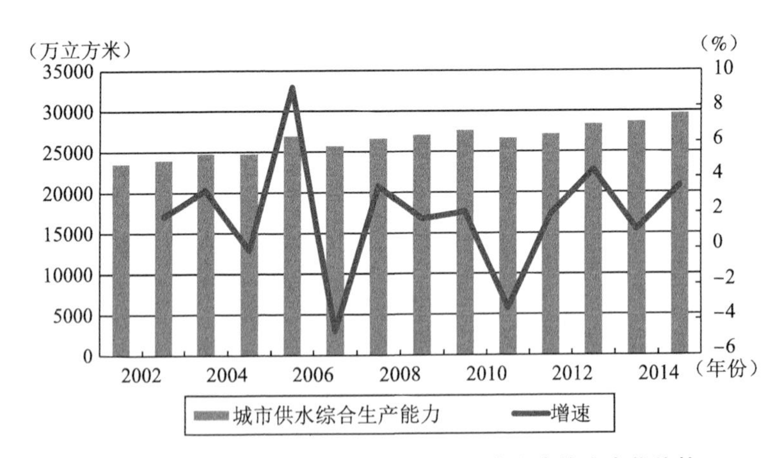

图 6-2　2002—2015 年我国城市供水综合生产能力变化趋势

数据来源：Wind 资讯。

二、东部地区供水状况分析

东部地区的城市人口、工业产值远高于中、西部地区，因此在供水量和供水能力方面要求更高。下面将对东部地区的供水量、供水结构、供水综合生产能力进行分析，并对 8 个省会城市的供水状况进行分析。

（一）供水量

2002—2015 年，东部地区城市全年供水总量持续增长，但非城市地区供水总量变化较为平缓。2002 年，东部地区城市全年供水总量为 246.59 亿立方米，东部地区全年供水总量为 2110.60 亿立方米，城市供水占比 11.68%。到 2015 年，东部地区城市全年供水总量为 325.78 亿立方米，东部地区全年供水总量为 2159.30 亿立方米，城市供水占比 15.09%。

表 6-1 展示了 2002—2015 年东部地区（北方省份）城市全年供水总量变化情况。北京市城市全年供水总量总体呈上升趋势，2002 年为 13.90 亿立方米，2015 年增加至 18.25 亿立方米，年均增长 2.12%；占全市供水总量的比重也呈上升趋势，2002 年为 40.12%，2015 年为 47.78%。河北省城市全年供水总量也呈上升趋势，2002 年为 15.59 亿立方米，2015 年增加至 17.92 亿立方米，年均增长 1.08%；占全省供水总量的比重也呈上升趋势，2002 年为 7.37%，2015 年为 9.57%。辽宁省城市全年供水总量呈下降趋势，2002 年为 27.96 亿立方米，2015 年减少至 25.11 亿立方米，年均增长-0.83%；占全省供水总量的比重也呈下降趋势，2002 年为 22.00%，2015 年为 17.83%。山东省城市全年供水总量增长较快，2002 年为 23.83 亿立方米，2015 年增加至 35.59 亿立方米，年均增长 3.13%；占全省供水总量的比重也呈上升趋势，2002 年为 9.44%，2015 年为 16.72%。天津市城市全年供水总量也呈上升趋势，2002 年为 6.81 亿立方米，2015 年增加至 8.53 亿立方米，年均增长 1.74%；占全市供水总量的比重呈先降后升的特征，2002 年为 34.09%，2006 年为 29.37%，2015 年为 33.18%。

表 6-1 2002—2015 年东部地区（北方省份）城市全年供水总量变化情况

单位：亿立方米

年份	北京	河北	辽宁	山东	天津
2002	13.90	15.59	27.96	23.83	6.81
2003	12.88	16.01	28.05	25.98	6.45
2004	15.02	16.17	28.11	26.39	6.45
2005	14.48	15.05	28.26	27.54	6.82
2006	14.26	14.73	28.06	27.91	6.82
2007	14.26	15.02	28.32	27.12	6.87
2008	14.25	14.76	29.48	26.72	6.85
2009	15.18	15.70	28.87	27.56	7.01
2010	15.56	16.64	26.19	29.09	6.90
2011	15.84	17.31	26.60	31.35	7.45
2012	15.96	17.24	27.50	32.74	7.72
2013	18.75	17.02	27.87	33.19	7.86
2014	18.24	15.15	27.26	34.78	8.12
2015	18.25	17.92	25.11	35.59	8.53
年均增速（%）	2.12	1.08	-0.83	3.13	1.74

数据来源：Wind 资讯。

表 6-2 展示了 2002—2015 年东部地区（南方省份）城市全年供水总量变化情况。福建省城市全年供水总量总体呈上升趋势，2002 年为 11.86 亿立方米，2015 年增加至 16.16 亿立方米，年均增长 2.41%；占全省供水总量的比重也呈上升趋势，2002 年为 6.48%，2015 年为 8.03%。广东省城市全年供水总量增长较快，2002 年为 54.80 亿立方米，2015 年增加至 85.25 亿立方米，年均增长 3.46%；占全省供水总量的比重也呈上升趋势，2002 年为 12.26%，2015 年为 19.24%。海南省城市全年供水总量增速也较快，2002 年为 1.98 亿立方米，2015 年增加至 4.37 亿立方米，年均增长 6.29%；占全省供水总量的比重也呈上升趋势，2002 年为 4.48%，2015 年为 9.53%。江苏省城市全年供水总量呈上升趋势，2002 年为 38.10 亿立方米，2015 年增加至 50.67 亿立方米，年均增长 2.22%；占全省供水总量的比重也呈上升趋势，2002 年为 7.96%，2015 年为 8.82%。上海市城市全年供水总量呈上升趋

势，2002 年为 29.59 亿立方米，2015 年增加至 31.22 亿立方米，年均增长 0.41%；占全市供水总量的比重也呈上升趋势，2002 年为 28.37%，2015 年为 30.08%。浙江省城市全年供水总量也呈上升趋势，2002 年为 22.18 亿立方米，2015 年增加至 32.72 亿立方米，年均增长 3.04%；占全省供水的总量比重也呈上升趋势，2002 年为 10.66%，2015 年为 17.58%。

表 6-2 2002—2015 年东部地区（南方省份）城市全年供水总量变化情况

单位：亿立方米

年份	福建	广东	海南	江苏	上海	浙江
2002	11.86	54.80	1.98	38.10	29.59	22.18
2003	11.85	56.89	2.02	38.04	30.83	23.55
2004	11.81	70.70	2.04	39.25	32.35	24.25
2005	11.98	73.86	2.40	39.05	33.55	26.16
2006	12.96	99.32	2.70	47.21	33.82	26.58
2007	12.16	82.66	2.84	45.26	34.61	26.55
2008	12.93	81.10	2.97	43.19	34.95	26.79
2009	13.43	78.51	3.12	44.90	34.14	26.98
2010	13.26	80.61	3.35	48.28	33.66	27.00
2011	13.77	82.16	3.68	47.70	31.13	27.36
2012	14.63	81.73	3.90	49.28	30.97	28.12
2013	15.93	81.54	4.08	48.93	31.91	30.50
2014	15.65	84.03	4.26	48.81	31.73	30.84
2015	16.16	85.25	4.37	50.67	31.22	32.72
年均增速（%）	2.41	3.46	6.29	2.22	0.41	3.04

数据来源：Wind 资讯。

（二）供水结构

供水结构由地表水、地下水和其他水源组成。2005 年，北京市的供水量中，地表水占 20.29%，地下水占 72.17%，其他来源占 7.54%。到 2010 年，地下水占比下降至 60.23%，2015 年下降至 47.64%，供水结构进一步优化。河北省在2005年和2010年的供水结构变化不大，到2015年地表水占比提高到26.01%，但地下水占比仍高达71.37%。辽宁省的供水结构变化也不大，2005—2015年地表水占比提高4.2%左右。山东省的地下水占比从2005年的48.65%下降至2015年的39.05%。天津市的供水来源中，地表水占主要部分（70%左右），地下水占比从2005年的30.23%下降至2015年的19.07%（见表6-3）。

表6-3　东部地区（北方省份）供水结构变化趋势

省份	2005年			2010年			2015年		
	地表水（%）	地下水（%）	其他（%）	地表水（%）	地下水（%）	其他（%）	地表水（%）	地下水（%）	其他（%）
北京	20.29	72.17	7.54	20.45	60.23	19.32	27.49	47.64	24.87
河北	19.08	80.67	0.25	18.64	80.54	0.83	26.01	71.37	2.62
辽宁	51.18	48.22	0.60	50.17	47.04	2.78	55.40	41.62	2.98
山东	50.56	48.65	0.79	57.15	41.05	1.80	57.33	39.05	3.62
天津	69.34	30.23	0.43	71.68	26.11	2.21	69.65	19.07	11.28
平均值	39.16	59.90	0.94	41.89	55.38	2.74	45.82	49.35	4.83

数据来源：Wind资讯，经整理而得。

东部地区的南方省份在供水结构方面与北方省份差异较大。南方省份的地表水占比均在90%以上，且各省份之间的差异较小。海南省的供水结构变化较大，2005年地下水占比为9.01%，2010年下降至7.45%，到2015年为5.91%。江苏省其他供水来源从2005年的0增加至2015年的1.29%。上海市地下水占比持续下降，2015年的供水完全依靠地表水（见表6-4）。

表6-4　东部地区（南方省份）供水量构成

省份	2005年			2010年			2015年		
	地表水（%）	地下水（%）	其他（%）	地表水（%）	地下水（%）	其他（%）	地表水（%）	地下水（%）	其他（%）
福建	95.99	3.41	0.60	97.58	2.27	0.15	96.72	2.98	0.30
广东	95.28	4.59	0.13	95.18	4.54	0.28	96.14	3.45	0.41
海南	90.99	9.01	0	92.55	7.45	0	93.87	5.91	0.22
江苏	97.92	2.08	0	98.42	1.58	0	97.13	1.58	1.29
上海	99.38	0.62	0	99.84	0.16	0	100	0	0

续表

省份	2005年			2010年			2015年		
	地表水（%）	地下水（%）	其他（%）	地表水（%）	地下水（%）	其他（%）	地表水（%）	地下水（%）	其他（%）
浙江	96.61	3.17	0.22	97.59	2.12	0.30	98.55	0.91	0.54
平均值	96.64	3.22	0.28	97.21	2.65	0.14	97.06	2.69	0.84

数据来源：Wind资讯，经整理而得。

（三）供水综合生产能力

东部地区中，北京市的供水综合生产能力提高较快，从2004年的1504.30万立方米/日提高到2015年的2496.71万立方米/日，年均增速达4.71%。江苏省、浙江省的年均增速也较快。上海市和辽宁省的供水综合生产能力呈下降趋势，上海市从2004年的1429.00万立方米/日下降到2015年的1137.00万立方米/日，辽宁省从2004年的1356.87万立方米/日下降到2015年的1289.32万立方米/日。河北省和福建省的供水综合生产能力变化幅度较小，河北省维持在850.00万立方米/日左右，福建省维持在700.00万立方米/日左右（见表6-5）。

表6-5　2004—2015年东部地区供水综合生产能力

单位：万立方米/日

省份	2004年	2006年	2008年	2010年	2012年	2013年	2014年	2015年	年均增速（%）
北京	1504.30	2635.20	1591.44	1604.10	1644.19	2554.53	2439.77	2496.71	4.71
天津	338.32	357.30	365.42	405.18	439.54	453.54	447.15	456.55	2.76
河北	888.60	812.60	833.90	888.89	974.18	887.82	809.04	855.56	-0.34
辽宁	1356.87	1372.40	1383.52	1391.14	1339.10	1320.17	1338.06	1289.32	-0.46
上海	1429.00	1492.60	1407.63	1465.64	1145.00	1124.00	1137.00	1137.00	-2.06
江苏	1871.40	2166.80	2356.86	2714.73	2749.84	2902.56	2961.61	3104.12	4.71
浙江	1237.34	1228.40	1369.63	1519.85	1537.79	1675.50	1720.46	1794.03	3.43
福建	700.66	611.70	672.73	676.42	721.00	721.94	717.24	710.03	0.12
山东	1342.91	1461.40	1435.40	1477.64	1644.45	1701.90	1725.23	1776.71	2.58
广东	2848.28	3294.80	3176.77	3497.41	3531.36	3496.53	3555.40	3913.77	2.93
海南	143.80	151.10	182.20	173.00	151.70	152.20	153.40	168.35	1.44
平均值	1241.95	1416.75	1343.23	1437.64	1443.47	1544.61	1545.85	1609.29	2.38

数据来源：国家统计局。

（四）省会城市供水状况分析

石家庄市供水量波动幅度较大，1998—2008 年总体呈下降趋势，2008 年供水量为 22451 万立方米，随后供水量开始上升，2013 年增加到 35081 万立方米，2014 年又下降至 19098 万立方米，2015 年又回升至 49410 万立方米。沈阳市和南京市的供水量也呈下降趋势。杭州市供水量总体呈上升趋势，1998 年城市供水量为 33189 万立方米，2005 年达到顶峰为 73331 万立方米，随后开始下降，2011 年下降至 52660 万立方米，2012 年开始上升，到 2015 年增加为 66760 万立方米。广州市增长也较快，从 1998 年的 12.23 亿立方米增加到 2015 年的 22.15 亿立方米，年均增长 3.56%。海口市的年均增长高于 3%（见表 6-6）。

表 6-6　1998—2015 年东部地区省会城市供水量　　单位：万立方米

年份	石家庄	沈阳	南京	杭州	福州	济南	广州	海口
1998	65973	62750	152965	33189	32221	31286	122294	12497
1999	53274	61159	132235	32545	31486	30186	123602	12483
2000	31057	59283	135052	33725	29768	28000	172112	11665
2001	30149	52535	125667	52000	30976	29960	168080	8674
2002	28078	51870	121372	53372	23389	23505	163410	8031
2003	28213	53803	119726	59810	24032	25725	177956	12750
2004	27806	59359	116275	62265	23825	30825	188675	12460
2005	26612	55985	118875	73331	23475	32324	179266	—
2006	22764	66008	117604	64734	28031	30023	172997	14425
2007	22757	67940	133408	66753	24940	34113	178809	16775
2008	22451	67990	105130	68178	25050	28732	178809	15442
2009	24353	56935	108735	69499	24334	27757	184752	14208
2010	27629	52461	112326	53565	24910	27037	190806	17396
2011	34521	53672	118862	52660	26951	32268	191019	19409
2012	33531	56641	121401	58182	30166	33250	191432	19066
2013	35081	54879	126656	60747	33596	33569	196329	20293
2014	19098	57169	122404	66172	32475	34387	200442	21193
2015	49410	54007	125255	66760	40237	34754	221543	20876

续表

年份	石家庄	沈阳	南京	杭州	福州	济南	广州	海口
年均增速（%）	-1.69	-0.88	-1.17	4.20	1.32	0.62	3.56	3.06

数据来源：Wind资讯。

三、中部地区供水状况分析

（一）供水量

2002—2015年，中部地区城市全年供水总量呈下降趋势，但非城市地区供水总量呈持续增长趋势。2002年，中部地区城市全年供水总量为145.07亿立方米，中部地区全年供水总量为1590.08亿立方米，城市供水占比9.12%。到2015年，中部地区城市全年供水总量为129.64亿立方米，中部地区全年供水总量为1951.50亿立方米，城市供水占比6.64%。

表6-7展示了2002—2015年中部地区城市全年供水总量变化情况。河南省城市全年供水总量总体呈先降后升的特征，2002年为18.70亿立方米，2007年下降至16.73亿立方米，2015年增加至19.67亿立方米，年均增长0.39%；占全省供水总量的比重呈先降后升的特征，2002年为8.55%，2009年为7.40%，2015年为8.83%。黑龙江省城市全年供水总量呈“倒U型”结构，2002年为15.77亿立方米，2007年增加至17.29亿立方米，2015年下降至14.89亿立方米，年均增长-0.44%；占全省供水总量的比重呈下降趋势，2002年为6.25%，2015年为4.19%。虽然黑龙江省生活用水量呈下降趋势，但工业用水量有所增长，使用水总量下降较慢。吉林省城市全年供水总量呈下降趋势，2002年为15.33亿立方米，2015年下降至10.62亿立方米，年均增长-2.79%；占全省供水总量的比重也呈下降趋势，2002年为13.73%，2015年为7.59%。山西省城市全年供水总量呈上升趋势，2002年为7.79亿立方米，2015年增加至8.36亿立方米，年均增长0.55%；占全省供水总量的比重则呈下降趋势，2002年为13.52%，2015年为11.36%。安徽省城市全年供水总量呈下降趋势，2002年为19.70亿立方米，2015年下降至17.43亿立方米，年均增长-0.94%；占全省供水总量的比重也呈下降趋

势，2002 年为 9.86%，2015 年为 6.04%。湖北省城市全年供水总量变化较为平缓，2002 年为 26.92 亿立方米，2015 年增加至 27.80 亿立方米，年均增长 0.25%；占全省供水总量的比重呈下降趋势，2002 年为 11.18%，2015 年为 9.23%。湖南省城市全年供水总量呈下降趋势，2002 年为 26.94 亿立方米，2015 年下降至 19.79 亿立方米，年均增长-2.34%；占全省供水总量的比重也呈下降趋势，2002 年为 8.78%，2015 年为 5.99%。江西省城市全年供水总量“呈 U 型”结构，2002 年为 13.91 亿立方米，2010 年下降至 9.13 亿立方米，2015 年增加至 11.09 亿立方米，年均增长-1.73%；占全省供水总量的比重呈下降趋势，2002 年为 6.88%，2015 年为 4.51%

表 6-7　2002—2015 年中部地区城市全年供水总量变化情况

单位：亿立方米

省份	河南	黑龙江	吉林	山西	安徽	湖北	湖南	江西
2002	18.70	15.77	15.33	7.79	19.70	26.92	26.94	13.91
2003	18.51	15.34	15.96	7.75	20.41	25.78	26.27	14.32
2004	18.41	12.84	15.17	7.77	20.10	26.04	23.79	14.78
2005	18.34	12.02	15.44	8.65	20.49	28.52	26.78	14.70
2006	18.16	16.84	15.23	8.48	19.64	28.05	24.43	15.12
2007	16.73	17.29	10.03	8.81	20.76	25.51	19.84	9.94
2008	16.83	16.95	10.20	8.14	19.55	25.89	19.34	9.63
2009	17.34	16.54	9.72	8.22	16.22	24.89	17.96	9.25
2010	17.91	16.42	10.07	7.68	16.08	25.34	18.92	9.13
2011	18.46	15.19	10.03	8.18	15.80	25.76	18.16	9.36
2012	18.85	15.22	10.65	8.24	15.69	25.90	18.65	9.46
2013	18.87	14.52	10.74	8.40	16.11	26.18	19.02	10.35
2014	19.10	15.03	10.68	8.32	16.78	26.96	19.26	10.61
2015	19.67	14.89	10.62	8.36	17.43	27.80	19.79	11.09
年均增速（%）	0.39	-0.44	-2.79	0.55	-0.94	0.25	-2.34	-1.73

数据来源：Wind 资讯。

（二）供水结构

中部地区（北方省份）的供水结构变化幅度总体较小，地表水占比的平均值从2005年的50.16%提高到2015年的53.90%。其中，河南省的地表水占比从2005年的36.52%提高到2015年的45.13%。黑龙江省地表水占比有所下降，但这几年变化不大，2005年为58.35%，2010年为55.05%，2015年为55.38%。吉林省地表水占比持续提升，2005年为62.56%，2010年提高到63.20%，2015年为66.54%。山西省的变化幅度较大，2005年地表水占比为36.74%，2010年提高到45.92%，2015年为50.41%，地下水占比则从2005年的62.38%下降至2015年的45.11%（见表6-8）。

表6-8　中部地区（北方省份）供水结构变化趋势

省份	2005年			2010年			2015年		
	地表水（%）	地下水（%）	其他（%）	地表水（%）	地下水（%）	其他（%）	地表水（%）	地下水（%）	其他（%）
河南	36.52	63.45	0.04	39.45	60.15	0.40	45.13	54.15	0.72
黑龙江	58.35	41.65	0.00	55.05	44.95	0.00	55.38	44.40	0.23
吉林	62.56	37.44	0.00	63.20	36.80	0.00	66.54	32.93	0.52
山西	36.74	62.38	0.88	45.92	54.08	0.00	50.41	45.11	4.48
平均值	50.16	49.75	0.18	50.81	49.07	0.12	53.90	45.28	0.81

数据来源：Wind资讯，经整理而得。

中部地区（南方省份）的供水结构基本稳定，其供水结构平均值从2005年的94.48∶5.31∶0.28变为2010年94.04∶5.81∶0.15，到2015年这一结构比为93.97∶5.66∶0.74。但从各省份的数据来看，江西省和安徽省的变化方向相反。江西省的地下水占比从2005年的8.58%下降至2015年的3.34%。2005年安徽省的地下水占比为3.25%，而到2015年这一比例上升至11.26%。湖北省地下水占比有所下降，2005年为5.77%，2015年下降至3.02%。湖南省地下水占比则有所上升，2005年为3.83%，2015年上升至4.90%（见表6-9）。

表6-9　中部地区（南方省份）供水结构变化趋势

省份	2005年			2010年			2015年		
	地表水（%）	地下水（%）	其他（%）	地表水（%）	地下水（%）	其他（%）	地表水（%）	地下水（%）	其他（%）
江西	91.14	8.58	0.28	95.87	4.13	0.00	95.85	3.34	0.81

续表

省份	2005年			2010年			2015年		
	地表水(%)	地下水(%)	其他(%)	地表水(%)	地下水(%)	其他(%)	地表水(%)	地下水(%)	其他(%)
安徽	96.42	3.25	0.33	90.62	9.08	0.31	87.95	11.26	0.80
湖北	94.02	5.77	0.21	96.60	3.13	0.28	96.98	3.02	0.00
湖南	96.17	3.83	0.00	93.51	6.49	0.00	95.10	4.90	0.00
平均值	94.48	5.31	0.28	94.04	5.81	0.15	93.97	5.66	0.74

数据来源：Wind资讯，经整理而得。

（三）供水综合生产能力

中部地区的供水综合生产能力变化幅度总体较小。8个省份的供水综合生产能力平均值经历了先升后降的趋势，2004年供水综合生产能力平均值为881.33万立方米/日，2015年为882.91万立方米/日，年均增速为0.02%。虽然从总体来看中部地区变化不大，但各省份的情况各异。山西省、黑龙江省、安徽省、河南省供水综合生产能力呈上升趋势，其中山西省增长最快，年均增速2.66%，其次为黑龙江省。吉林省、江西省、湖北省和湖南省供水综合生产能力呈下降趋势，其中江西省下降最快，年均增速-2.48%（见表6-10）。

表6-10　2004—2015年中部地区供水综合生产能力

单位：万立方米/日

省份	2004年	2006年	2008年	2010年	2012年	2013年	2014年	2015年	年均增速(%)
山西	344.69	394.9	444.04	356.01	442.48	434.63	453.65	460.07	2.66
吉林	698.27	816.4	723	735.5	747.49	730.82	680.18	653.46	-0.60
黑龙江	658.35	883.1	794.24	830.22	891.03	798.05	811.14	828.41	2.11
安徽	1018.87	938.5	1728.7	1992.81	1029.37	1073.97	1074.84	1094.78	0.66
江西	623.85	678.1	435.22	459.23	435.9	444.51	457.66	473.05	-2.48
河南	1038.31	1023.7	1013.91	1010.34	1042.31	1047.26	1083.62	1121.39	0.70
湖北	1434.27	1394.6	1326.47	1326.28	1327.98	1336.58	1354.3	1393.78	-0.26
湖南	1234.01	1181.1	1025.34	979.41	999.48	991	1031.79	1038.35	-1.56
平均值	881.33	913.80	936.37	961.23	864.51	857.10	868.40	882.91	0.02

数据来源：国家统计局。

（四）省会城市供水状况分析

中部地区省会城市的供水量均呈上升趋势。合肥市增长最快，1998 年供水量为 18602 万立方米，2015 年增加到 43568 万立方米，年均增速 5.13%。太原市的城市供水量波动较大，但 2011—2015 年变化较为平稳，保持在 3.2 亿立方米左右。长沙市的供水量增长也较快，从 1998 年的 36071 万立方米增加到 2015 年的 57652 万立方米，这与湖南省城市供水量的变化趋势相反，说明湖南省其他部分城市的供水量在下降。长春市和南昌市的供水量也呈上升趋势，但所在省份则呈下降趋势。武汉市、郑州市的供水量与所在省份呈相同趋势（见表 6-11）。

表 6-11　1998—2015 年中部省会城市供水量　　单位：万立方米

年份	太原	长春	哈尔滨	合肥	南昌	郑州	武汉	长沙
1998	29324	30614	35797	18602	28099	33890	101582	36071
1999	27355	30981	36181	18592	36390	31244	100508	35815
2000	31426	29183	34422	19795	45423	28788	99230	37399
2001	27097	27361	34120	20019	36671	26855	90654	39872
2002	25152	30299	32945	20459	36863	25539	73763	42404
2003	23344	32307	31756	19834	47627	25639	74986	38845
2004	25905	28339	35481	20690	38121	24034	76466	39819
2005	25915	28259	33635	20713	36087	30448	96096	41969
2006	26108	27852	37003	23791	34504	28073	80477	43328
2007	33119	28639	39496	24681	33220	27931	94203	32840
2008	27683	28224	39985	25830	31823	32204	96596	44866
2009	27227	30287	39223	27713	35166	35475	97612	45144
2010	29664	31315	37652	29453	41018	37724	100072	46430
2011	32147	33275	40405	32207	38352	35785	120051	51224
2012	31107	34951	38653	34573	39397	35824	121552	41997
2013	32348	37047	35731	37596	45171	35413	126257	52739

续表

年份	太原	长春	哈尔滨	合肥	南昌	郑州	武汉	长沙
2014	34068	26587	37639	40439	44231	34131	130735	55589
2015	32331	37596	37429	43568	40329	35181	—	57652
年均增速（%）	0. 58	1. 22	0. 26	5. 13	2. 15	0. 22	1. 59	2. 80

注：因数据缺失，武汉市的年均增速计算时间周期为 1998—2014 年。

数据来源：Wind 资讯。

四、西部地区供水状况分析

（一）供水量

西部地区城市总供水量比东部和中部地区小，但增长最快，除甘肃省外，西部地区的城市供水量均呈上升趋势。2002—2015 年，西部地区城市全年供水总量呈上升趋势，非城市地区供水总量增长相对较慢。2002 年，西部地区城市全年供水总量为 74. 80 亿立方米，西部地区全年供水总量为 1796. 97 亿立方米，城市供水占比 4. 16%。到 2015 年，西部地区城市全年供水总量为 105. 04 亿立方米，西部地区全年供水总量为 1992. 80 亿立方米，城市供水占比 5. 27%。青海省的供水量变化与工业用水量增长较快有关，重庆市的供水量变化与城市生活用水总量增长较快有关，云南省的城市生活用水总量和工业用水总量均增长较快。贵州省工业用水总量的下降趋势抵消了生活用水上升的趋势。甘肃省的供水量变化则与城市生活用水总量增长较慢、工业用水总量下降较快有关。

表 6-12 展示了 2002—2015 年西部地区（北方省份）城市全年供水总量变化情况。甘肃省城市全年供水总量总体呈先升后降的特征，2002 年为 5. 87 亿立方米，2006 年增加至 6. 51 亿立方米，2015 年下降至 5. 58 亿立方米，年均增长-0. 38%；占全省供水总量的比重也呈先升后降的特征，2002 年为 4. 79%，2006 年为 5. 23%，2015 年为 4. 68%。内蒙古自治区城市全年供水总量呈上升趋势，2002 年为 5. 82 亿立方米，2015 年增加至 7. 48 亿立方米，年均增长 1. 95%；占全自治区供水总量的比重也呈上升趋势，2002 年为

3.26%，2015年为4.03%。宁夏回族自治区城市全年供水总量呈上升趋势，2002年为2.31亿立方米，2015年增加至3.19亿立方米，年均增长2.51%；占全自治区供水总量的比重也呈上升趋势，2002年为2.83%，2015年为4.53%。青海省城市全年供水总量呈上升趋势，2002年为1.42亿立方米，2015年增加至2.57亿立方米，年均增长4.68%；占全省供水总量的比重也呈上升趋势，2002年为5.24%，2015年为9.58%。陕西省城市全年供水总量呈上升趋势，2002年为7.02亿立方米，2015年增加至9.77亿立方米，年均增长2.57%；占全省供水总量的比重也呈上升趋势，2002年为9.00%，2015年为10.71%。新疆维吾尔自治区城市全年供水总量呈上升趋势，2002年为6.51亿立方米，2015年增加至9.22亿立方米，年均增长2.72%；占全自治区供水总量的比重也呈上升趋势，2002年为1.37%，2015年为1.60%。

表 6-12　2002—2015 年西部地区（北方省份）城市全年供水总量变化情况

单位：亿立方米

年份	甘肃	内蒙古	宁夏	青海	陕西	新疆
2002	5.87	5.82	2.31	1.42	7.02	6.51
2003	6.21	5.93	2.29	1.44	7.36	7.67
2004	6.13	6.13	2.49	1.49	7.53	6.59
2005	5.98	6.11	2.43	1.51	7.12	5.39
2006	6.51	6.01	2.69	1.65	7.04	6.73
2007	6.01	5.63	2.49	1.56	7.52	6.30
2008	6.50	4.99	2.61	1.71	7.95	7.05
2009	6.06	5.52	2.79	1.68	8.31	7.52
2010	6.27	6.28	2.87	1.86	8.13	7.73
2011	5.57	6.28	3.01	2.18	7.68	8.09
2012	5.42	6.49	2.84	2.29	8.47	8.59
2013	5.51	7.16	2.92	2.46	8.90	8.80
2014	5.46	7.39	3.03	2.50	9.29	9.20
2015	5.58	7.48	3.19	2.57	9.77	9.22
年均增速（%）	-0.38	1.95	2.51	4.68	2.57	2.72

数据来源：Wind资讯。

表 6-13 展示了 2002—2015 年西部地区（南方省份）城市全年供水总量变化情况。广西壮族自治区城市全年供水总量总体呈上升趋势，2002 年为 13.02 亿立方米，2015 年增加至 17.33 亿立方米，年均增长 2.22%；占全自治区供水总量的比重也呈上升趋势，2002 年为 4.38%，2015 年为 6.17%。贵州省城市全年供水总量波动较大，2002 年为 4.77 亿立方米，2006 年增加至 5.60 亿立方米，2010 年下降至 4.41 亿立方米，2015 年又增加至 6.01 亿立方米，年均增长 1.79%；占全省供水总量的比重呈相同趋势，2002 年为 5.31%，2010 年为 4.35%，2015 年为 6.17%。四川省城市全年供水总量呈上升趋势，2002 年为 16.30 亿立方米，2015 年增加至 22.00 亿立方米，年均增长 2.33%；占全省供水总量的比重也呈上升趋势，2002 年为 7.81%，2015 年为 8.29%。西藏自治区城市全年供水总量呈快速上升趋势，2002 年为 0.51 亿立方米，2015 年增加至 1.56 亿立方米，年均增长 9.01%；占全自治区供水总量的比重也呈上升趋势，2002 年为 1.69%，2015 年为 5.07%。云南省城市全年供水总量呈上升趋势，2002 年为 5.15 亿立方米，2015 年增加至 8.19 亿立方米，年均增长 3.63%；占全省供水总量的比重也呈上升趋势，2002 年为 3.47%，2015 年为 5.45%。重庆市城市全年供水总量呈上升趋势，2002 年为 6.11 亿立方米，2015 年增加至 12.15 亿立方米，年均增长 5.43%；在全市供水总量比重曲线图中“呈 U 型”结构，2002 年为 10.13%，2008 年为 8.87%，2015 年为 15.38%。

表 6-13　2002—2015 年西部地区（南方省份）城市全年供水总量变化情况

单位：亿立方米

年份	广西	贵州	四川	西藏	云南	重庆
2002	13.02	4.77	16.30	0.51	5.15	6.11
2003	13.44	4.52	16.56	0.54	5.27	7.11
2004	13.23	5.37	16.97	0.54	5.19	7.17
2005	13.29	5.01	17.18	0.67	6.18	7.10
2006	13.34	5.60	15.74	0.72	6.59	7.55
2007	14.39	5.14	15.40	0.66	5.30	6.95
2008	13.99	4.82	16.05	0.74	5.80	7.35
2009	13.90	4.43	16.39	0.73	6.15	7.71

续表

年份	广西	贵州	四川	西藏	云南	重庆
2010	14.73	4.41	17.39	0.77	6.64	8.69
2011	15.45	4.67	18.22	1.24	6.77	8.98
2012	15.68	4.89	19.03	1.30	5.97	9.59
2013	16.17	5.13	19.58	1.20	7.21	10.50
2014	16.22	5.58	22.10	1.24	7.77	11.29
2015	17.33	6.01	22.00	1.56	8.19	12.15
年均增速（%）	2.22	1.79	2.33	9.01	3.63	5.43

数据来源：Wind 资讯。

（二）供水结构

2005 年，内蒙古自治区的地表水和地下水的占比基本相同，随后地下水占比缓慢下降，2010 年占比 48.71%，2015 年占比 47.52%。陕西省 2005 年的地表水比例比地下水高 13.79 个百分点。十年后地表水比例比地下水高 24.78 个百分点，供水结构进一步优化。甘肃省 2005 年地表水占比为 75.02%，地下水占比为 24.02%；2010 年地表水占比上升到 78.90%，地下水占比下降到 19.87%；2015 年地表水占比下降到 75.59%，地下水占比上升到 22.57%。其他供水来源的比重有所提高，从 2005 年的 0.95%上升到 2015 年的 1.85%。青海省 2005 年地表水占比为 77.24%，地下水占比为 22.76%；2010 年地表水占比上升到 83.39%，地下水占比下降到 16.29%；2015 年地表水占比下降到 82.84%，地下水占比上升到 16.79%。其他供水来源的比重有所提高，从 2005 年的 0 上升到 2015 年的 0.37%。宁夏回族自治区 2005 年地表水占比为 93.15%，高于西北地区平均水平，地下水占比为 6.85%；2010 年地表水占比下降到 92.54%，地下水占比上升到 7.46%；2015 年地表水占比下降到 92.46%，地下水占比下降到 7.25%。其他供水来源的比重有所提高，从 2005 年的 0 上升到 2015 年的 0.16%。新疆维吾尔自治区 2005 年地表水占比为 88.29%，高于西北地区平均水平，地下水占比为 11.53%；2010 年地表水占比下降到 82.08%，地下水占比上升到 17.79%；2015 年地表水占比下降到 79.16%，地下水占比上升到 20.69%。其他供水来源的比重变化不大（见表 6-14）。

表 6-14 西部地区（北方省份）供水结构变化趋势

省份	2005 年			2010 年			2015 年		
	地表水（%）	地下水（%）	其他（%）	地表水（%）	地下水（%）	其他（%）	地表水（%）	地下水（%）	其他（%）
内蒙古	50.17	49.32	0.51	50.91	48.71	0.38	51.24	47.52	1.24
陕西	56.31	42.52	1.17	59.42	39.98	0.60	61.40	36.62	1.97
甘肃	75.02	24.02	0.95	78.90	19.87	1.23	75.59	22.57	1.85
青海	77.24	22.76	0.00	83.39	16.29	0.33	82.84	16.79	0.37
宁夏	93.15	6.85	0.00	92.54	7.46	0.00	92.46	7.25	0.28
新疆	88.29	11.53	0.18	82.08	17.79	0.13	79.16	20.69	0.16
平均值	77.45	22.16	0.39	75.11	24.55	0.34	73.37	25.93	0.70

数据来源：Wind 资讯，经整理而得。

从总体来看，西部地区（南方省份）的地下水占比呈下降趋势。2005 年，6 个省份的地下水占比平均值为 5.07%，到 2015 年这一比例降至 3.99%。具体来看，广西壮族自治区供水结构变化不大，2005 年地表水占比为 95.38%，高于西南地区平均水平，地下水占比为 3.85%；2010 年地表水占比上升到 95.95%，地下水占比下降到 3.68%；2015 年地表水占比下降到 95.96%，地下水占比上升到 3.91%。贵州省地表水占比有所提高，2005 年地表水占比为 93.85%，2015 年地表水占比上升到 96.92%。相较于西南其他省份，四川省的地下水占比较高，2005 年地下水占比 8.03%，到 2015 年仍高于西南地区的平均水平。西藏自治区的地下水占比提高幅度较大，从 2005 年的 5.82%上升到 2015 年的 10.06%。云南省地下水占比有所下降，2005 年为 4.13%，2015 年下降到 2.86%。重庆市地表水占比持续提升，2005 年为 97.75%，2015 年上升到 98.10%（见表 6-15）。

表 6-15 西部地区（南方省份）供水结构变化趋势

省份	2005 年			2010 年			2015 年		
	地表水（%）	地下水（%）	其他（%）	地表水（%）	地下水（%）	其他（%）	地表水（%）	地下水（%）	其他（%）
广西	95.38	3.85	0.78	95.95	3.68	0.36	95.69	3.91	0.40
贵州	93.85	5.74	0.41	92.41	7.09	0.49	96.92	3.08	0.00
四川	90.02	8.03	1.95	91.49	7.34	1.17	94.31	5.01	0.68
西藏	94.18	5.82	0.00	92.05	7.95	0	89.94	10.06	0.00

续表

省份	2005年			2010年			2015年		
	地表水（%）	地下水（%）	其他（%）	地表水（%）	地下水（%）	其他（%）	地表水（%）	地下水（%）	其他（%）
云南	95.48	4.13	0.40	94.24	3.25	2.51	96.34	2.86	0.80
重庆	97.75	2.25	0.00	97.80	2.08	0.12	98.10	1.77	0.13
平均值	94.07	5.07	1.30	94.16	4.94	0.90	95.54	3.99	0.70

数据来源：Wind资讯，经整理而得。

（三）供水综合生产能力

从总体来看，西部地区的供水综合生产能力低于东部和中部地区，但增速高于中部地区。除贵州省外，其他11个省份的供水综合生产能力均呈上升趋势。2004年贵州省供水综合生产能力为285.24万立方米/日，2015年下降到257.63万立方米/日。西藏自治区的增速最高，年均增速为10.89%，从2004年的18.12万立方米/日增加到2015年的56.50万立方米/日。新疆维吾尔自治区的增速也较高，年均增速高于4%。广西壮族自治区和陕西省的供水生产能力变化幅度较小，广西壮族自治区从2004年的633.04万立方米/日增加到2015年的676.03万立方米/日，年均增速0.60%。陕西省从2004年的381.40万立方米/日增加到2015年的404.99万立方米/日，年均增速为0.55%（见表6-16）。

表6-16　2004—2015年西部地区供水综合生产能力

单位：万立方米/日

省份	2004年	2006年	2008年	2010年	2012年	2013年	2014年	2015年	年均增速（%）
内蒙古	308.27	320.20	669.30	341.58	378.70	378.06	425.47	410.19	2.63
广西	633.04	644.80	594.85	604.35	664.97	684.16	644.58	676.03	0.60
重庆	373.65	391.70	418.16	412.30	447.83	491.22	506.89	529.92	3.23
四川	890.18	772.30	755.08	804.48	822.77	871.35	950.54	969.96	0.78
贵州	285.24	271.70	250.26	241.13	250.35	240.67	246.18	257.63	-0.92
云南	264.70	294.80	298.85	299.26	353.10	350.07	356.95	381.42	3.38
西藏	18.12	17.00	19.31	31.20	59.81	34.00	64.50	56.50	10.89

续表

省份	2004 年	2006 年	2008 年	2010 年	2012 年	2013 年	2014 年	2015 年	年均增速（%）
陕西	381.40	360.70	375.20	371.09	380.48	370.84	379.42	404.99	0.55
甘肃	328.13	355.90	398.44	398.22	370.44	372.12	380.79	392.05	1.63
青海	68.29	87.50	78.59	84.59	84.59	94.97	94.97	98.45	3.38
宁夏	129.60	133.20	139.42	136.36	144.30	145.13	146.80	161.42	2.02
新疆	360.30	417.20	340.18	373.11	425.79	493.29	524.7	574.26	4.33
平均值	336.74	338.92	361.47	341.47	365.26	377.16	393.48	409.40	1.79

数据来源：国家统计局。

（四）省会城市供水状况分析

乌鲁木齐市的城市供水量增速波动较大，从 1998 年的 12044 万立方米增加到 2003 年的 41501 万立方米，2004 年下降到 14172 万立方米，随后开始上升，2015 年的城市供水量为 29805 万立方米。南宁市和成都市的增速也较高，年均增速在 3%以上。兰州市和银川市的城市供水量呈下降趋势。兰州市的城市供水量从 1998 年的 36980 万立方米下降到 2015 年的 24735 万立方米，年均增速-2.34%，与甘肃省的供水量变化趋势一致。银川市的变化趋势则与宁夏回族自治区的变化趋势相反，表明宁夏回族自治区其他城市的供水量在上升。贵阳市的城市供水量则呈先降后升的趋势，1998 年城市供水量为 28451 万立方米，2014 年为 28156 万立方米，相差不大（见表 6-17）。

表 6-17　1998—2015 年西部省会城市供水量　　单位：万立方米

年份	呼和浩特	南宁	成都	贵阳	昆明	西安	兰州	西宁	银川	乌鲁木齐
1998	10876	27425	47931	28451	26243	38336	36980	12632	12053	12044
1999	10668	25453	45919	25998	29049	43691	30774	12561	11867	15006
2000	10477	25196	46798	26157	30289	30273	33004	12610	12180	15637
2001	10957	24642	42605	26043	30909	32016	33426	12649	9801	16429
2002	10777	25362	47874	26396	30128	33776	26696	11403	9686	31241
2003	10591	26351	48810	25551	30930	36122	25114	11559	10004	41501
2004	12574	27538	53278	26148	30930	36092	23572	12175	10129	14172
2005	12203	28959	55718	24186	37325	35776	23105	11192	10020	17098

续表

年份	呼和浩特	南宁	成都	贵阳	昆明	西安	兰州	西宁	银川	乌鲁木齐
2006	12410	27594	51182	21335	36541	29522	21437	11199	9636	21160
2007	10259	29378	52127	24135	25549	32959	24063	11646	9059	29075
2008	9602	33058	59462	20995	29579	36471	23620	12735	10048	29771
2009	12602	35576	61096	21257	32855	38307	27462	11277	10225	29771
2010	11859	37578	86037	21696	31526	39097	25035	11502	10525	29771
2011	12691	40474	70736	22542	35314	38934	29401	14030	10525	31034
2012	13718	40215	76021	23855	21984	43848	25035	14633	11468	30363
2013	13836	42582	81554	26201	32843	48445	26772	15243	11835	30826
2014	14876	40150	93134	28156	40519	50715	24530	15299	9717	29855
2015	13081	50892	86841	—	41524	53237	24735	15491	10824	29805
年均增速（%）	1.09	3.70	3.56	-0.07	2.74	1.95	-2.34	1.21	-0.63	5.47

数据来源：Wind 资讯。

第二节　城市供水设施建设状况

城市供水设施由城市取水工程、净水工程和输配水工程组成，城市供水设施建设的目的和任务是：为城市居民的生活和生产提供安全可靠的用水保障，不仅能满足近期需要，还需兼顾今后的发展。

一、供水管网工程

城市供水管网是城市供水系统的主体部分，利用其管道体系将水资源输送到各个用水主体。随着我国城市化进程不断推进，城市规模不断扩大，城市供水管网的规模和复杂度也在提升。城市供水管网的稳定性和安全性直接影响城市的生产和生活秩序。

供水管道长度是指供水企业供水设施的取水管道和供水管道长度之和。取水管道长度是指水源地至地表水水厂净化设施（或地下水水厂清水池）之间所有管道长度。供水管道长度是指从送水泵房至用户水表之间所有管道的长度。管道长度统计不包括新安装尚未使用的管道。我国供水管道长度一直保持增长趋势。2002 年，我国城市供水管道长度为 312605 公里，到 2015 年，供水管道长度增加到 710206.39 公里，年均增速 6.52%（见图 6-3）。

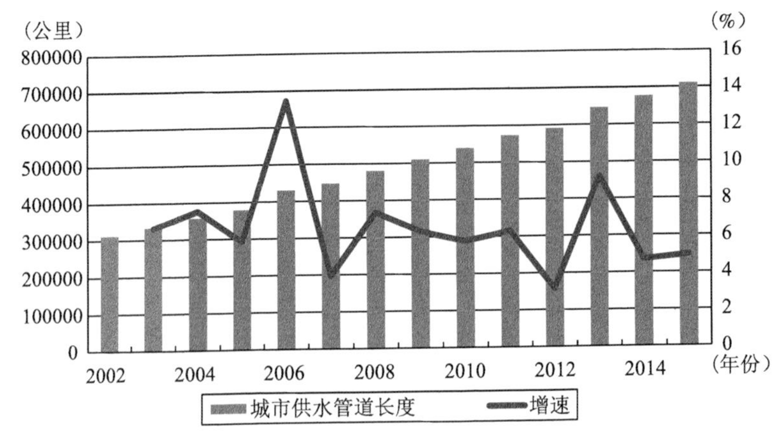

图 6-3　2002—2015 年全国城市供水管道长度变化趋势

数据来源：Wind 资讯。

下面分别对东部、中部和西部地区的供水管道建设情况进行分析。

（一）东部地区

海南省供水管道长度增长最快，从 2004 年的 1570 公里增加到 2015 年的 4150 公里，增加两倍多。广东省从 2004 年的 39036 公里增加到 2015 年的 99921 公里，现居全国之首。天津市、浙江省和福建省供水管道长度的增长也很快（见表 6-18）。

表 6-18　2004—2015 年东部地区供水管道长度　单位：公里

省份	2004 年	2006 年	2008 年	2010 年	2012 年	2013 年	2014 年	2015 年	年均增速（%）
北京	17018	26434	23828	25147	23674	32581	27286	27623	4.50
天津	6781	7365	8248	10744	12926	13411	14369	16620	8.49
河北	11055	11968	13012	14288	15344	15207	15528	16445	3.68
辽宁	23636	25153	26850	29123	32062	33118	36706	38265	4.48
上海	23497	28329	29148	32462	34904	36217	35068	36383	4.05
江苏	42565	55825	55737	63807	71413	75988	78477	78585	5.73
浙江	25390	29279	34517	38982	44841	49298	53604	56456	7.53

续表

省份	2004 年	2006 年	2008 年	2010 年	2012 年	2013 年	2014 年	2015 年	年均增速（%）
福建	6765	9131	10551	14650	16743	15889	16539	15982	8. 13
山东	27944	32669	32970	37313	41934	43944	47373	48911	5. 22
广东	39036	56114	73871	79816	75935	92361	95463	99921	8. 92
海南	1570	2317	2750	2525	3451	3680	3864	4150	9. 24
平均值	20478	25871	28317	31714	33930	37427	38571	39940	6. 26

数据来源：国家统计局。

（二）中部地区

中部地区供水管道长度的平均增速与东部地区相差不大，但整体水平低于东部地区。安徽省供水管道长度增长最快，2004 年供水管道长度为 8003 公里，2015 年增加到 23842 公里，年均增速 10. 43%。湖南省供水管道长度增长也较快，从 2004 年的 9117 公里增加到 2015 年的 21393 公里，增加两倍多（见表 6-19）。

表 6-19　2004—2015 年中部地区供水管道长度　　单位：公里

省份	2004 年	2006 年	2008 年	2010 年	2012 年	2013 年	2014 年	2015 年	年均增速（%）
山西	5938	6474	6569	7414	8550	9176	9727	10715	5. 51
吉林	6535	7636	8393	8935	9600	10608	11764	12155	5. 80
黑龙江	10580	10117	10711	11413	12847	13207	14120	14355	2. 81
安徽	8003	8893	11062	14730	18869	20450	22247	23842	10. 43
江西	5548	6748	7964	9807	11831	13524	13714	15630	9. 87
河南	12065	13750	15028	17299	19288	19954	20590	21338	5. 32
湖北	16197	17174	20323	22827	26146	27794	29644	30579	5. 95
湖南	9117	10438	12300	14400	16747	18208	20498	21393	8. 06
平均值	9248	10154	11544	13353	15485	16615	17788	18751	6. 64

数据来源：国家统计局。

（三）西部地区

西部地区供水管道长度的平均增速高于东部和中部地区，但整体水平远低于中、东部地区。西藏自治区增长最快，2004 年供水管道长度为 365 公里，2015 年增加到 1396 公里，年均增速为 12.97%。贵州省的供水管道长度增长也较快，从 2004 年的 3403 公里增加到 2015 年的 9766 公里，年均增速为 10.06%。甘肃省的供水管道长度增长较慢，2015 年的供水管道长度仅比 2004 年增加 278 公里（见表 6-20）。

表 6-20　2004—2015 年西部地区供水管道长度　　单位：公里

省份	2004 年	2006 年	2008 年	2010 年	2012 年	2013 年	2014 年	2015 年	年均增速（%）
内蒙古	5718	6220	7884	8561	9967	10290	10619	9214	4.43
广西	8011	9476	11134	12843	14424	15196	15857	16958	7.06
重庆	6414	7290	8288	9190	9534	10619	11601	15054	8.06
四川	13403	13390	17597	20656	22880	24832	27461	30058	7.62
贵州	3403	4501	4902	5979	7466	7845	8685	9766	10.06
云南	5329	6495	7712	6559	8011	8672	9587	10578	6.43
西藏	365	50	647	753	835	856	1059	1396	12.97
陕西	4409	4716	5079	4926	5948	6175	6820	8068	5.65
甘肃	5347	4063	3990	4357	4719	4974	5265	5625	0.46
青海	929	1238	1294	1383	1534	2081	2231	2456	9.24
宁夏	1756	2191	2027	2382	1996	2117	2309	2355	2.70
新疆	4089	4952	5696	6507	7450	8142	8652	9330	7.79
平均值	4931	5382	6354	7008	7897	8483	9179	10072	6.71

数据来源：国家统计局。

二、供水设施投资状况

我国城市供水设施投资额总体呈快速增长趋势，但波动较大。1978—1989 年，城市供水设施投资额从 4.7 亿元增加到 22.2 亿元，增加近 5 倍，投资额波动幅度最大。1990—2000 年，城市供水设施投资额从 24.8 亿元增加到 142.4 亿元，增加近 6 倍。2001—2015 年，城市供水设施投资额从 169.4 亿元增加到 619.9 亿元，增加 3.65 倍（见图 6-4）。

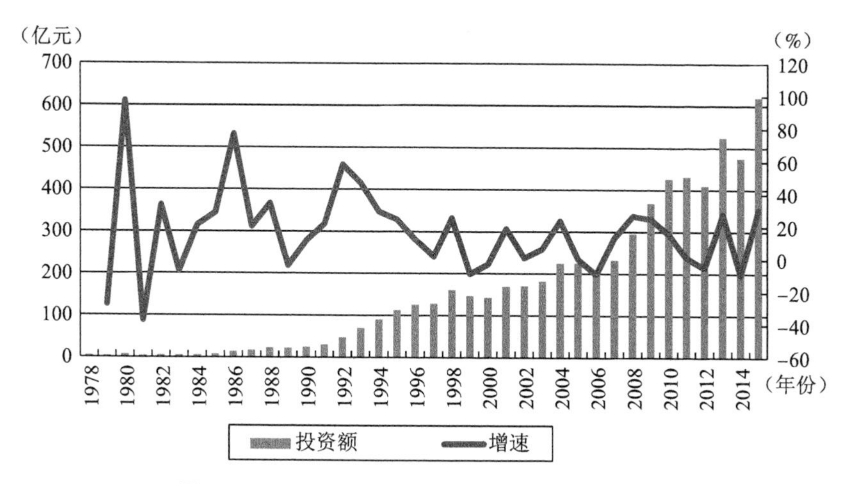

图 6-4　1978—2015 年全国城市供水设施投资额

数据来源：Wind 资讯。

（一）各地区供水投资状况

下面对东部、中部和西部地区的供水投资状况进行分析。

1. 东部地区

江苏省的供水设施固定资产投资完成额基本高于东部其他省份，2001—2015 年，投资完成额平均值为 452838 万元，居全国首位。北京市的供水设施固定资产投资完成额增长最快，2001 年投资完成额为 32395 万元，2015 年增加到 569714 万元。天津市和海南省的供水设施固定资产投资完成额则相对较少。天津市的供水设施固定资产投资完成额经历了先升后降的趋势，2001 年为 28043 万元，2011 年增加到 87060 万元，随后开始下降，2015 年供水设施固定资产投资完成额为 17683 万元（见表 6-21）。

2. 中部地区

从整体来看，中部地区的供水设施固定资产投资完成额大多低于东部地区，但各省份之间的投资完成额平均值差异相对较小，并且平均增速高于东部地区。安徽省的供水设施固定资产投资完成额居中部地区之首，年平均值为 102726 万元。吉林省的供水设施固定资产投资完成额增长最快，同时波动也较大，从 2001 年的 15381 万元增加到 2015 年的 339170 万元。山西省的供水设施固定资产投资完成额波动较大，2001 年为 38360 万元，2006 年下降到

9817 万元，2011 年增加到 129143 万元。黑龙江省、江西省和河南省则相对较为稳定（见表 6-22）。

表 6-21　2001—2015 年东部地区供水设施固定资产投资完成额　单位：万元

省份	2001 年	2003 年	2005 年	2007 年	2009 年	2011 年	2013 年	2015 年	平均值
江苏	187448	331986	266508	381184	502579	654790	820103	424910	452838
北京	32395	50102	85203	210392	247685	258039	628193	569714	245051
山东	231554	125142	168652	144833	237525	376619	457230	290861	243759
上海	108117	70155	182803	112415	645419	272189	123836	455936	239031
浙江	119531	147512	229977	258912	267721	225647	212775	331623	215488
广东	90999	96933	157323	243854	115110	332694	52403	74290	174851
辽宁	128461	65043	116430	129097	312792	183205	219603	180863	165497
福建	44641	24754	50309	99863	105569	186305	122193	435599	120741
河北	102008	88589	65548	66505	54836	112252	246875	130175	96881
天津	28043	37330	46411	54808	80728	87060	30029	17683	49141
海南	6879	11093	8984	2075	7769	35981	29952	22054	12889

注：表中仅列出 2001—2015 年部分年度的数据，计算平均值时则考虑 16 年的全部投资完成额，下同。

数据来源：Wind 资讯。

表 6-22　2001—2015 年中部地区供水设施固定资产投资完成额　单位：万元

省份	2001 年	2003 年	2005 年	2007 年	2009 年	2011 年	2013 年	2015 年	平均值
安徽	22484	44653	49300	78385	88703	166548	263062	173678	102726
黑龙江	77411	108259	149140	117869	98322	62260	111217	77272	97762
湖北	45279	67579	47543	55358	83026	103921	91418	328605	90622
吉林	15381	34787	38944	51671	57271	119045	123621	339170	85223
湖南	28914	39598	32371	46634	54207	79664	138667	218300	78737
河南	39814	62132	53068	23695	58044	112588	112649	150949	67295
江西	15400	39387	41276	30237	63939	57620	123409	104708	63302
山西	38360	33626	12139	11814	34207	129143	107301	109651	49007

数据来源：Wind 资讯。

3. 西部地区

西部地区的供水设施固定资产投资完成额大多低于东部和中部地区，但增长较快。内蒙古自治区的供水设施固定资产投资完成额居西部地区首位，年平均值为124172万元。甘肃省、新疆维吾尔自治区和贵州省的供水设施固定资产投资完成额波动较大。甘肃省2001年供水设施固定资产投资完成额为31629万元，2007年下降到3278万元，2015年增加到205805万元。贵州省的供水设施固定资产投资完成额“呈U型”结构，从2001年的31358万元下降到2009年的7674万元，增加到2013年的105924万元，又下降到2015年的46499万元。陕西省、重庆市则相对较为稳定。广西壮族自治区的供水设施固定资产投资额保持增长趋势，从2001年的24769万元增加到2015年的147395万元（见表6-23）。

表6-23 2001—2015年西部地区供水设施固定资产投资完成额 单位：万元

省份	2001年	2003年	2005年	2007年	2009年	2011年	2013年	2015年	平均值
内蒙古	45425	36341	151957	39050	87180	264337	98600	311513	124172
四川	82690	50957	46939	48029	88093	49058	248693	342683	104121
新疆	29374	42166	19765	11514	116723	55251	265154	341664	96670
广西	24769	39541	54881	30750	58729	114790	128133	147395	79888
重庆	34014	26622	51375	22642	49262	84753	128750	204551	73146
云南	17008	21538	24152	15081	76403	52704	111842	56995	44748
陕西	22004	27670	28381	15542	51611	30983	72969	74720	40187
甘肃	31629	11427	17573	3278	20228	26178	30994	205805	35836
贵州	31358	24650	11844	10251	7674	28792	105924	46499	26896
宁夏	7189	47536	14875	11214	6524	36415	17848	7912	17345
青海	3666	10225	29001	3191	10233	19471	23317	18632	14281
西藏	1268	950	3200	—	—	—	—	4925	2659

数据来源：Wind资讯。

（二）典型城市供水投资状况

下面对国内不同地区主要城市的供水投资状况进行分析。因2008年和2010年数据缺失，故未将这两年各主要城市的供水设施固定资产投资完成额变化情况考虑在内。

1. 华北和东北地区主要城市

2002—2015 年，华北和东北地区 7 个主要城市中，哈尔滨的供水设施固定资产投资完成额总体较高，平均值为 50685 万元。其次为长春市和沈阳市，石家庄市的供水设施固定资产投资完成额最低，年平均值仅为 8562 万元。7 个城市的供水设施固定资产投资完成额波动较大，以长春市为例，2006 年仅为 7708 万元，2015 年则为 219417 万元（见表 6-24）。

表 6-24 2002—2015 年华北和东北地区主要城市供水设施固定资产投资完成额

单位：万元

年份	哈尔滨	长春	沈阳	呼和浩特	大连	太原	石家庄
2002	4800	2905	8026	75871	28961	26783	18167
2003	80114	12057	6897	18668	25911	13781	14040
2004	102022	11164	30899	43886	50749	3943	5364
2005	103094	12210	49703	92810	22636	2288	3085
2006	55968	7708	764	19800	25259	3254	—
2007	96820	11240	83239	20098	13893	5170	937
2009	31000	16086	139721	19696	52454	14726	2925
2011	11576	85217	33570	10371	17608	12500	1200
2012	—	75284	68811	2588	4411	17600	200
2013	18524	75243	105784	10644	33744	64200	6316
2014	2930	52780	40841	47961	75541	30900	20196
2015	—	219417	3800	113466	122835	28300	21749
平均值	50685	48443	47671	39655	39500	18620	8562

数据来源：Wind 资讯。

2. 华东地区主要城市

相较于华北和东北地区的 7 个主要城市，华东地区 9 个主要城市之间的供水设施固定资产投资完成额差异较小。2002—2015 年，南京市的供水设施固定资产投资完成额总体较高，平均值为 67306 万元。其次为厦门市和苏州市，合肥市的供水设施固定资产投资完成额最低，年平均值为 22894 万元。宁波、福州和杭州 3 个城市的供水设施固定资产投资完成额平均值差异较小。福州市和济南市的供水设施固定资产投资完成额波动较大。福州市

2009 年供水设施固定资产投资完成额仅为 786 万元，而 2015 年则提高到 196217 万元。苏州市和杭州市的供水设施固定资产投资完成额则相对较为稳定（见表 6-25）。

3. 华中和华南地区主要城市

华中和华南地区 8 个主要城市的供水设施固定资产投资完成额整体上低于华北、东北和华东地区的主要城市。2002—2015 年，武汉市的供水设施固定资产投资完成额居华中和华南地区 8 个主要城市之首，平均值为 50127 万元。其次为广州市和郑州市，海口市的供水设施固定资产投资完成额最低，年平均值为 8979 万元。这 8 个城市的供水设施固定资产投资完成额整体波动都较大。武汉市 2006 年供水设施固定资产投资完成额仅为 9554 万元，2015 年则提高到 242003 万元。海口、广州、长沙等城市的供水设施固定资产投资完成额波动也较大。郑州市的供水设施固定资产投资完成额则相对稳定，最高为 2013 年的 61799 万元，最低为 2007 年的 5592 万元（见表 6-26）。

表 6-25　2002—2015 年华东地区主要城市供水设施固定资产投资完成额

单位：万元

年份	南京	厦门	苏州	济南	青岛	宁波	福州	杭州	合肥
2002	18816	11673	46571	10585	16967	11339	17253	13961	4899
2003	12931	3800	50801	13600	29675	28663	6376	17690	10356
2004	18381	28798	82340	9930	17009	52692	6500	17321	5856
2005	41262	29107	75467	8800	27917	42541	1977	33813	5464
2006	45845	72299	87442	45953	31042	51260	1509	25185	14326
2007	51395	66419	35271	4087	29311	60681	—	35827	14912
2009	54073	62666	43190	12284	45715	47541	786	49760	33597
2011	89683	82860	13957	86042	100689	6987	14310	32227	31378
2012	147927	79666	23140	54860	83547	17075	2503	13525	37560
2013	191799	95817	40185	149431	19759	7158	2241	20064	55877
2014	115802	80013	80246	38552	29937	2306	52883	—	17474
2015	19755	143247	25955	55561	40070	2850	196217	36297	43023
平均值	67306	63030	50380	40807	39303	27591	27505	26879	22894

数据来源：Wind 资讯。

表 6-26　2002—2015 年华中和华南地区主要城市供水设施固定资产投资完成额

单位：万元

年份	武汉	广州	郑州	佛山	南宁	长沙	南昌	海口
2002	23964	18790	25032	5482	8761	8227	12764	1028
2003	40438	48237	15694	13687	6698	300	9450	1522
2004	22322	132218	9335	16816	15207	14558	18986	1143
2005	17700	24610	23012	23208	14762	9612	21753	1092
2006	9554	26947	10660	12404	11150	81367	18897	4776
2007	31577	32459	5592	32289	9415	26610	2304	—
2009	19769	295	10417	65880	12450	24491	155	4750
2011	35752	21877	36875	13769	19186	15255	4810	33861
2012	36367	18476	37266	68827	11190	—	26818	13110
2013	—	15418	61799	18225	50904	—	59317	22808
2014	71950	4387	21718	3671	45236	5608	26278	3848
2015	242003	17764	52581	395	64860	18600	29621	10826
平均值	50127	30123	25832	22888	22485	20463	19263	8979

数据来源：Wind 资讯。

4. 西南和西北地区主要城市

2002—2015 年，乌鲁木齐市的供水设施固定资产投资完成额居西南和西北地区 9 个主要城市之首，平均值为 66706 万元。其次为成都市和兰州市，拉萨市的供水设施固定资产投资完成额最低，年平均值为 2008 万元。兰州、银川、乌鲁木齐、成都等城市的供水设施固定资产投资完成额波动较大。兰州市 2007 年供水设施固定资产投资完成额仅为 782 万元，2015 年则提高到 170177 万元。西安、贵阳等城市则相对较为稳定（见表 6-27）。

表 6-27　2002—2015 年西南和西北地区主要城市供水设施固定资产投资完成额

单位：万元

年份	乌鲁木齐	成都	兰州	昆明	西安	贵阳	西宁	银川	拉萨
2002	16300	48316	12858	8723	11650	20316	5500	373	522
2003	14400	18609	3651	2983	12976	17766	5708	35409	950
2004	8690	23205	11414	8253	19900	13132	9500	3933	950

续表

年份	乌鲁木齐	成都	兰州	昆明	西安	贵阳	西宁	银川	拉萨
2005	6269	13906	10490	14385	11986	3028	25956	7156	3200
2006	—	1406	18674	4132	15378	4120	25000	4211	1500
2007	120	14749	782	7412	8304	7954	1405	4292	—
2009	64200	57889	4517	64793	22859	5145	7800	474	—
2011	—	10873	8767	34125	7080	—	16531	12414	—
2012	25600	14439	20525	24977	10900	—	6000	1996	—
2013	142409	164920	23620	39384	32495	20029	4885	2955	—
2014	119147	101773	27436	19256	29400	15751	6400	4259	—
2015	269921	72092	170177	18326	15759	11969	9500	—	4925
平均值	66706	45181	26076	20562	16557	11921	10349	7043	2008

数据来源：Wind 资讯。

三、排水管网工程

排水系统和供水系统、用水系统一起构成了城市水资源系统的三大子系统。我国的城市排水管道长度一直保持较快增长趋势。1995 年，我国城市排水管道长度为 11 万公里，2005 年增加到 29.19 万公里，2006 年下降到 26.14 万公里，此后开始增长，2016 年为 57.66 万公里，年均增长 8.21%（见图 6-5）。

（一）东部地区

1996—2016 年，东部地区 11 个省份的城市排水管道长度总和占全国排水管道长度的比重保持在 58%～63%的范围内。1996 年东部地区的城市排水管道总长度为 66228 公里，占全国的比重为 58.71%；2006 年增加到 164563 公里，占全国的比重为 62.96%；2016 年增加到 338602 公里，占全国比重为 58.72%。比重变化趋势呈“倒 U 型”结构。东部地区的城市排水管道长度年均增速为 8.50%，高于全国平均增速。具体省份方面，江苏省的城市排水管道长度增长最快，1996 年为 8860 公里，2016 年增加到 72823 公里，增加了近 9 倍。其次为浙江省和上海市，年均增速均高于 10%。辽宁省、海南省、河北省、天津市、北京市、广东省等6个省份的排水管道长度年均增长率都低于全国平均水平。

表6-28展示了1996—2016年东部地区（北方省份）城市排水管道长度变化情况。北京市排水管道长度从1996年的3712公里增加到2016年的16901公里，年均增速为7.87%。天津市排水管道长度从1996年的5446公里增加到2016年的20951公里，年均增速为6.97%。河北省排水管道长度从1996年的5887公里增加到2016年的17954公里，年均增速为5.73%。辽宁省1996年的排水管道长度为7190公里，2016年增加到18275公里，年均增速为4.77%。山东省增长较快，1996年排水管道长度为9840公里，2016年增加到56796公里，年均增速为9.16%。

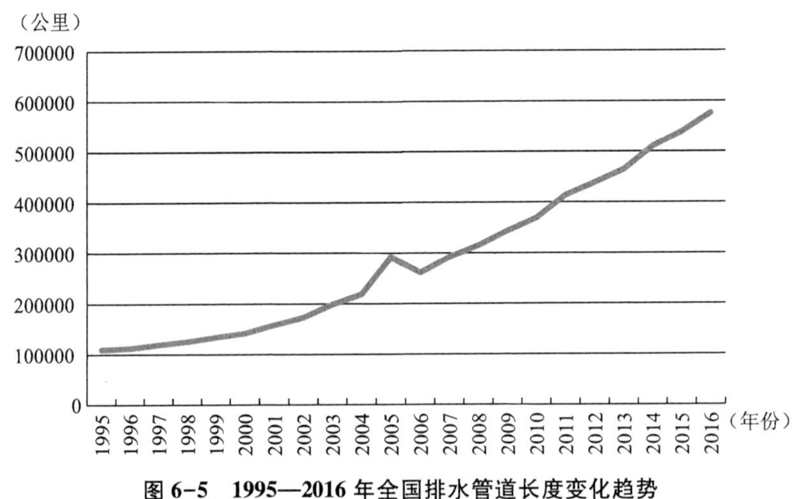

图6-5　1995—2016年全国排水管道长度变化趋势

数据来源：CEIC经济数据库。

表6-28　1996—2016年东部地区（北方省份）城市排水管道长度变化情况

单位：公里

年份	北京	天津	河北	辽宁	山东
1996	3712	5446	5887	7190	9840
1997	3820	5923	6245	7887	10633
1998	3968	6294	6468	8065	10794
1999	4067	6731	6874	8099	11682

续表

年份	北京	天津	河北	辽宁	山东
2000	4146	7032	7201	8354	12132
2001	5002	7756	7907	8394	13557
2002	6170	8828	8364	8880	15257
2003	6649	9124	8911	9120	18153
2004	6790	9332	9575	9308	20083
2005	8526	12784	11911	11655	33052
2006	7523	11939	11359	10860	29484
2007	8526	12784	11911	11655	33052
2008	8881	13452	12553	12192	36295
2009	9344	14531	13120	13350	38656
2010	10172	15140	14576	14070	34301
2011	11086	16551	15435	14906	40110
2012	12665	17756	15787	15945	43357
2013	13505	18644	15869	16420	46025
2014	14290	18748	15924	16783	49554
2015	15528	19543	16964	17074	52183
2016	16901	20951	17954	18275	56796
年均增速（%）	7.87	6.97	5.73	4.77	9.16

数据来源：CEIC经济数据库。

表6-29展示了1996—2016年东部地区（南方省份）城市排水管道长度变化情况。上海市排水管道长度从1996年的2898公里增加到2014年的20972公里，又降至2016年的19508公里，年均增速为10.00%。江苏省排水管道长度从1996年的8860公里增加到2016年的72823公里，年均增速为11.11%。浙江省排水管道长度从1996年的5197公里增加到2016年的40550公里，年均增速为10.82%。福建省1996年的排水管道长度为2522公里，2016年增加到14329公里，年均增速为9.07%。广东省1996年排水管道长度为13183公里，2016年增加到56323公里，年均增速为7.53%。海南省1996年排水管道长度为1493公里，2016年增加到4192公里，年均增速为5.30%。

（二）中部地区

1996—2016 年，中部地区 8 个省份的城市排水管道长度总和占全国排水管道长度的比重保持在 20%~26%的范围内。1996 年中部地区的城市排水管道总长度为 27785 公里，占全国的比重为 24. 63%；2016 年增加到 126196 公里，占全国的比重为 21. 89%。占比呈下降趋势。中部地区的城市排水管道长度年均增速为 7. 86%，低于全国平均增速。

表 6-29　1996—2016 年东部地区（南方省份）城市排水管道长度变化情况

单位：公里

年份	上海	江苏	浙江	福建	广东	海南
1996	2898	8860	5197	2522	13183	1493
1997	3722	8812	5477	2885	13509	1571
1998	3651	9574	6230	3123	14327	1687
1999	4577	10382	6588	3400	14903	1496
2000	3736	11097	7795	3467	16781	1573
2001	3954	13920	9903	3675	19050	2013
2002	4001	16744	12183	3992	18245	2333
2003	5882	20343	15331	4957	23321	1822
2004	6469	25537	16942	5427	25168	1878
2005	8120	34050	22064	7091	30629	2175
2006	7430	31215	21217	6857	24758	1921
2007	8120	34050	22064	7091	30629	2175
2008	8301	38062	23525	7962	32197	2224
2009	10213	42826	24456	8565	38346	2286
2010	11483	46867	26367	9686	42507	2946
2011	17599	51735	28103	10767	48185	2788
2012	18191	56887	29786	11483	41056	3015
2013	18809	62194	33501	12289	36098	3357
2014	20972	66256	35960	12709	50320	3522
2015	16920	70048	38203	13340	53587	3792
2016	19508	72823	40550	14329	56323	4192

续表

年份	上海	江苏	浙江	福建	广东	海南
年均增速（%）	10.00	11.11	10.82	9.07	7.53	5.30

数据来源：CEIC 经济数据库。

具体省份方面，安徽省的城市排水管道长度增长最快，1996 年排水管道长度为 3258 公里，2016 年增加到 26388 公里，年均增速 11.03%。其次为江西省，城市排水管道长度年均增速为 10.82%。吉林、黑龙江、河南、湖北、湖南、山西等 6 个省的城市排水管道长度年均增速均低于全国平均水平。黑龙江省 1996 年城市排水管道长度为 4331 公里，2016 年增加到 10722 公里，年均增速为 4.64%。吉林省 2015 年城市排水管道长度为 10319 公里，2016 年下降到 8445 公里，1996—2016 年年均增速为 5.23%。东北地区的辽宁、吉林和黑龙江三省的城市排水管道长度增速普遍较低（见表 6-30）。

表 6-30　1996—2016 年中部地区城市排水管道长度变化情况　单位：公里

年份	山西	吉林	黑龙江	安徽	江西	河南	湖北	湖南
1996	2256	3045	4331	3258	1708	4772	5271	3145
1997	2429	3165	4444	3566	1792	5166	5712	3275
1998	2425	3362	4530	3781	1829	5483	5993	3525
1999	2488	3531	4679	3998	1984	5761	6363	4922
2000	2469	3935	4877	4200	2074	6070	7519	3754
2001	2536	4288	5000	4604	2142	6590	7996	3775
2002	2689	4466	5282	5007	2392	7188	8181	4090
2003	2858	4714	5465	5982	2953	7801	8315	4404
2004	3114	4817	5739	6680	3224	8623	8791	4946
2005	4367	5479	6245	8161	5156	12398	13445	7610
2006	4154	5608	6051	7301	4253	11606	8827	6638
2007	4367	5479	6245	8161	5156	12398	13445	7610
2008	4536	6220	6629	9836	5894	13248	14072	7937
2009	4864	7297	7445	11333	6563	13896	14885	7810
2010	5459	7738	7504	13136	7340	14733	16577	8882
2011	6086	8194	8106	16380	8580	15836	17351	10897

续表

年份	山西	吉林	黑龙江	安徽	江西	河南	湖北	湖南
2012	6530	8910	9376	19885	9484	17292	18634	11402
2013	6676	9607	9583	21891	10573	18297	20030	12050
2014	7428	9870	9922	24580	10814	19348	21484	12612
2015	7860	10319	10345	24399	11983	20467	23042	13199
2016	8169	8445	10722	26388	13326	21376	23922	13846
年均增速（%）	6.65	5.23	4.64	11.03	10.82	7.79	7.86	7.69

数据来源：CEIC 经济数据库。

（三）西部地区

1996—2016 年，西部地区 12 个省份的城市排水管道长度总和占全国排水管道长度的比重保持在 15%～19%的范围内。西部地区 1996 年的城市排水管道总长度为 18795 公里，占全国的比重为 16.66%；2016 年增加到 100769 公里，占全国的比重为 18.68%。占比总体呈增长趋势。1996—2016 年，西部地区 12 个省份的排水管道长度年均增速为 9.33%，高于全国平均增速。具体省份方面，需要说明的是，考虑到重庆市 1997 年升格为直辖市，故四川省和重庆市的城市排水管道长度年均增长率以 1997 年为基期进行计算。重庆市、四川省、云南省、西藏自治区、青海省的排水管道长度年均增速均高于 10%。

表 6-31　1996—2016 年西部地区（北方省份）城市排水管道长度变化情况

单位：公里

年份	内蒙古	宁夏	陕西	甘肃	青海	新疆
1996	2228	330	1969	1483	186	1641
1997	2304	344	1685	1566	193	1739
1998	2359	427	1801	1638	204	1831
1999	2442	460	1811	1645	206	1915
2000	2693	480	1856	1867	263	2008
2001	3036	546	1859	2215	264	2232
2002	3561	579	1940	2310	458	2261
2003	3785	670	2802	2591	485	2461

续表

年份	内蒙古	宁夏	陕西	甘肃	青海	新疆
2004	4032	861	2919	2620	535	2940
2005	5619	1060	4303	2653	730	3441
2006	4779	1051	3947	2586	678	3194
2007	5619	1060	4303	2653	730	3441
2008	6269	1973	4530	2870	868	3706
2009	6681	1779	4894	3053	907	4081
2010	8514	1384	5666	3092	1014	4372
2011	9314	1487	5809	3144	1115	4592
2012	10012	1242	6383	3282	1155	4956
2013	11208	1362	6767	3881	1391	5660
2014	12123	1460	7237	5016	1469	5997
2015	12542	1608	8026	5558	1668	6538
2016	12971	1626	8678	5802	1744	6864
年均增速（%）	9.21	8.30	7.70	7.06	11.84	7.42

数据来源：CEIC经济数据库。

表6-31展示了1996—2016年西部地区（北方省份）城市排水管道长度变化情况。内蒙古自治区排水管道长度从1996年的2228公里增加到2016年的12971公里，年均增速为9.21%。宁夏回族自治区排水管道长度从1996年的330公里增加到2016年的1626公里，年均增速为8.30%。陕西省排水管道长度从1996年的1969公里增加到2016年的8678公里，年均增速为7.70%。甘肃省1996年的排水管道长度为1483公里，2016年增加到5802公里，年均增速为7.06%。青海省1996年排水管道长度为186公里，2016年增加到1744公里，年均增速为11.84%。新疆维吾尔自治区1996年排水管道长度为1641公里，2016年增加到6864公里，年均增速为7.42%。

表6-32展示了1996—2016年西部地区（南方省份）城市排水管道长度变化情况。广西壮族自治区排水管道长度从1996年的2308公里增加到2016年的11480公里，年均增速为8.35%。重庆市1997年的排水管道长度为1648公里，2016年增加到15553公里，年均增速为12.54%。四川省排水管道长度

从1997年的4306公里增加到2016年的26486公里，年均增速为10.03%。贵州省排水管道长度从1996年的1479公里增加到2016年的6060公里，年均增速为7.31%。云南省1996年的排水管道长度为1513公里，2016年增加到13133公里，年均增速为11.41%。1996—2014年，西藏自治区的供水管道长度增长较慢，1996年为200公里，2014年增加到610公里；近几年增长较快，2016年增加到1422公里。

表6-32　1996—2016年西部地区（南方省份）城市排水管道长度变化情况

单位：公里

年份	广西	重庆	四川	贵州	云南	西藏
1996	2308	—	5458	1479	1513	200
1997	2589	1648	4306	1529	1606	200
1998	2730	1750	4598	1563	1728	206
1999	2789	1954	5012	1593	1912	220
2000	2885	2223	5370	1665	2007	230
2001	3248	2436	5964	1755	2256	256
2002	3329	2671	7203	1904	2277	260
2003	3430	3268	8282	1989	2557	220
2004	3774	3752	8947	3184	2653	220
2005	4692	5241	11780	3089	4097	310
2006	4297	4897	10086	3045	3508	310
2007	4692	5241	11780	3089	4097	310
2008	5119	5815	12499	3119	4113	323
2009	5650	6651	12883	3135	4049	343
2010	6417	7073	14498	3327	4419	293
2011	7264	8163	15742	3695	4761	293
2012	7726	8851	18753	3648	5276	355
2013	8309	9497	19519	5260	6064	546
2014	8771	11081	20606	5577	10136	610
2015	10588	12961	22486	5895	11477	1422

续表

年份	广西	重庆	四川	贵州	云南	西藏
2016	11480	15553	26486	6060	13133	1422
年均增速（%）	8.35	12.54	10.03	7.31	11.41	10.30

数据来源：CEIC 经济数据库。

第三节　城市供水相关行业与企业发展状况

本节主要对城市供水相关行业与企业的发展状况进行分析，主要对水的生产和供应，自来水生产和供应，污水处理及再生利用，其他水的处理、利用与分配等行业的基本情况、资产状况、经营效益和景气指标进行分析。

一、 水的生产和供应

（一）行业基本情况

表 6-33　1998—2016 年我国水的生产和供应业基本情况

年份	企业数（个）	亏损企业数（个）	亏损企业占比（%）	从业人员数（千人）	工业销售产值（百万元）
1998	2363	801	33.90	417.80	26355.00
1999	2405	863	35.88	444.10	30677.00
2000	2408	853	35.42	448.30	31735.00
2001	2398	924	38.53	451.64	33395.40
2002	2420	1067	44.09	453.94	36374.00
2003	2406	1096	45.55	462.67	41912.73
2004	2692	1316	48.89	472.80	49562.00
2005	2492	1204	48.31	461.52	56187.16
2006	2476	1164	47.01	460.60	69588.00
2007	1735	681	39.25	413.60	77721.00
2008	2052	740	36.06	437.80	88419.00

续表

年份	企业数（个）	亏损企业数（个）	亏损企业占比（%）	从业人员数（千人）	工业销售产值（百万元）
2009	2064	759	36.77	451.40	98499.00
2010	2109	698	33.10	459.20	110759.00
2011	1153	317	27.49	366.31	114845.43
2012	1259	358	28.44	388.60	127800.77
2013	1376	351	25.51	396.72	147333.86
2014	1495	339	22.68	405.30	163470.00
2015	1621	357	22.02	458.20	183843.00
2016	1754	364	20.75	443.10	—

数据来源：国家统计局。

企业数量方面，我国水的生产和供应业的企业数总体呈下降趋势。1998年我国水的生产和供应业的企业数为2363个，2004年增加到2692个，2016年下降到1754个。我国水的生产和供应业的亏损企业数量经历了先增加后减少的过程。1998年我国水的生产和供应业的亏损企业数亏损为801个，占当年亏损企业数量的33.90%；2004年亏损企业数为1316个，占当年亏损企业数量的48.89%，几乎占了一半；2016年亏损企业数为364个，占当年亏损企业数量的20.75%。我国水的生产和供应业的从业人员数在36万~48万人的范围内变动。1998年，我国水的生产和供应行业的从业人员数为41.78万人；2004年为47.28万人，达到峰值；2016年为44.31万人。我国水的生产和供应业的工业销售产值一直保持增长趋势。1998年，我国水的生产和供应业的工业销售产值为263.55亿元，2015年增加到1838.43亿元，年均增长12.10%（见表6-33）。

（二）行业资产状况

我国水的生产和供应业的总资产保持较快增长趋势。1998年我国水的生产和供应业资产总计1173.94亿元；2016年总资产为11674.71亿元，同比增长9.19%。1998—2016年，总资产年均增长13.61%，总体增速较高，但波动较大，如2015年总资产为10691.71亿元，同比增长22.65%（见图6-6）。

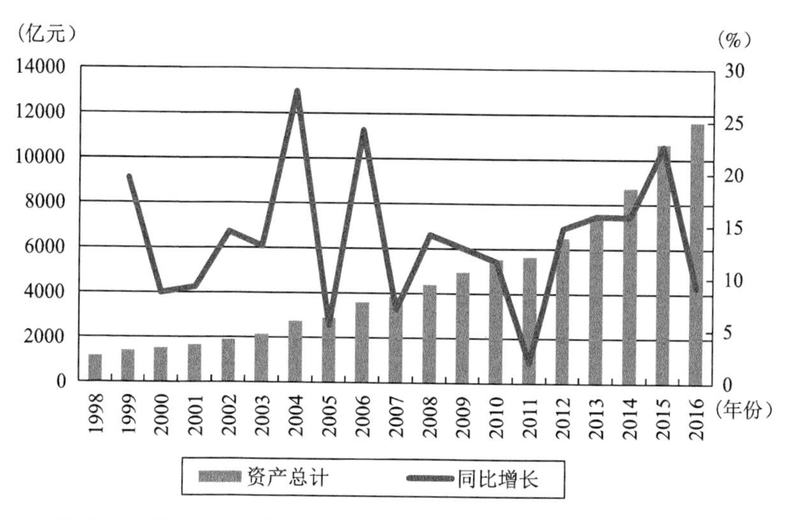

图 6-6 1998—2016 年我国水的生产和供应业企业总资产变化趋势

1. *流动资产*

我国水的生产和供应业企业流动资产占总资产的比重呈上升趋势。1998 年我国水的生产和供应业企业流动资产为 254. 95 亿元，占当年总资产的比重为 21. 72%；2004 年流动资产为 653. 97 亿元，同比增长达 34. 32%，占当年总资产的比重为 23. 81%；2016 年流动资产为 3538. 24 亿元，同比增长 6. 13%，占当年总资产的比重上升到 30. 31%。

我国水的生产和供应业企业应收账款占流动资产的比重呈下降趋势。1998 年我国水的生产和供应业企业应收账款为 44. 80 亿元，占当年流动资产的比重为 17. 57%；2016 年应收账款为 315. 19 亿元，同比增长 1. 32%，占当年流动资产的比重下降到 8. 91%。

我国水的生产和供应业企业存货占流动资产的比重呈下降趋势。1999 年我国水的生产和供应业企业存货价值为 15. 47 亿元，占流动资产比重为 5. 14%；2016 年存货价值为 101. 69 亿元，同比增长 7. 28%，占流动资产的比重下降到 2. 87%。其中，产成品占存货的比重波动较大。2001 年我国水的生产和供应业企业产成品价值为 2. 19 亿元，占存货价值的比重为 12. 17%；2005 年产成品价值为 1. 91 亿元，占存货价值的比重下降到 6. 61%；2016 年产成品价值为 10. 72 亿元，占存货价值的比重上升到 10. 54%。流动资产年平均余额方面，由于数据缺失，仅列出1998—2008年的变动情况，该期间流动资产年平均余额一直保持上升趋势（见表6-34）。

表6-34 1998—2016年我国水的生产和供应业流动资产情况 单位：百万元

年份	流动资产	其中：应收账款	存货	其中：产成品	流动资产年平均余额
1998	25495	4480	—	—	24552
1999	30081	5825	1547	—	28894
2000	35706	6371	1634	—	32969
2001	38931	7065	1801	219	37785
2002	43023	7564	1793	316	42108
2003	48686	7879	2017	140	47404
2004	65397	9154	2733	185	59599
2005	69250	9555	2886	191	65150
2006	85969	9896	3401	284	83724
2007	95880	11316	3755	280	89558
2008	100659	13566	3832	310	96072
2009	117123	13466	4739	501	—
2010	134886	15702	4876	446	—
2011	138219	15592	4585	598	—
2012	181904	18129	5525	858	—
2013	225060	22638	7423	955	—
2014	271786	25227	8726	1225	—
2015	333377	31940	9479	1125	—
2016	353824	31519	10169	1072	—

数据来源：国家统计局。

2. 固定资产

我国水的生产和供应业企业固定资产占总资产的比重总体呈下降趋势。1998年我国水的生产和供应业企业固定资产为859.17亿元，占总资产的比重为73.12%；2004年固定资产为1871.82亿元，同比增长26.81%，占总资产的比重下降到68.69%；2015年固定资产达4519.34亿元，同比增长

13.83%，占总资产的比重下降到42.27%。

固定资产净值也保持较快增长趋势。需要说明的是，2011—2015年的固定资产净值数据缺失，故表中的数据通过计算固定资产原价与固定资产净值的差值而得，该估算值仅供参考。1998年我国水的生产和供应业企业固定资产净值为743.34亿元；2010年固定资产净值增加到2858.79亿元，同比增长11.92%；2015年固定资产净值估算值为4147.59亿元（见表6-35）。

表6-35 1998—2016年我国水的生产和供应业固定资产情况 单位：百万元

年份	固定资产	固定资产原价	累计折旧	其中：本年折旧	固定资产净值	固定资产净值年平均余额
1998	85917	100154	24120	4531	74334	72636
1999	100470	119143	29943	5056	89200	95112
2000	105019	127293	34892	5820	92401	87940
2001	113829	142277	40574	6147	101703	98676
2002	130463	163381	47593	7734	115788	109849
2003	147609	184845	55580	8716	129266	124414
2004	187182	226123	67710	10182	158414	154024
2005	190773	234598	75740	11474	158858	157075
2006	223597	280997	89819	13416	191178	185459
2007	237345	298748	99970	14619	198778	197150
2008	272455	354271	126205	—	228066	221418
2009	303852	384946	129505	—	255441	—
2010	327792	434542	148212	—	285879	—
2011	312633	431411	158766	19755	272645	—
2012	337933	474934	177600	22125	297335	—
2013	376501	531775	199742	—	332033	—
2014	396927	579656	217632	—	362024	—
2015	451934	665818	251059	—	414759	—

数据来源：国家统计局。

3. 负债和所有者权益

我国水的生产和供应业企业负债占总资产的比重总体呈上升趋势。1998年我国水的生产和供应业企业负债额为436.57亿元，占总资产的比重为

39.19%；2004年负债额增加到1245.18亿元，同比增长32.88%，占总资产的比重提高到49.3%；2016年负债额增加到6531.09亿元，同比增长8.61%，占总资产的比重提高到55.94%。流动负债占负债的比重呈下降趋势。1998年我国水的生产和供应业企业流动负债额为243.87亿元，占负债总额的比重为55.86%；2015年流动负债额为2821.78亿元，占负债总额的比重下降到46.93%。

我国水的生产和供应业企业所有者权益占总资产的比重总体呈下降趋势。1998年我国水的生产和供应业企业所有者权益为737.36亿元，占总资产的比重为62.81%；2004年所有者权益增加到1501.76亿元，同比增长23.91%，占总资产的比重下降到54.67%；2015年所有者权益增加到4670.46亿元，同比增长26.81%，占总资产的比重下降到43.68%。

我国水的生产和供应业企业实收资本占所有者权益的比重总体呈下降趋势。1998年我国水的生产和供应业企业实收资本额为456.58亿元，占所有者权益的61.92%；2015年实收资本额为2592.06亿元，占所有者权益的比重下降到55.50%。实收资本由国家资本、法人资本、个人资本和外商资本构成。我国水的生产和供应业企业的国家资本占实收资本的比重下降较快。1998年我国水的生产和供应业企业的国家资本额为430.34亿元，占实收资本的比重为94.25%；2015年国家资本额为1333.82亿元，占实收资本的比重下降到51.46%。港澳台资本占实收资本的比重总体呈上升趋势。1998年港澳台资本额为2亿元，占当年实收资本的比重为0.44%；2015年港澳台资本额为99.59亿元，占当年实收资本的比重提高到3.84%。外商资本占实收资本的比重总体呈上升趋势。1998年外商资本额为2.4亿元，占当年实收资本的0.53%；2015年外商资本额为156.34亿元，占当年实收资本的比重提高到6.03%（见表6-36）。

表6-36　1998—2016年我国水的生产和供应业负债和所有者权益情况

单位：百万元

年份	负债合计	其中：流动负债	所有者权益	其中：实收资本	其中：国家资本	港澳台资本	外商资本
1998	43657	24387	73736	45658	43034	200	240
1999	53468	28117	86839	52537	49186	336	310

续表

年份	负债合计	其中：流动负债	所有者权益	其中：实收资本	其中：国家资本	港澳台资本	外商资本
2000	59688	31648	92631	55039	47874	290	430
2001	68237	35288	97934	57272	47090	537	414
2002	79913	41666	110297	61791	53334	558	1607
2003	93707	51245	121195	70837	57833	752	1512
2004	124518	64184	150176	88746	67291	1438	2521
2005	138571	74173	151104	88026	64763	1803	2797
2006	181495	91754	178158	110084	73527	2181	10718
2007	198070	101397	186839	114152	72057	4065	11218
2008	227961	115849	211455	129968	79847	5451	11682
2009	264404	123443	231119	142748	86666	6834	11806
2010	299825	142921	253589	157116	93242	7951	11605
2011	303862	148229	260742	161494	89374	7370	17333
2012	361580	179942	286192	168390	102452	6827	13084
2013	423224	212152	326285	187761	111601	8331	13113
2014	501865	250002	368294	204138	123348	8060	14807
2015	601336	282178	467046	259206	133382	9959	15634
2016	653109	—	—	—	—	—	—

数据来源：国家统计局。

（三）行业经营效益

企业收入与成本方面，我国水的生产和供应业企业主营业务收入及成本保持较快增长趋势。1998 年我国水的生产和供应业企业主营业务收入为 259.42 亿元；2016 年主营业务收入增加到 2141.88 亿元，同比增长 12.19%。1998 年我国水的生产和供应业企业主营业务成本为 193.48 亿元；2016 年主营业务成本增加到 1609.66 亿元，同比增长 12.47%。主营业务税金及附加总体呈上升趋势，1998 年为 3.08 亿元，2015 年上升到 17.20 亿元。管理费用上升也较快。1998 年我国水的生产和供应业企业管理费用为 43.35 亿元；2011 年管理费用为 149.13 亿元，同比下降 5.40%；2016 年提高到 232.67 亿元，同比增长 11.31%。利息支出总体呈上升趋势。1998 年我国水的生产和供应业企业利息支出为 8.85 亿元；2016 年利息支出增加到 97.50 亿元，同比下降 13.46%（见表 6-37）。

企业盈利状况方面，我国水的生产和供应业企业营业利润和利润总额波动较大。1998 年我国水的生产和供应业企业营业利润为 4.79 亿元；2002—2005 年，营业利润均为负值，2005 年营业利润为-10.76 亿元；2015 年营业利润为 111.51 亿元，同比增长 11%。1998 年我国水的生产和供应业企业利润总额为 17.38 亿元；2005 年利润总额为-1.46 亿元；2016 年利润总额为 208.26 亿元，同比增长 10.96%。应交所得税呈上升趋势。2001 年我国水的生产和供应业企业应交所得税为 4.94 亿元；2014 年应交所得税增加到 34.27 亿元，同比增加 30.69%。应交增值税也呈上升趋势。1998 年企业应交增值税为 14.14 亿元；2015 年应交增值税增加到 52.70 亿元，同比下降 5.32%。企业亏损额呈上升趋势。1998 年我国水的生产和供应业企业亏损额为 11.06 亿元；2016 年亏损额增加到 59.70 亿元，同比增长 6.87%（见表 6-38）。

表 6-37　1998—2016 年我国水的生产和供应业主营业务收入及成本费用

单位：百万元

年份	主营业务收入	主营业务成本	主营业务税金及附加	管理费用	利息支出
1998	25942	19348	308	4335	885
1999	30320	22002	326	4989	911
2000	30807	23194	377	5378	976
2001	32409	24352	358	5870	1082
2002	35464	27022	408	6478	1389
2003	40851	30969	551	7274	1627
2004	49038	37276	743	8595	2088
2005	54241	41815	527	8928	2224
2006	67038	48979	712	10711	3991
2007	74640	53994	697	11368	4480
2008	88076	64770	859	13139	5477
2009	96633	72085	1039	13964	5696
2010	114309	85338	1180	15765	6232

续表

年份	主营业务收入	主营业务成本	主营业务税金及附加	管理费用	利息支出
2011	116723	87213	1159	14913	7138
2012	130978	98057	1357	16734	8316
2013	150317	115106	1619	18473	9059
2014	171353	128697	1568	18855	10272
2015	190923	143120	1720	20903	11267
2016	214188	160966	—	23267	9750

数据来源：国家统计局。

表 6-38　1998—2016 年我国水的生产和供应业盈利情况　单位：百万元

年份	营业利润	利润总额	应交所得税	应交增值税	亏损额
1998	479	1738	—	1414	1106
1999	1454	2516	—	1669	1126
2000	278	927	—	1844	1057
2001	54	909	494	1915	1199
2002	-729	474	377	1963	1538
2003	-712	151	471	2223	2147
2004	-717	636	744	2442	2596
2005	-1076	-146	592	2689	3200
2006	967	2424	859	3031	2868
2007	1562	3089	1050	3605	3090
2008	-55	2707	1152	3952	4773
2009	-30	2535	972	4350	5113
2010	1533	6025	1684	4854	5753
2011	3610	7203	1835	5073	4669
2012	3082	7255	1973	5632	5358
2013	7335	10413	2622	6361	5367
2014	10046	15122	3427	5566	5541
2015	11151	18769	—	5270	5586
2016	—	20826	—	—	5970

数据来源：国家统计局。

（四）行业景气指标

工业增加值率是指工业增加值占同期工业总产值的比重，是一个地区工业企业盈利能力和发展水平的综合体现。工业增加值率越高，企业的附加值越高，盈利水平越高，投入产出的效果越好。由于数据缺失，表6-39仅列出了我国水的生产和供应业工业增加值率的部分数据，从现有的数据中可以看出，我国水的生产和供应业的工业增加值率变化幅度不大。

总资产贡献率反映企业全部资产的获利能力，是企业经营业绩和管理水平的集中体现，是评价和考核企业盈利能力的核心指标。我国水的生产和供应业总资产贡献率经历了先降后升的过程。1998年我国水的生产和供应业总资产贡献率为3.70%，2005年下降到1.83%，2014年提高到3.60%。

资产负债率是衡量企业负债水平及风险程度的重要标志。资产负债率越低，说明企业运用外部资金的能力越差；资产负债率越高，说明企业通过借债筹集的资产越多，风险越大。我国水的生产和供应业的资产负债率总体呈上升趋势。1998年我国水的生产和供应业的资产负债率为37.19%，2016年提高到55.94%。

流动资产周转率是指企业一定时期内主营业务收入净额占平均流动资产总额的比率，是评价企业资产利用率的一个重要指标。我国水的生产和供应业的流动资产周转率总体呈下降趋势。1998年我国水的生产和供应业的资产周转率为1.06次，2014年下降到0.67次。

成本费用利润率越高，表明企业为获得收益所付出的代价越小，企业成本费用控制得越好，企业的获利能力越强。我国水的生产和供应业的成本费用利润率经历了先降后升的过程。1998年我国水的生产和供应业的成本费用利润率为6.80%，2005年下降到-0.26%，2014年提高到8.68%。

产品销售率是指一定时期内产品销售收入占工业产值的百分比，是反映工业产品生产已实现销售的程度，是分析工业产销衔接状况的指标。从现有的数据中可以看出，我国水的生产和供应业的产品销售率变化幅度不大，位于96%~98%的范围内（见表6-39）。

表 6-39 1998—2016 年我国水的生产和供应业景气情况

年份	工业增加值率（%）	总资产贡献率（%）	资产负债率（%）	流动资产周转率（次）	成本费用利润率（%）	产品销售率（%）
1998	45.93	3.70	37.19	1.06	6.80	97.72
1999	46.46	3.86	38.11	1.05	8.68	97.40
2000	46.35	2.71	39.19	0.93	3.01	97.49
2001	47.02	2.57	41.05	0.86	2.77	96.94
2002	45.28	2.23	42.03	0.84	1.29	96.34
2003	44.25	2.12	43.60	0.86	0.36	97.22
2004	—	—	—	—	—	—
2005	45.19	1.83	47.84	0.83	-0.26	97.05
2006	44.09	2.82	50.46	0.80	3.61	97.35
2007	45.91	3.08	51.46	0.83	4.19	97.51
2008	—	2.96	51.88	0.92	3.05	96.88
2009	—	2.74	53.29	0.83	2.60	97.30
2010	—	3.30	54.13	0.85	5.27	97.40
2011	—	3.58	53.79	0.91	5.87	97.48
2012	—	3.38	55.76	0.77	5.30	97.26
2013	—	3.56	56.28	0.71	6.93	—
2014	—	3.60	57.57	0.67	8.68	—
2015	—	—	56.24	—	—	—
2016	—	—	55.94	—	—	—

数据来源：国家统计局。

二、自来水生产和供应

（一）行业基本情况

需要说明的是，表 6-40 中 2003—2014 年的企业数、亏损企业数、从业人员数均为当年 12 月的统计数据，2015 年的数据为当年 10 月的数据。每年的工业销售产值为 12 个月的累计值。

企业数量方面，我国自来水生产和供应行业的企业数总体呈下降趋势。

2003 年末我国自来水生产和供应行业的企业数为 2365 个；2011 年末企业数下降到 935 个，同比下降 46.78%；2015 年企业数为 1134 个。亏损企业数量方面，总体呈快速下降趋势。2003 年我国自来水生产和供应行业的亏损企业数为 1081 个，占当年企业数量的 45.71%；2004 年亏损企业数为 1269 个，达到该时期的高峰值，占当年企业数量的 49.59%，几乎占了一半；2015 年亏损企业数为 334 个，占当年企业数量的 29.45%。从业人员数方面，我国自来水生产和供应业的从业人员数在 33 万~47 万人的范围内变化。2003 年末我国自来水生产和供应行业的从业人员数为 46.01 万人；2004 年末为 46.07 万人，达到峰值；2013 年为 35.90 万人。工业销售产值方面，我国自来水生产和供应行业的工业销售产值一直保持增长趋势。2003 年末我国自来水生产和供应行业的工业销售产值为 415.82 亿元；2013 年增加到 1108.00 亿元（见表 6-40）。

表 6-40　2003—2015 年我国自来水生产和供应行业基本情况

年份	企业数（个）	亏损企业数（个）	亏损企业占比（%）	从业人员数（千人）	工业销售产值（百万元）
2003	2365	1081	45.71	460.10	41582.22
2004	2559	1269	49.59	460.70	47049
2005	2381	1179	49.52	452.16	51459.82
2006	2352	1131	48.09	450.50	59691
2007	1600	647	40.44	401.60	65852
2008	1765	672	38.07	415.60	72242
2009	1759	688	39.11	425.90	77195
2010	1757	623	35.46	430.60	88615
2011	935	285	30.48	339.48	92303.21
2012	997	323	32.40	357.74	97706.43
2013	1071	318	29.69	358.99	110799.60
2014	1047	292	27.89	—	—
2015	1134	334	29.45	—	—

数据来源：国家统计局。

（二）行业资产状况

我国自来水生产和供应行业的总资产保持较快增长趋势。2003 年我国自来水生产和供应行业资产总计 2131.68 亿元；2015 年总资产为 7633.05 亿元，同比增长 14.94%。2003—2015 年年均增长 11.22%，总体增长较快。

我国自来水生产和供应业企业流动资产占总资产的比重总体呈上升趋势。2003 年我国自来水生产和供应业企业流动资产为 484.09 亿元，占当年总资产的比重为 22.71%；2012 年流动资产为 1504.10 亿元，同比增长 15.19%，占当年总资产的比重为 28.45%；2015 年流动资产为 2436.31 亿元，同比增长 2.90%，占当年总资产的比重上升到 31.92%。

我国自来水生产和供应业企业应收账款占流动资产的比重呈下降趋势。2003 年我国自来水生产和供应业企业应收账款为 78.37 亿元，占当年流动资产比重为 16.19%；2015 年应收账款为 212.47 亿元，同比增长 16.66%，占当年流动资产的比重下降到 8.72%。

我国自来水生产和供应业企业产品库存占流动资产的比重变化不大。2003 年我国自来水生产和供应业企业产品库存价值为 1.35 亿元，占流动资产的比重为 0.28%；2015 年产品库存价值为 6.48 亿元，同比增长 23.24%，占流动资产的比重为 0.27%。

我国自来水生产和供应业企业负债占总资产的比重总体呈上升趋势。2003 年我国自来水生产和供应业企业负债额为 926.37 亿元，占总资产的比重为 43.46%；2009 年负债额增加到 2120.64 亿元，同比增长 17.44%，占总资产的比重提高到 52.70%；2015 年负债额增加到 4353.03 亿元，同比增长 11.63%，占总资产的比重提高到 57.03%（见表 6-41）。

表 6-41　2003—2015 年我国自来水生产和供应行业资产状况 单位：百万元

年份	资产合计	流动资产	其中：应收账款	产品库存	负债合计
2003	213167.9	48408.94	7836.67	135.357	92637.18
2004	246957	59187	8442	176	112473
2005	265215.2	65563.42	9282.562	180.558	126627.7
2006	293775	69422	9456	278	142087
2007	313563	72424	10315	263	155763
2008	355461	80766	11883	263	180574
2009	402413	97646	11314	391	212064

续表

年份	资产合计	流动资产	其中：应收账款	产品库存	负债合计
2010	447916	108891	12608	292	242667
2011	483258. 2	119344	12280. 49	471. 356	263320. 3
2012	528758	150410. 1	13454. 93	622. 67	296725. 9
2013	609352. 7	185240. 9	16551. 42	671. 243	349662. 3
2014	664070. 5	205987. 4	18212. 43	526. 042	389943. 6
2015	763304. 9	243630. 6	21246. 96	648. 293	435302. 8

数据来源：国家统计局。

（三）行业经营效益

企业收入与成本方面，我国自来水生产和供应业企业主营业务收入和成本保持较快增长趋势。2003 年我国自来水生产和供应业企业主营业务收入为 404. 84 亿元；2014 年主营业务收入增加到 1222. 40 亿元，同比增长 8. 95%。2003 年我国自来水生产和供应业企业主营业务成本为 306. 69 亿元；2014 年主营业务成本增加到 942. 39 亿元，同比增长 8. 08%。主营业务税金及附加总体呈上升趋势，2003 年为 5. 47 亿元；2013 年上升到 13. 57 亿元，同比增加 18. 89%；2014 年为 13. 24 亿元，同比下降 2. 41%。主营业务利润也呈上升趋势。2006 年我国自来水生产和供应业企业主营业务利润为 138. 43 亿元；2014 年增加到 266. 78 亿元，同比增长 12. 82%（见表 6-42）。

表 6-42　2003—2014 年我国自来水生产和供应业主营业务收入和相关成本

单位：百万元

年份	主营业务收入	主营业务成本	主营业务税金及附加	主营业务利润
2003	40484. 28	30668. 75	546. 522	—
2004	46229	35390	640	—
2005	50491. 36	38949. 93	514. 948	—
2006	58881	44342	696	13843
2007	65288	48306	679	16303
2008	72074	55530	805	15739

续表

年份	主营业务收入	主营业务成本	主营业务税金及附加	主营业务利润
2009	78333	60325	921	17087
2010	90814	69087	1030	20697
2011	92211. 67	69323. 66	1054. 77	21833. 25
2012	99476. 76	76575. 86	1141. 092	20868. 46
2013	112194. 4	87191. 88	1356. 643	23645. 93
2014	122240. 2	94238. 51	1323. 899	26677. 82

数据来源：国家统计局。

各项费用支出方面，营业费用支出上升较快。2004 年我国自来水生产和供应业企业营业费用为 23. 45 亿元；2014 年提高到 93. 30 亿元，同比增长 8. 45%。管理费用上升也较快，但波动较大。2003 年我国自来水生产和供应业企业管理费用为 72. 27 亿元；2011 年管理费用为 134. 08 亿元，同比下降 0. 56%；2014 年提高到 155. 89 亿元，同比增长 0. 91%。财务费用支出方面，2003 年我国自来水生产和供应业企业财务费用为 18. 14 亿元；2014 年财务费用增加到 58. 74 亿元，同比增长 5. 61%。利息支出占财务费用的比重不断上升。2003 年我国自来水生产和供应业的利息支出为 16. 06 亿元，占财务费用支出的 88. 52%；2014 年利息支出增加到 65. 26 亿元，高于财务费用（见表 6-43）。

表 6-43　2003—2014 年我国自来水生产和供应业各项费用支出情况

单位：百万元

年份	营业费用	管理费用	财务费用	其中：利息支出
2003	—	7226. 727	1813. 972	1605. 801
2004	2345	8245	2163	1948
2005	2797. 489	8634. 378	2144. 593	2069. 446
2006	3685	9630	2710	2537
2007	4216	10166	3312	3068
2008	4864	11356	4387	3747
2009	5307	12090	4123	3931

续表

年份	营业费用	管理费用	财务费用	其中：利息支出
2010	6403	13483	4753	4346
2011	6820.333	13408.37	5677.751	6199.662
2012	7701.346	14037.42	5519.005	6124.54
2013	8603.392	15448.84	5561.914	6700.899
2014	9330.046	15588.74	5873.894	6525.722

数据来源：国家统计局。

企业盈利状况方面，我国自来水生产和供应业企业利润总额波动较大。2003年我国自来水生产和供应业企业利润总额为1.57亿元；2005年利润总额为-2.37亿元，利润为负；2014年利润总额为59.24亿元，同比增长25.66%。应交增值税总体呈上升趋势。2003年我国自来水生产和供应业企业应交增值税为22.13亿元；2014年应交增值税增加到51.15亿元，同比下降9.71%。我国自来水生产和供应业企业亏损额呈上升趋势，但波动较大。2003年我国自来水生产和供应业企业亏损额为21.18亿元；2008年亏损额增加到44.23亿元，同比增长56.68%；2014年亏损额为46.85亿元，同比下降4.35%。2010—2014年，税金总额从55.26亿元增加到64.39亿元（见表6-44）。

表6-44　2003—2014年我国自来水生产和供应业盈利情况　单位：百万元

年份	税金总额	利润总额	应交增值税	亏损额
2003	—	157.228	2213.018	2117.871
2004	—	259	2422	2394
2005	—	-237.058	2637.172	3067.386
2006	—	1153	2954	2666
2007	—	1613	3473	2823
2008	—	-122	3725	4423
2009	—	520	4108	4593
2010	5526	3189	4496	5015
2011	5718.693	4247.668	4663.923	4166.57

续表

年份	税金总额	利润总额	应交增值税	亏损额
2012	6276. 237	3182. 629	5063. 73	4824. 661
2013	7021. 775	4714. 117	5665. 132	4898. 104
2014	6439. 186	5923. 823	5115. 287	4684. 796

数据来源：国家统计局。

（四）行业景气指标

我国自来水生产和供应业的总资产贡献率经历了先升后降的过程。2006年我国自来水生产和供应业的总资产贡献率为 2. 50%，2013 年上升到 3. 40%，2015 年下降到 2. 84%。我国自来水生产和供应业的资产负债率总体呈上升趋势。2006 年我国自来水生产和供应业的资产负债率为 48. 37%，2015 年提高到 57. 03%。我国自来水生产和供应业的流动资产周转率总体呈下降趋势。2006 年我国自来水生产和供应业的资产周转率为 0. 85 次，2015 年下降到 0. 58 次。我国自来水生产和供应业的成本费用利润率波动较大。2006 年我国自来水生产和供应业的成本费用利润率为 1. 91%，2008 年下降到 -0. 16%，2015 年提高到 6. 48%。

毛利率是指毛利占销售收入（或营业收入）的百分比，其中毛利是收入和与收入相对应的营业成本之间的差额。毛利率越高，表明企业产品或服务的盈利能力越强。2006—2015 年，我国自来水生产和供应业企业毛利率在 22%~26%的范围内变化。2006 年我国自来水生产和供应业企业毛利率为 24. 69%，2015 年为 24. 83%。2006—2015 年，主营业务收入利润率的变动特征与成本费用利润率的变动特征基本一致。2006 年我国自来水生产和供应业的主营业务收入利润率为 1. 96%，2008 年下降到 -0. 17%，2015 年提高到 6. 47%（见表 6-45）。由于数据缺失，仅得到 2009 年和 2010 年的自来水生产和供应业产品销售率的数据，分别为 96. 76%和 97. 17%。

表 6-45 2006—2015 年我国自来水生产和供应业行业景气状况

年份	总资产贡献率（%）	资产负债率（%）	流动资产周转率（次）	成本费用利润率（%）	毛利率（%）	主营业务收入利润率（%）
2006	2.50	48.37	0.85	1.91	24.69	1.96
2007	2.82	49.68	0.90	2.44	26.01	2.47
2008	2.29	50.80	0.89	-0.16	22.95	-0.17
2009	2.36	52.70	0.80	0.64	22.99	0.66
2010	2.92	54.18	0.83	3.40	23.92	3.51
2011	3.15	54.49	0.83	4.46	24.82	4.61
2012	3.30	56.12	0.79	2.93	22.63	3.07
2013	3.40	57.38	0.65	4.04	22.29	4.20
2014	2.97	58.72	0.63	4.74	22.91	4.85
2015	2.84	57.03	0.58	6.48	24.83	6.47

数据来源：国家统计局。

三、 污水处理及再生利用

（一）行业基本情况

需要说明的是，表 6-46 中 2003—2014 年的企业数、亏损企业数、从业人员数均为当年 12 月的统计数据，2015 年的数据为当年 10 月的数据。每年的工业销售产值为 12 个月的累计值。

企业数量方面，我国污水处理及再生利用行业的企业数总体呈上升趋势。2003 年末我国污水处理及再生利用行业的企业数为 38 个；2008 年末企业数上升到 263 个，同比增长 115.57%；2015 年企业数为 342 个，同比增长 23.47%。亏损企业数量占企业总数的比重总体呈下降趋势。2003 年我国污水处理及再生利用行业的亏损企业数为 13 个，占当年企业数量的 34.21%；2008 年亏损企业数为 64 个，占当年企业数量的 24.33%；2015 年亏损企业数为 56 个，占当年企业数量的 16.37%。从业人员数量呈快速上升趋势。2003 年末我国污水处理及再生利用行业的从业人员数为 2270 人，2008 年末为 2.03 万人，2013 年达到 3.32 万人。工业销售产值方面，我国污水处理及再生利用行业的工业销售产值一直保持较快增长趋势。2003年末我国污水处理及再生利用行业的工业销售产值为3.13亿元，2013年增加到304.75亿元，同比增长25.74%（见表6-46）。

表6-46　2003—2015年我国污水处理及再生利用行业基本情况

年份	企业数（个）	亏损企业数（个）	亏损企业占比（%）	从业人员数（千人）	工业销售产值（百万元）
2003	38	13	34.21	2.27	313.20
2004	126	45	35.71	11.70	2425.00
2005	103	24	23.30	8.68	2247.40
2006	113	32	28.32	9.00	2828.00
2007	122	33	27.05	10.70	3887.00
2008	263	64	24.33	20.30	8001.00
2009	282	69	24.47	23.00	12016.00
2010	325	68	20.92	26.40	16405.00
2011	201	29	14.43	23.51	19831.81
2012	241	33	13.69	26.30	24235.47
2013	283	31	10.95	33.20	30474.88
2014	277	44	15.88	—	—
2015	342	56	16.37	—	—

数据来源：国家统计局。

（二）行业资产状况

我国污水处理及再生利用行业的总资产保持较快增长趋势。2003年我国污水处理及再生利用行业资产总计15.21亿元；2015年总资产为1953.97亿元，同比增长32.58%。2003—2015年年均增长49.88%，总体增长较快。

我国污水处理及再生利用行业企业流动资产占总资产的比重总体呈上升趋势。2003年我国污水处理及再生利用行业企业流动资产为2.51亿元，占当年总资产的比重为16.51%；2008年流动资产为91.75亿元，同比增长达100.72%，占当年总资产的比重为16.76%；2015年流动资产为722.19亿元，同比增长47.21%，占当年总资产的比重上升到36.96%。

我国污水处理及再生利用行业企业应收账款占流动资产的比重总体呈上

升趋势。2003 年我国污水处理及再生利用行业企业应收账款为 4151 万元，占当年流动资产的比重为 16.54%；2015 年应收账款为 146.92 亿元，同比增长 60.36%，占当年流动资产的比重上升到 20.34%。

我国污水处理及再生利用行业企业产品库存占流动资产的比重波动较大。2003 年我国污水处理及再生利用行业企业产品库存价值为 439.2 万元，占流动资产比重为 1.75%；2006 年产品库存价值为 500 万元，占当年流动资产的比重为 0.14%；2015 年产品库存价值为 3.66 亿元，同比增长 40.98%，占流动资产的比重为 0.51%。

我国污水处理及再生利用行业企业负债占总资产的比重在 50%左右变动。2003 年我国污水处理及再生利用行业企业负债额为 8.74 亿元，占总资产的比重为 57.45%；2008 年负债额增加到 287.79 亿元，同比增长 71.17%，占总资产的比重为 52.58%；2015 年负债额增加到 1018.86 亿元，同比增长 34.89%，占总资产的比重为 52.14%（见表 6-47）。

表 6-47　2003—2015 年我国污水处理及再生利用行业资产状况

单位：百万元

年份	资产合计	流动资产	应收账款	产品库存	负债合计
2003	1520.632	251.026	41.514	4.392	873.603
2004	27652	6160	701	2	12003
2005	20184.01	2970.298	259.893	5.298	10532.35
2006	29174	3582	353	5	13351
2007	33974	4571	888	8	16813
2008	54731	9175	1442	45	28779
2009	63048	12957	1901	102	34247
2010	77695	18235	2924	141	40048
2011	76860.79	17278.94	3056.096	121.232	37670.99
2012	94755.72	25408.35	4359.596	211.305	48477.93
2013	116033.6	32023.34	5478.202	232.764	56932.54
2014	147376.9	49060.39	9162.03	259.88	75535.61
2015	195396.9	72218.52	14692.4	366.373	101886.4

数据来源：国家统计局。

(三)行业经营效益

企业收入与成本方面,我国污水处理及再生利用行业企业主营业务收入和成本保持较快增长趋势。2003 年我国污水处理及再生利用行业企业主营业务收入为 3.36 亿元;2014 年主营业务收入增加到 349.93 亿元,同比增长 9.41%。2003 年我国污水处理及再生利用行业企业主营业务成本为 2.74 亿元;2014 年主营业务成本增加到 270.11 亿元,同比增长 10.08%。主营业务税金及附加总体呈上升趋势,2003 年为 391.2 万元;2013 年增加到 1.91 亿元,同比增加 36.73%;2014 年为 1.72 亿元,同比下降 10.04%。主营业务利润也呈上升趋势。2006 年我国污水处理及再生利用行业企业主营业务利润为 4.79 亿元;2014 年增加到 78.10 亿元,同比增长 7.68%(见 6-48)。

表 6-48 2003—2014 年我国污水处理及再生利用行业业务收支情况

单位:百万元

年份	主营业务收入	主营业务成本	主营业务税金及附加	主营业务利润
2003	335.661	274.263	3.912	—
2004	2724	1828	102	—
2005	2148.872	1663.781	9.925	—
2006	2972	2479	14	479
2007	4134	3447	15	672
2008	8594	6787	41	1766
2009	11813	9256	98	2459
2010	16368	13020	81	3267
2011	20225.44	14986.1	77.162	5162.178
2012	25290.78	18882.14	139.937	5604.035
2013	31982.14	24537.77	191.341	7253.02
2014	34992.62	27010.53	172.122	7809.972

数据来源:国家统计局。

各项费用支出方面,我国污水处理及再生利用行业企业营业费用支出总体呈上升趋势,但波动较大。2004 年我国污水处理及再生利用行业企业营业费用为 4100 万元;2011 年为 2.64 亿元,同比下降 5.58%;2014 年提高到

4.10 亿元，同比增长 10.38%。管理费用上升较快。2003 年我国污水处理及再生利用行业企业管理费用为 4079.4 万元；2008 年管理费用为 8.79 亿元，同比增长 115.44%；2014 年提高到 23.21 亿元，同比增长 12.99%。财务费用支出增长较快。2003 年我国污水处理及再生利用行业企业财务费用为 1902.4 万元；2014 年财务费用增加到 14.89 亿元，同比增长 23.01%。利息支出占财务费用的比重较高。2003 年我国污水处理及再生利用行业的利息支出为 1788.7 万元，占财务费用支出的 94.02%；2014 年利息支出增加到 12.56 亿元，占财务费用支出的 84.36%（见表 6-49）。

表 6-49　2003—2014 年我国污水处理及再生利用行业费用支出情况

单位：百万元

年份	营业费用	管理费用	财务费用	其中：利息支出
2003	—	40.794	19.024	17.887
2004	41	342	146	141
2005	27.379	269.455	160.728	152.901
2006	55	301	197	193
2007	65	408	219	216
2008	109	879	760	632
2009	186	1031	749	722
2010	280	1368	903	816
2011	264.388	1401.643	865.771	861.207
2012	385.738	1731.155	1258.281	1193.974
2013	371.312	2053.872	1210.495	1271.325
2014	409.853	2320.607	1489.071	1256.228

数据来源：国家统计局。

企业盈利状况方面，我国污水处理及再生利用行业企业利润总额增长较快。2003 年我国污水处理及再生利用行业企业利润总额为-159.2 万元，利润为负；2004 年利润总额为 3.75 亿元，实现正的利润；2014 年利润总额为 44.78 亿元，同比增长 7.63%。应交增值税呈快速上升趋势。2003 年我国污水处理及再生利用行业企业应交增值税为 805.5 万元；2013 年应交增值税为 6.06 亿元，同比增长 26.51%；2014 年应交增值税下降到 5.23 亿元，同比下降 13.70%。我国污水处理及再生利用行业企业亏损额呈先上升后下降的趋势。2003 年我国污水处理及再生利用行业企业亏损额为 2232.4 万元；2010 年亏损额增加到 7.08 亿元，同比增长 38.01%；2014 年亏损额为 4.13 亿元，同比下降 1.01%。2010—2014 年，税金总额从 4.05 亿元增加到 6.95 亿元（见表 6-50）。

表 6-50　2003—2014 年我国污水处理及再生利用行业盈利情况

单位：百万元

年份	税金总额	利润总额	应交增值税	亏损额
2003	—	-1.592	8.055	22.324
2004	—	375	16	202
2005	—	11.24	15.433	132.441
2006	—	94	33	202
2007	—	58	85	266
2008	—	498	172	341
2009	—	667	192	513
2010	405	1195	324	708
2011	446.006	2574.303	368.844	458.815
2012	621.182	2918.164	478.676	441.474
2013	797.047	4160.451	605.706	417.034
2014	695.369	4478.074	523.247	412.825

数据来源：国家统计局。

（四）行业景气指标

我国污水处理及再生利用行业的总资产贡献率经历了先升后降的过程。2006 年我国污水处理及再生利用行业的总资产贡献率为 1.14%，2013 年上升到 5.49%，2015 年下降到 4.13%。我国污水处理及再生利用行业的资产负债率总体呈上升趋势。2006 年我国污水处理及再生利用行业的资产负债率为 45.76%，2015 年提高到 52.14%。我国污水处理及再生利用行业的流动资产周转率总体呈先升后降的趋势。2006 年我国污水处理及再生利用行业的资产周转率为 0.83 次，2011 年上升到 1.32 次，2015 年下降到 0.63 次。我国污水处理及再生利用行业的成本费用利润率前期上升较快，近几年较为稳定。2006 年我国污水处理及再生利用行业的成本费用利润率为 3. 10%，2011 年上升到 14. 70%，2015 年为 13. 13%。

我国污水处理及再生利用行业企业毛利率经历了先升后降的过程。2006 年我国污水处理及再生利用行业企业毛利率为 16. 59%，2011 年毛利率为 25. 90%，2015 年为 22. 42%。2006—2015 年，主营业务收入利润率的变动特征与成本费用利润率的变动特征基本一致。2006 年我国污水处理及再生利用行业的主营业务收入利润率为 3. 16%，2011 年上升到 12. 73%，2015 年为 11. 83%（见表 6-51）。由于数据缺失，仅得到 2009 年和 2010 年的污水处理及再生利用行业的产品销售率的数据，分别为 96. 17%和 97. 47%。

表 6-51　2006—2015 年我国污水处理及再生利用行业景气情况

年份	总资产贡献率（%）	资产负债率（%）	流动资产周转率（次）	成本费用利润率（%）	毛利率（%）	主营业务收入利润率（%）
2006	1. 14	45. 76	0. 83	3. 10	16. 59	3. 16
2007	1. 10	49. 49	0. 90	1. 40	16. 62	1. 40
2008	2. 45	52. 58	0. 94	5. 83	21. 03	5. 79
2009	2. 66	54. 32	0. 91	5. 94	21. 65	5. 65
2010	3. 11	51. 55	0. 90	7. 67	20. 45	7. 30
2011	5. 35	49. 01	1. 32	14. 70	25. 90	12. 73
2012	5. 46	51. 16	1. 28	12. 18	24. 29	10. 76
2013	5. 49	49. 07	1. 09	14. 77	23. 28	13. 01
2014	4. 83	51. 25	0. 82	14. 34	22. 81	12. 80
2015	4. 13	52. 14	0. 63	13. 13	22. 42	11. 83

数据来源：国家统计局。

四、其他水的处理、利用与分配

（一）行业基本情况

在此需要说明的是，本部分除 2015 年的数据为 10 月的统计数据外，其他年份的数据均为年末 12 月的统计数据。企业数量方面，我国其他水的处理、利用与分配行业的企业数前期增长较快，后期较为稳定。2003 年末我国其他水的处理、利用与分配行业的企业数为 3 个；2010 年末企业数上升到 27 个，比 2009 年增加 4 个；2015 年企业数为 21 个，比 2014 年减少 1 个。亏损企业数量占企业总数的比重总体呈下降趋势。2003 年我国其他水的处理、利用与分配行业的亏损企业数为 2 个，占当年企业数量的 66.67%；2010 年亏损企业数为 7 个，占当年企业数量的 25.93%；2015 年亏损企业数为 4 个，占当年企业数量的 19.05%。从业人员数量呈快速上升趋势。2003 年末我国其他水的处理、利用与分配行业的从业人员数为 310 人，2010 年末为 2200 人，2013 年末达到 4540 人。工业销售产值方面，我国其他水的处理、利用与分配行业的工业销售产值一直保持较快增长趋势。2003 年末我国其他水的处理、利用与分配行业的工业销售产值为 1730.1 万元；2013 年增加到 60.59 亿元，同比增长 3.42%（见表 6-52）。

表 6-52 2003—2015 年我国其他水的处理、利用与分配行业基本情况

年份	企业数（个）	亏损企业数（个）	亏损企业占比（%）	从业人员数（千人）	工业销售产值（百万元）
2003	3	2	66.67	0.31	17.301
2004	7	2	28.57	0.40	87
2005	8	1	12.50	0.68	2479.932
2006	11	1	9.09	1.10	7070
2007	13	1	7.69	1.20	7981
2008	24	4	16.67	1.90	8176
2009	23	2	8.70	2.50	9288
2010	27	7	25.93	2.20	5738
2011	17	3	17.65	3.31	2710.416
2012	21	2	9.52	4.56	5858.864
2013	22	2	9.09	4.54	6059.427
2014	22	3	13.64	—	—
2015	21	4	19.05	—	—

数据来源：国家统计局。

（二）行业资产状况

我国其他水的处理、利用与分配行业的总资产总体呈上升趋势，但波动较大。2003 年我国其他水的处理、利用与分配行业资产总计 2. 13 亿元；2011 年总资产为 47. 63 亿元，同比下降 83. 17%；2015 年总资产为 289. 93 亿元，同比增长 4. 83%。2003—2015 年年均增长 50. 59%，总体增长较快。

我国其他水的处理、利用与分配行业企业流动资产占总资产的比重总体呈上升趋势。2003 年我国其他水的处理、利用与分配行业企业流动资产为 2627. 5 万元，占当年总资产的比重为 12. 33%；2011 年流动资产为 15. 96 亿元，同比下降 79. 43%，占当年总资产的比重为 33. 51%；2015 年流动资产为 122. 39 亿元，同比增长 23. 59%，占当年总资产的比重上升到 42. 21%。

我国其他水的处理、利用与分配行业企业应收账款占流动资产的比重波动较大。2003 年我国其他水的处理、利用与分配行业企业应收账款为 94. 1 万元，占当年流动资产的比重为 3. 58%；2011 年应收账款为 2. 56 亿元，同比增长 49. 64%，占当年流动资产的比重为 16. 03%；2015 年应收账款为 11. 38 亿元，同比增长 52. 78%，占当年流动资产的比重为 9. 30%。

除 2004 年外，我国其他水的处理、利用与分配行业企业产品库存占流动资产的比重均低于 1%。2004 年我国其他水的处理、利用与分配行业企业产品库存价值为 700 万元，占流动资产比重为 13. 73%；2006 年产品库存价值为 100 万元，占当年流动资产的比重为 0. 01%；2015 年产品库存价值为 4588. 7 万元，同比增长 11. 66%，占流动资产的比重为 0. 37%。

我国其他水的处理、利用与分配行业企业负债占总资产的比重近期较为稳定。2003 年我国其他水的处理、利用与分配行业企业负债额为 1. 96 亿元，占总资产的比重为 92. 07%；2006 年负债额增加到 260. 57 亿元，同比增长 1747. 17%，占总资产的比重为 70. 99%；2015 年负债额为 170. 37 亿元，同比增长 2. 19%，占总资产的比重为 58. 76%（见表 6-53）。

表 6-53　2003—2015 年我国其他水的处理、利用与分配行业资产状况

单位：百万元

年份	资产合计	流动资产	应收账款	产品库存	负债合计
2003	213. 13	26. 275	0. 941	0	196. 223
2004	85	51	12	7	43
2005	4275. 991	716. 382	12. 7	4. 913	1410. 647
2006	36704	10719	87	1	26057
2007	37371	12563	112	10	25494
2008	29224	6131	240	3	18608
2009	30739	6521	251	8	18092
2010	28304	7759	171	13	17110
2011	4763. 47	1596. 037	255. 892	5. 265	2870. 817
2012	24935. 05	6085. 256	314. 243	24. 151	16376. 11
2013	26649. 81	7795. 309	608. 402	50. 824	16629. 38
2014	27656. 44	9903. 105	744. 978	41. 094	16671. 54
2015	28992. 73	12239. 01	1138. 184	45. 887	17036. 86

数据来源：国家统计局。

（三）行业经营效益

企业收入与成本方面，我国其他水的处理、利用与分配行业企业主营业务收入和成本保持较快增长趋势。2003 年我国其他水的处理、利用与分配行业企业主营业务收入为 3147. 3 万元；2014 年，营业务收入增加到 65. 64 亿元，同比增长 6. 89%。2003 年我国其他水的处理、利用与分配行业企业主营业务成本为 2610. 5 万元；2014 年主营业务成本增加到 36. 89 亿元，同比增长 9. 27%。主营业务税金及附加总体呈上升趋势，2003 年为 21. 9 万元，2014 年增加到 7581. 7 万元，同比增加 6. 92%。主营业务利润变化幅度不大。2006 年我国其他水的处理、利用与分配行业企业主营业务利润为 30. 25 亿元；2011 年主营业务利润为 13. 56 亿元，同比下降 64. 58%；2014 年主营业务利润为 27. 99 亿元，同比增长 3. 91%（见表 6-54）。

表 6-54 2003—2014 年我国其他水处理、利用与分配行业业务收支情况

单位：百万元

年份	主营业务收入	主营业务成本	主营业务税金及附加	主营业务利润
2003	31.473	26.105	0.219	—
2004	86	59	1	—
2005	1600.734	1200.901	2.157	—
2006	5185	2158	2	3025
2007	5217	2241	3	2973
2008	7408	2452	13	4943
2009	6487	2504	21	3962
2010	7127	3231	68	3828
2011	4285.52	2902.823	27.095	1355.602
2012	6210.903	2599.044	75.85	3436.791
2013	6140.732	3375.943	70.907	2693.882
2014	6564.033	3688.935	75.817	2799.281

数据来源：国家统计局。

各项费用支出方面，营业费用支出总体呈上升趋势，但波动较大。2004年我国其他水的处理、利用与分配行业企业营业费用为1600万元；2011年为4238.2万元，同比下降33.78%；2012年为8728.6万元，同比增长105.95%；2014年提高到1.03万元，同比增长9.69%。管理费用上升较快，但波动较大。2003年我国其他水的处理、利用与分配行业企业管理费用为619.9万元；2008年管理费用为9.04亿元，同比增长13.85%；2011年下降到1.03亿元，同比下降88.70%；2014年管理费用为2.99亿元，同比下降69.24%。财务费用增长较快，但波动较大。2003年我国其他水的处理、利用与分配行业企业财务费用为287.9万元；2014年财务费用增加到9.72亿元，同比增长20.46%。利息支出占财务费用的比重很高。2003年我国其他水的处理、利用与分配行业的利息支出为282.8万元，占财务费用支出的98.23%；2014年利息支出增加到10.44亿元，高于财务费用支出（见表6-55）。

表 6-55 2003—2014 年我国其他水处理、利用与分配行业费用支出情况

单位：百万元

年份	营业费用	管理费用	财务费用	其中：利息支出
2003	—	6.199	2.879	2.828
2004	16	8	—	—
2005	14.295	23.682	2.727	1.509
2006	37	779	832	1261
2007	35	794	479	1196
2008	66	904	574	1098
2009	64	843	1021	1043
2010	64	913	777	1069
2011	42.382	103.186	78.553	77.2
2012	87.286	965.789	1032.765	997.98
2013	93.801	970.582	806.87	1086.633
2014	102.889	298.598	971.919	1044.438

数据来源：国家统计局。

企业盈利状况方面，我国其他水的处理、利用与分配行业企业利润总额增长较快，但波动较大。2003 年我国其他水的处理、利用与分配行业企业利润总额为-509.7 万元，利润为负；2004 年利润总额为 300 万元，实现正的利润；2014 年利润总额为 14.26 亿元，同比下降 7.29%。应交增值税呈快速上升趋势。2003 年我国其他水的处理、利用与分配行业企业应交增值税为 173 万元；2013 年应交增值税为 9019.7 万元，同比增长 0.60%；2014 年应交增值税为 6060.1 万元，同比下降 32.81%。我国其他水的处理、利用与分配行业企业亏损额总体呈上升趋势。2003 年我国其他水的处理、利用与分配行业企业亏损额为 645.9 万元；2010 年亏损额增加到 3000 万元，同比增长 328.57%；2014 年亏损额为 1.39 亿元，同比增长 166.44%。2010—2014 年，税金总额从 1.03 亿元增加到 1.36 亿元（见表 6-56）。

表 6-56　2003—2014 年我国其他水处理、利用与分配行业盈利情况

单位：百万元

年份	税金总额	利润总额	应交增值税	亏损额
2003	—	-5.097	1.73	6.459
2004	—	3	3	1
2005	—	80.178	36.706	0.393
2006	—	1176	44	0
2007	—	1419	46	2
2008	—	2331	55	9
2009	—	1347	50	7
2010	103	1641	35	30
2011	67.507	380.844	40.412	43.552
2012	153.304	1154.647	89.657	92.285
2013	161.104	1538.456	90.197	52.175
2014	136.418	1426.329	60.601	139.015

数据来源：国家统计局。

（四）行业景气指标

我国其他水的处理、利用与分配行业的总资产贡献率总体呈上升趋势。2006 年我国其他水的处理、利用与分配行业的总资产贡献率为 6.77%，2015 年上升到 10.07%。我国其他水的处理、利用与分配行业的资产负债率总体呈下降趋势。2006 年我国其他水的处理、利用与分配行业的资产负债率为 70.99%，2015 年下降到 58.76%。我国其他水的处理、利用与分配行业的流动资产周转率总体呈先升后降的趋势。2006 年我国其他水的处理、利用与分配行业的资产周转率为 0.48 次，2008 年上升到 1.21 次，2015 年下降到 0.62 次。我国其他水的处理、利用与分配行业的成本费用利润率波动较大。2006 年我国其他水的处理、利用与分配行业的成本费用利润率为 30.90%，2008 年上升到 58.33%，2011 年下降到 12.18%，2015 年上升到 33.46%。我国其他水的处理、利用与分配行业企业毛利率波动也较大。2006 年我国其他水的处理、利用与分配行业企业毛利率为 58.38%，2011 年毛利率下降到 32.26%，2015 年上升到 49.06%。主营业务收入利润率波动也较大。2006 年我国其他水的处理、利用与分配行业的主营业务收入利润率为22.68%，2011年下降到8.89%，2015年上升到24.88%（见表6-57）。由于数据缺失，仅得到2009年和2010年的其他水的处理、利用与分配行业的产品销售率的数据，分别为99.85%和99.72%。

表6-57　2006—2015年我国其他水的处理、利用与分配行业景气情况

年份	总资产贡献率（%）	资产负债率（%）	流动资产周转率（次）	成本费用利润率（%）	毛利率（%）	主营业务收入利润率（%）
2006	6.765	70.992	0.484	30.899	58.380	22.681
2007	7.129	68.219	0.415	39.983	57.044	27.200
2008	11.966	63.674	1.208	58.333	66.901	31.466
2009	8.006	58.857	0.995	30.393	61.400	20.765
2010	9.939	60.451	0.919	32.919	54.665	23.025
2011	9.732	60.267	0.784	12.179	32.264	8.887
2012	10.427	65.675	0.956	26.719	59.445	19.783
2013	10.902	62.400	0.904	29.320	45.024	25.053
2014	9.462	60.281	0.709	28.175	43.801	21.729
2015	10.065	58.763	0.620	33.456	49.057	24.884

数据来源：国家统计局。

第七章　城市水资源供需平衡分析

城市水资源供需平衡分析是指在一定区域、一定时段内，对某一发展水平年（如现状水平或未来某一年水平）和某一保证率的各部门供水量和需水量进行平衡关系的分析。水资源供需平衡受自然、社会、经济、科技等因素影响，涉及多学科的知识，具体包括水文学、环境水利学、水利经济学、水利工程学等。供水、用水和排水三大系统是水资源供需关系管理的基础，系统之间密切相关、相互影响。因此，城市水资源供需平衡分析是一项极其复杂的系统分析工作，其分析结果可以为一个国家或地区制定经济发展战略提供决策依据。

第一节　水资源供需平衡分析原则

水资源供需平衡分析须遵循四个基本原则：①长期与近期相结合。②宏观与微观相结合。③科技、经济、社会三位一体统一考虑。④水循环系统综合考虑（吴文桂和洪世华，1988）。

一、长期与近期相结合

从本质上来看，水资源供需平衡分析就是对水的供给和需求进行平衡计算，供与需受自然因素和人类活动需求共同影响。在人类社会的不同发展阶段，水资源的供需关系也在发生相应的变化。例如，在农业社会和工业社会发展初期，水资源的需求相对较小，供给大于需求。在工业时代，随着工业化进程的加快，以及城市人口的爆炸性增长，城市水资源的需求大幅度提高，需求大于供给。因此，在对城市水资源进行供需平衡分析时，需要综合考虑国民经济各部门的发展情况，既要针对阶段性的问题，也要考虑未来长期发展情况，将长期与近期相结合。

按照分析时间，可以将城市水资源供需分析分为以下几个阶段。

1. 水资源供需现状分析

对分析地区近几年的实际供水与需水平衡状况进行分析，判断其供需状况所处的阶段。

2. 水资源供需近期分析

在现状分析的基础上，对分析地区未来五年内的供需平衡情况进行预测分析，是国民经济发展规划的重要组成部分。

3. 水资源供需长期分析

在现状分析和近期分析的基础上，对分析地区未来10~20年内供需平衡情况进行预测分析。该项工作考虑的时间范围较大，不确定因素较多，需要结合地区的长远发展规划进行考虑。

二、 宏观与微观相结合

此处的宏观与微观相结合包含三种含义：①大区域与小区域相结合。②单一水源与多个水源相结合。③单一用水部门与多个用水部门相结合。

1. 大区域与小区域相结合

水资源具有明显的地区分布规律，在一个省、市甚至一个县的范围内，往往有高区和低区之分，但在进行全省、全市或全县的水资源供需分析时，往往只能以该范围内的平均值来计算，这就造成全局与局部的矛盾，大区域内水资源平衡了，各小区域可能会有亏有盈。为了反映各小区区域的真实情况，在进行大区域的水资源供需平衡分析后，必须进行小区域的供需平衡分析，才能提出切实可行的措施。

2. 单一水源与多个水源相结合

需要考虑各个水源地的补给来源和供水能力，有些水源地的供水对象是相互交叉的，对水资源供需平衡进行分析时，需要将多个水源地综合起来进行供需平衡分析，这样可以更大程度地发挥各水源地的调节能力，提高供水保证率。根据用水部门的需水情况，合理优化各个水源地的使用时间和顺序。

3. 单一用水部门与多个用水部门相结合

各用水部门对水资源的质、量、需求时间存在较大差异，可以根据多个用水部门的需水特点进行统筹规划。需要跳出单一部门用水需求的层面，以提高水资源的重复利用率为目标，如可以将环境用水与内河航运、养殖相结合，将城市河湖用水、环境用水与工业冷却水相结合。

三、科技、经济、社会三位一体统一考虑

不论是对当前还是对未来的水资源供需平衡进行分析，都需要综合考虑技术、经济和社会等方面的因素。提出可实施的措施是水资源供需平衡分析的目的。一些措施可能在技术上合理，但在经济上不合理；一些措施可能使社会矛盾最小，但在技术上与经济上都不合理。因此，在进行水资源供需平衡分析工作时，应统一考虑以下三个因素：社会矛盾最小、在技术上合理、在经济上合理。

四、水循环系统综合考虑

水循环系统是指人类在利用天然水资源时形成的水循环系统，包括供水系统、用水系统和排水系统。地表水和地下水经过供水系统，进入用水系统，受到污染后进入排水系统。部分污水经过污水处理设施处理后达到再使用标准，重新进入水循环系统，部分污水则流入下游。三大系统的建设情况决定了水循环程度，水循环程度越高，对系统建设的要求也越高。对一个地区来说，需要综合考虑经济效益和社会效益，确定三大系统的建设标准和水循环程度。

第二节　供需平衡分区和时段划分

一、分区

供需平衡分析中的一项基本工作是对分析区域进行划分，也就是分区。分区的科学性和合理性直接影响到供需平衡分析成果的有效性。如果划分的区域太大，区域内部的差异没有被刻画出来，就无法真实反映区域内部的实

际情况；如果划分的区域太小，在增加工作量的同时，可能会面临各类基本数据无法获取或缺失的情况。因此，进行供需平衡分区时，需要考虑以下几个因素（吴文桂和洪世华，1988）。

1. 与全国或大流域区域划分相衔接

对目标地区进行水资源供需平衡分区时，必须与大的分区相衔接。从国家层面到大流域层面，都对水资源供需平衡进行过分析，可以将这些分析成果用于指导目标地区的分区工作。

2. 自然地理与气候条件的相似性

水资源供需不仅受人为调配的影响，还受自然因素的影响，如自然地理和气候条件。由于一些区域可能存在富水区与贫水区、涝碱区与干旱区、咸水区与淡水区、山区与平原区并存的情况。因此，分区时需要具体考虑区域内的自然地理和气候条件的差异。

3. 考虑行政区域划分

水资源虽然作为流动资源，不受行政区划的限制，但是，目前我国的水资源开发、投资、利用和管理仍由行政区域内的单位主导。因此，在分区时需要考虑行政区域划分。

4. 兼顾“供”“用”“排”三大系统的联系

供水系统、用水系统、排水系统相互联系、相互影响。在分区时要兼顾三大系统的联系，既要从局部的视角考虑子系统的合理性，也要从全局的视角考虑系统之间的合理性。例如，人口和人类活动较少地区，供水系统、用水系统、排水系统在一条河流的流域内循环，两者的分区结果是一致的；但是在缺水地区，人类活动频繁，供水系统、用水系统、排水系统三个系统已打破流域界线，这时按三个系统分区与按河流流域界线分区结果是不一致的。

5. 考虑特殊地区

在进行供需平衡分析时，重点供水区和供需矛盾突出的地区处在较为关键的位置，有时候会影响到整个地区的水资源供需平衡。因此，在进行供需平衡分析时，可以将这些地区作为特殊地区单独进行划分。

二、时段划分

供需平衡分析的一项基本工作是对时段进行划分，目前划分的时段主要有年、季、月、旬和日等。时段划分得越细，可以获取的信息就越多，但也会受到客观条件的限制。因此，时段划分需要综合考虑各种因素来确定。

1. 根据基本资料的精度确定

进行供需平衡分析需要从多个部门采集数据，但各部门在水资源资料方面的记录精度差异较大。在确定平衡时段时，需要对数据指标的重要性进行分类，结合数据提供部门的资料精度，找出最为合适的时段，对缺失的数据可采用其他补救办法。

2. 尽量满足管理运行的要求

随着城市人口的快速增长，城市水资源供给压力逐渐增大，管理部门需要提高供水能力，努力降低供水不足所造成的损失。这就需要结合用水单位的生产情况和需求情况进行合理供水。而合理供水的基础是提高供水和蓄水划分时段的精度，将计算时段划分得更细一些，准确计算各个时段的需水量，从而对供水进行调配，协调供水与需水的关系，缓解供水压力。但也要考虑到，时段划分得越细，工作量越大，所花费的成本也越高。

3. 考虑水资源规划的要求

按照大小关系来划分，水资源规划包括了流域水资源规划、地区水资源规划和供水系统水资源规划三类。这些规划方案与城市规划方案密切相关，可以为决策部门进行宏观决策提供参考依据。因此，在进行水资源规划时，时段不宜太短，以“年”为单位较为合适。

4. 考虑供水和需水系统年内变化特点

在供水方面，无水库调节的地表水供水系统受降水量等因素影响较大。例如，在北方干旱半干旱地区，枯水期和丰水期的水量差异较大，枯水期水量比较稳定，计算时段可以选得长些，丰水期则相反。

在需水方面，有些需水部门全年用水量变化幅度较小，而有些需水部门全年用水量变化幅度较大，高峰期和低谷期差异较大，对于这些部门之间的需水差异，可以采取因地制宜的原则，选择的计算时段可以有所差异。

5. 考虑供需平衡分析的对象

在进行时段划分时，需要考虑分析对象的范围大小，如果分析对象为一个市或更大的范围，时段划分则可以以年为单位，但若将时段划分太细，则会显著增加工作量，同时也会因为资料统计时间和口径的不一致增加分析难度。如果分析对象范围较小，如分析对象为一个卫星城镇或一个供水系统，则可以将时段划分得细一些。

第三节　水资源需求与供给预测方法

在城市规划建设和供水系统（优化）管理调度中，水资源需求与供给预测起到举足轻重的作用。本节将对城市水资源需求与供给预测方法进行分类总结，同时结合实际数据进行简要分析，并对各种方法进行评析，探讨其适合的应用场景。

在用水量预测方面，目前经常采用的预测方法有时间序列分析（ARMA）、回归分析、指标法、灰色预测、人工神经网络、系统动力学等（张雅君、刘全胜，2001）。例如，Donkor、Mazzuchi 和 Soyer 等（2014）对2000—2010 年学术界预测城市需水量的方法和模型进行了评述。潘应骥（2015）利用系统动力学方法对上海市的综合生活用水需求量进行预测，考虑了居民生活用水和城市公共用水。王自勇和王圃（2008）将灰色模型和一元线性回归模型应用于城市用水量的预测，并用方差—协方差优选组合模型将灰色模型和一元线性模型进行组合。吕谋、赵洪宾和李红卫等（1998）利用随机过程及时间序列分析手段，根据用水量序列季节性、趋势性及随机扰动性的特点，建立了用水量预测的自适应组合平滑模型。张雄、党志良和张贤洪等（2005）对学术界预测用水量常用模型进行了梳理，将预测方法归为解释性预测方法和时间序列分析方法，并以西安市日用水量预测为例，建立了三阶自回归预测模型。Aly 和 Wanakule（2004）采用平滑算法对城市月度需水量进行预测，利用自相关和气温变量对日需水量与当月平均值的偏离程度进行预测。Liu 和 Zhang（2002）对城市短期需水量的预测方法进行了比较，分析了时间序列、灰色系统、神经网络、小波分析四个方法的优劣。

此处将现有的预测方法归纳为时间序列法、结构分析法和系统方法。

一、 时间序列法

时间序列法包括移动平均法、指数平滑法、趋势外推法、季节变动法、马尔科夫法和自回归移动平均模型。

（一）移动平均法

移动平均法是指利用某个数据指标最近几期的实际数据（如某地区过去几年的城市生活用水量）来预测该指标未来一期或几期的变化情况。移动平均法可以分为简单移动平均法（Simple Moving Average，SMA）和加权移动平均法（Weighted Moving Average，WMA）。简单移动平均法的计算公式如下：

$$\hat{y}_t = \frac{1}{n}\sum_{i=1}^{n} y_{t-i} \tag{7-1}$$

式中，$\hat{y}_t$ 表示第 t 期的预测值，以过去 n 期实际值的算术平均值作为当期的预测值。在简单移动平均法中，过去 n 期实际值决定当期预测值的权重是完全一样的。而现实中，一些数据指标具有这样的特点：近期数据在时间上距离预测的时点越近，影响程度越大。因此，不能对近几期的数据进行简单移动平均。加权移动平均法则将这个因素考虑进去，其计算公式如下：

$$\hat{y}_t = \sum_{i=1}^{n} x_i y_{t-i} \tag{7-2}$$

式中，x_i 为第 $t-i$ 期的权重，过去 n 期的权重和为 1。用该方法进行预测时，可以给近期的数据更大的权重，给较远的数据较小的权重，因而加权移动平均法对近期的趋势较为敏感。

移动平均法既有优势也有劣势，需要根据数据的变化特点来选择使用。其优势在于适用近期预测，当时间序列的数值受周期变动和随机变动影响起伏较大且发展趋势较难分析时，使用移动平均法可以消除这些因素的影响。但对于快速增长或快速下降的时间序列，移动平均法预测误差较大。当一组数据存在明显的季节性变化因素时，则不适宜使用加权移动平均法。

下面采用移动平均法对北京市的城市生活用水总量进行预测。预测之前，先引入两个预测效果评价指标。第一个指标是平均绝对百分比误差（Mean Absolute Percentage Error，MAPE），其计算公式如下：

$$\text{MAPE}=\frac{100}{n}\sum_{i=1}^{n}\left|\frac{y_i-\hat{y}_i}{y_i}\right| \tag{7-3}$$

式中，y_i 是实际值，$\hat{y}_i$ 是预测值。在时间序列模型中，不同序列的数据水平和计量单位存在差异，MAPE 消除了这种差异造成的影响，通过误差大小的相对值对预测效果进行评价。这使得 MAPE 成为最受欢迎的模型预测效果评价指标之一。但 MAPE 存在两个缺陷：一是当实际值为 0 时，MAPE 值不能计算；二是对负预测误差（实际值小于预测值）的惩罚重于正预测误差（实际值大于预测值）。

第二个评价指标是均方根误差（Root Mean Square Error，RMSE），其计算公式如下：

$$\text{RMSE}=\sqrt{\frac{\sum_{i=1}^{n}(y_i-\hat{y}_i)^2}{n}} \tag{7-4}$$

RMSE 是观测值与真实值偏差的平方和与观测次数比值的平方根，对较大或较小的预测误差非常敏感，因此 RMSE 可以很好地反映测量的精密度。

此处使用北京市 1995—2016 年的城市生活用水总量数据进行分析。首先，确定步长 k，即用过去多少期预测未来一期。这里选择步长 $k=5$，用过去五年的用水总量预测下一年的用水总量。其次，利用简单移动平均法（SMA）和加权移动平均法（WMA）计算 2000—2016 年的用水总量预测值。加权移动平均法的权重采用自然加权法，5 期的权重之和为 $\sum_{k=1}^{5}2k/(k+1)k=1$。以 2000 年的预测值为例，1999 年的实际值的权重为 1/3，1998 年的权重值为 4/15。最后，计算两个模型的预测误差，即 MAPE 值和 RMSE 值。

从表 7-1 可以看出，采用简单移动平均法时，2000 年的预测效果最好，误差为 0.28 亿立方米。2001 年的预测误差最大，达 81.11%，预测误差超过 3 亿立方米，原因在于 2001 年的生活用水总量比 2000 年减少了 3.18 亿立方米，所以简单移动平均法不能捕捉到这种趋势。加权移动平均法的预测效果比简单移动平均法要好，原因在于离预测期越近的权重越大，所能提供的信息也越多。2000 年，预测误差仅为 0.08 亿立方米，误差率为 1.18%。2015 年，加权移动平均法的预测误差率为 3.52%，比简单移动平均法的预测误差率低了 3 个百分点。简单移动平均法的均方根误差（RMSE 值）为 1.61，加权移动平均法的均方根误差（RMSE 值）为 1.49，表明加权移动平均法的预测效果更好。

表 7-1　北京市城市生活用水量预测结果（移动平均法）

年份	实际值（亿立方米）	简单移动平均法（SMA）		加权移动平均法（WMA）	
		预测值	MAPE 值（%）	预测值	MAPE 值（%）
1995	6.16	—	—	—	—
1996	6.22	—	—	—	—
1997	6.59	—	—	—	—
1998	6.95	—	—	—	—
1999	7.35	—	—	—	—
2000	6.94	6.65	4.15	6.86	1.18
2001	3.76	6.81	81.11	6.96	85.01
2002	8.20	6.32	22.97	5.94	27.58
2003	8.72	6.64	23.82	6.57	24.65
2004	9.83	6.99	28.83	7.26	26.12
2005	9.24	7.49	18.91	8.20	11.17
2006	9.28	7.95	14.39	8.79	5.36
2007	9.65	9.05	6.22	9.23	4.37
2008	9.83	9.34	5.00	9.43	4.10
2009	10.46	9.57	8.52	9.60	8.24
2010	10.76	9.69	9.95	9.89	8.10
2011	10.97	10.00	8.84	10.25	6.55
2012	11.18	10.33	7.59	10.57	5.47
2013	13.11	10.64	18.85	10.86	17.22
2014	12.72	11.30	11.21	11.68	8.21
2015	12.60	11.75	6.73	12.15	3.52
2016	13.20	12.12	8.17	12.44	5.74

（二）指数平滑法

指数平滑法是时间序列中常用的预测方法，兼容了全期平均（所有历史数据）和移动平均（部分历史数据）的特点，根据历史数据距离预测点的时间远近来确定权重，权重随时间距离逐渐收敛为 0。下面主要介绍一次指数平滑法和二次指数平滑法。

一次指数平滑法（Signal Exponential Smoothing）也叫一次指数移动平均（Exponential Moving Average，EMA）。其计算公式如下：

$$\begin{aligned}\hat{y}_{t+1} &= \alpha y_t + (1-\alpha)\hat{y}_t \\ &= \alpha y_t + \alpha(1-\alpha)y_{t-1} + (1-\alpha)^2\hat{y}_{t-1} \\ &= \alpha[y_t + (1-\alpha)y_{t-1} + (1-\alpha)^2 y_{t-2} + \cdots + (1-\alpha)^{t-1}y_1] \\ &\quad + (1-\alpha)^t y_0\end{aligned} \tag{7-5}$$

式中，$\hat{y}_{t+1}$ 为第 $t+1$ 期的预测值，y_t 为第 t 期的实际值，$\hat{y}_t$ 为第 t 期的预测值。α 为平滑常数（$\alpha \in [0, 1]$），α 值的大小决定了 y_t 和 $\hat{y}_t$ 各自对 $\hat{y}_{t+1}$ 的影响程度。当 $\alpha = 0$ 时，$\hat{y}_{t+1} = \hat{y}_t$，表明第 $t+1$ 期的预测值由过去 t 期的实际值求和而得；当 $\alpha = 1$ 时，$\hat{y}_{t+1} = \alpha y_t$，表明第 $t+1$ 期的预测值完全由过去前一期（第 t 期）的实际值决定。α 的取值相当重要，较大的 α 值可以敏感地反映最新观察值的变化情况，较小的 α 值可以观测到时间序列的长期趋势值。对于较为平稳且变化波动不大的时间序列，α 值可以取小一些。若时间序列变动明显且波动较大，α 值可以取大一些。确定一次指数平滑法的初值 y_0 的方法有两种：一种是取第 1 期的实际值为初值，另一种是取最初几期的平均值作为初值。

二次指数平滑法（Double Exponential Smoothing）也叫二次指数移动平均（Double-Exponential Moving Average，DEMA），是对一次指数平滑值再做一次指数平滑的方法。目前较为普遍使用的是 HoltWinters 指数平滑法（Holt-Winters Double Exponential Smoothing）和布朗指数平滑法（Brown's Linear Exponential Smoothing）。

首先介绍 HoltWinters 指数平滑法。令 $X \in \{x_0, x_1, \cdots, x_t\}$ 表示原始数据在 t 期内的观测值，$\{s_t\}$ 表示第 t 期的平滑值，$\{b_t\}$ 表示在第 t 期的趋势最优估计值，$\hat{Y}_{t+m}$ 表示预测值，其中 m 表示预测超前期数。其计算过程如下：

$$s_1 = x_1 \tag{7-6}$$

$$b_1 = x_1 - x_0 \tag{7-7}$$

当 $t > 2$ 时，

$$s_t = \alpha x_t + (1-\alpha)(s_{t-1} + b_{t-1}) \tag{7-8}$$

$$b_t = \beta(s_t - s_{t-1}) + (1 - \beta) b_{t-1} \tag{7-9}$$

式中，α 为数据平滑因子，β 为趋势平滑因子，α，$\beta \in [0, 1]$。预测模型为：

$$\hat{Y}_{t+m} = s_t + mb_t \tag{7-10}$$

下面介绍布朗指数平滑法。其计算过程如下：

$$s_0^{(1)} = x_0 \tag{7-11}$$

$$s_0^{(2)} = x_0 \tag{7-12}$$

$$s_t^{(1)} = \alpha x_t + (1 - \alpha) s_{t-1}^{(1)} \tag{7-13}$$

$$s_t^{(2)} = \alpha s_t^{(1)} + (1 - \alpha) s_{t-1}^{(2)} \tag{7-14}$$

式中，$s_t^{(1)}$ 和 $s_t^{(2)}$ 分别表示一次和二次的平滑值。

$$a_t = 2s_t^{(1)} - s_t^{(2)} \tag{7-15}$$

$$b_t = \frac{\alpha}{1 - \alpha}(s_t^{(1)} - s_t^{(2)}) \tag{7-16}$$

$$\hat{Y}_{t+m} = \alpha s_t^{(1)} + (1 - \alpha) s_{t-1}^{(2)} \tag{7-17}$$

式中，a_t 为第 t 期的估计水平，b_t 为第 t 期的趋势值。

下面依旧采用北京市 1995—2016 年的城市生活用水总量的数据进行实证分析，采用的方法是布朗指数平滑法。从表 7-2 中的预测结果可以看出，一次指数平滑法的预测效果比简单移动平均法好一些，但比加权移动平均法差。2000 年的预测效果最好，误差为 0.29 亿立方米，误差率为 4.15%。2001 年的预测效果最差，误差为 2.99 亿立方米，误差率为 79.53%。二次指数平滑法对 2008 年的预测效果最好，误差为 0.05 亿立方米，误差率为 0.51%。2013 年预测效果最差，误差为 1.85 亿立方米，误差率为 14.11%。一次指数平滑法的均方根误差（RMSE 值）为 1.58，二次指数平滑法的均方根误差（RMSE 值）为 0.76。二次指数平滑法的预测效果比简单移动平均法、加权移动平均法、一次指数平滑法都好。

（三）自回归移动平均模型

自回归滑动平均模型（Auto-Regressive and Moving Average Model）也叫 ARMA 模型，是一种广泛使用的时间序列分析方法。在介绍 ARMA 模型前，先介绍自回归模型（AR 模型）和移动平均模型（MA 模型）。

表 7-2　北京市城市生活用水量预测结果（指数平滑法）

年份	实际值（亿立方米）	一次指数平滑法（EMA）		二次指数平滑法（DEMA）	
		预测值	MAPE 值（%）	预测值	MAPE 值（%）
1995	6.16	—	—	—	—
1996	6.22	—	—	—	—
1997	6.59	—	—	—	—
1998	6.95	—	—	—	—
1999	7.35	—	—	—	—
2000	6.94	6.65	4.15	—	—
2001	3.76	6.75	79.53	—	—
2002	8.20	5.75	29.85	—	—
2003	8.72	6.57	24.63	—	—
2004	9.83	7.28	25.86	—	—
2005	9.24	8.13	11.95	9.15	0.91
2006	9.28	8.50	8.45	9.42	1.52
2007	9.65	8.76	9.24	9.55	1.05
2008	9.83	9.06	7.89	9.78	0.51
2009	10.46	9.32	10.90	9.97	4.63
2010	10.76	9.70	9.91	10.39	3.49
2011	10.97	10.05	8.34	10.75	1.98
2012	11.18	10.36	7.39	11.03	1.42
2013	13.11	10.63	18.91	11.26	14.11
2014	12.72	11.46	9.93	12.43	2.31
2015	12.60	11.88	5.69	12.81	1.68
2016	13.20	12.12	8.15	12.90	2.25

令 $\{x_t\}$ 表示一个时间序列的观测值。自回归模型是利用自身做回归变量的过程，p 阶自回归模型记作 AR（p），表示序列中的 x_t 是前 p 个序列的线性组合及误差项的函数，满足下面的方程：

$$x_t = c + \phi_1 x_{t-1} + \phi_2 x_{t-2} + \cdots + \phi_p x_{t-p} + \varepsilon_t,\ t = 1,\ 2,\ \cdots,\ T \quad (7-18)$$

式中，c 为常数项；ϕ_1，ϕ_2，$\cdots$，ϕ_p 是自回归模型系数；ε_t 是均值为 0、方差为 σ^2 的白噪声序列。自回归模型是较为常用的平稳序列拟合模型之一。一个弱平稳时间序列的均值和方差都不取决于时刻 t，只依赖于两个观测值之间的时

间间隔长度 s 。判别一个序列是否平稳，通常采用单位根判别法或平稳域判别法。

q 阶移动平均模型记作 MA（q），满足下面的方程：

$$x_t = \mu + \varepsilon_t + \theta_1 \varepsilon_{t-1} + \theta_2 \varepsilon_{t-2} + \cdots + \theta_q \varepsilon_{t-p} , t = 1, 2, \cdots, T \quad (7-19)$$

式中，μ 为常数项；θ_1，θ_2，…，θ_p 是 q 阶移动平均模型系数；ε_t 是均值为 0、方差为 σ^2 的白噪声序列。

ARMA 模型是以 AR 模型和 MA 模型为基础“混合”构成的，满足下面的方程：

$$\begin{aligned} x_t = c + \varphi_1 x_{t-1} + \cdots + \varphi_p x_{t-p} + \varepsilon_t + \varepsilon_t + \theta_1 \varepsilon_{t-1} + \cdots \\ + \theta_q \varepsilon_{t-p} , t = 1, 2, \cdots, T \end{aligned} \quad (7-20)$$

通常记作 ARMA（p，q）。p 和 q 一般采用自相关系数和偏自相关系数来确定阶数。可以通过识别一个序列的偏自相关系数的拖尾特征来识别它是否服从一个 MA（q）过程，通过识别 AR（p）模型的偏自相关系数的个数，来确定 AR（p）的阶数 p 。

下面仍以北京市城市生活用水量数据为例进行分析。根据北京市 1995—2016 年城市生活用水量可知，2001 年是北京市连续第三个干旱年份，全市各大中型水库蓄水量持续减少，导致了当年的生活用水量显著下降。

借助 EViews 软件对序列进行平稳性检验，采用的是 ADF 检验法，选取了常数项和线性趋势项，检验结果如表 7-3 所示。

表 7-3 ADF 检验结果

		T 统计量	P 值*
ADF 检验统计量		-3.914217	0.0299
检验关键值	1%水平	-4.467895	
	5%水平	-3.644963	
	10%水平	-3.261452	

从表 7-3 中的检验结果可以看出，P 值为 0.0299，拒绝单位根的假定，序列是平稳的。下面看序列的自相关系数和偏自相关系数。从图 7-1 中可以看到，序列的自相关系数是拖尾的，偏自相关系数为 1 阶截尾，可以确定为 AR（1）模型。

日期:2017年12月11日 时间:20:38
样本:1995 2016
包含的观察值:22

自相关系数	偏相关系数		AC（自相关系数）	PAC（偏相关系数）	Q-Stat（Q-S统计量）	Prob（P值）
		1	0.772	0.772	14.976	0.000
		2	0.638	0.105	25.729	0.000
		3	−0.509	−0.033	32.921	0.000
		4	−0.402	−0.018	37.663	0.000
		5	−0.334	−0.040	41.130	0.000
		6	−0.229	−0.112	42.856	0.000
		7	−0.046	−0.298	42.930	0.000
		8	−0.048	−0.007	43.017	0.000
		9	−0.102	−0.060	43.440	0.000
		10	−0.144	−0.036	44.356	0.000
		11	−0.199	−0.113	46.254	0.000
		12	−0.306	−0.176	51.202	0.000
		13	−0.371	−0.029	59.292	0.000
		14	−0.404	−0.079	70.096	0.000
		15	−0.439	−0.150	84.583	0.000
		16	−0.329	−0.309	94.108	0.000
		17	−0.309	−0.026	104.17	0.000
		18	−0.296	−0.122	115.76	0.000
		19	0.230	0.044	125.04	0.000
		20	−0.163	0.079	132.08	0.000
		21	−0.089	−0.026	136.28	0.000

图 7-1 自相关函数图和偏自相关函数图

现在利用 1995—2015 年的数据进行建模估计，将 2016 年的数据作为预测集。模型回归结果如表 7-4 所示。AR（1）的系数在 1%的显著性水平上显著。对模型进行诊断，通过 Q 统计量进行判断，发现模型较好地拟合了数据。

表 7-4 模型回归结果

变量	系数	标准误	T 统计量	P 值
C（截距项）	11. 14697	2. 937455	3. 794772	0. 0013
AR（1）（1 阶自回归）	0. 857053	0. 130009	6. 592244	0. 0000
R-squared（R 方）	0. 707116	因变量均值		9. 218040
Adjusted R-squared（调整 R 方）	0. 690844	因变量标准差		2. 422389
S. E. of regression（回归标准误）	1. 346891	赤池信息准则		3. 528115
Sum squared resid（残差平方和）	32. 65410	施瓦兹准则		3. 627688
Log likelihood（对数似然函数值）	−33. 28115	H-Q 信息准则		3. 547553

续表

变量	系数	标准误	T 统计量	P 值
F-statistic（F 统计量）	43.45768	DW 统计量		2.502874
Prob（F-statistic）［P 值（F 统计量）］	0.000003			
Inverted AR Roots（特征根）	0.86			

最后利用建立好的模型对北京市 2016 年的城市生活用水量进行预测，预测结果为 12.39 亿立方米，预测误差为 0.81 亿立方米，MAPE 值为 6.13%。

在用水预测方面，ARMA 模型有很大的优势，它可以对日度、月度、年度用水量进行有效预测。该方法预测速度快，精度较高。但不足之处在于预测周期短、数据单一，无法分析数据变动背后的原因，对拐点的变动反应较为滞后，等等。因此，ARMA 模型更适合于短期预测。

二、结构分析法

本部分主要讨论结构分析法中的回归分析法和指标分析法。

（一）回归分析法

回归分析法是指在分析经济社会等领域各种现象的因果关系基础上，利用数理统计方法建立因变量和自变量之间的函数关系表达式，这种表达式称为回归方程。利用已有数据建立起来的回归方程可以用于预测因变量如何随自变量的变化而变化。回归分析预测法是一种较为常用的预测方法，按照自变量个数的不同可以分为一元回归分析预测法（自变量个数为 1 个）和多元回归分析预测法（自变量个数为 2 个或以上）；根据自变量和因变量之间的关系，又可以分为线性回归预测和非线性回归预测。

1. 一元线性回归分析预测法

一元线性回归分析预测法是根据自变量 x 和因变量 y 的相关关系，建立线性回归方程来预测自变量 x 的变动对因变量 y 的影响。一元线性回归模型的表达式如下：

$$y_t = a + bx_t + e \tag{7-21}$$

式中，y_t 表示因变量在第 t 期的观测值，x_t 表示自变量在第 t 期的观测值，参数

a 表示常数项（也叫截距项），参数 b 表示自变量对因变量的影响系数。e 表示误差项，即各种随机因素对因变量的影响的总和，服从均值为 0、方差为 σ^2 的正态分布，$e \sim (0,\ \sigma^2)$。其预测模型表达式如下：

$$\hat{y}_t = a + bx_t \tag{7-22}$$

式中，$\hat{y}_t$ 表示因变量在第 t 期的拟合值或预测值。根据的已有历史数据，采用最小二乘法可以求出参数 a 和 b 的估计值。建立预测模型后，只要给定 x_t 的值，就可以得到预测值 $\hat{y}_t$。回归模型的显著性可以用相关系数 R 来判断：

$$R = \frac{L_{xy}}{\sqrt{L_{xx}}\sqrt{L_{yy}}} \tag{7-23}$$

式中，

$$L_{xx} = \sum_{i=1}^{n} (x_i - \bar{x})^2 \tag{7-24}$$

$$L_{xy} = \sum_{i=1}^{n} (x_i - \bar{x})(y_i - \bar{y}) \tag{7-25}$$

$$L_{xx} = \sum_{i=1}^{n} (y_i - \bar{y})^2 \tag{7-26}$$

下面仍以北京市的城市生活用水量为例进行说明。此处设城市生活用水量为因变量 y，城市用水人口为自变量 x。通过 CEIC 经济数据库获取了北京市 1995—2016 年的用水人口数据。两个变量的散点图如图 7-2 所示。

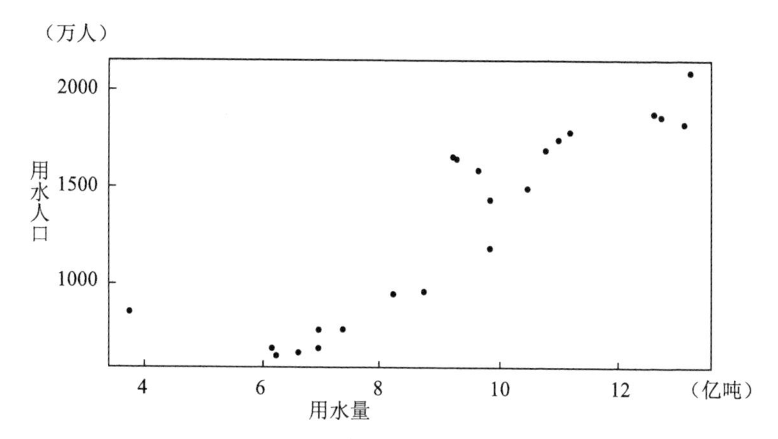

图 7-2　北京市 1995—2016 年城市生活用水量和用水人口散点图

数据来源：CEIC 经济数据库。

从图 7-2 中可以看出，两者呈正向的线性关系。利用 1995—2015 年的数据进行建模，将 2016 年的数据用于预测。其回归分析结果如表 7-5 所示。

表 7-5　北京市城市生活用水量与用水人口的回归分析结果

	系数	标准误差	t 值	P 值
截距项	3. 2358	0. 7307	4. 428	0. 000 * * *
用水人口	0. 0046	0. 0005	8. 503	0. 000 * * *
R^2	0. 7919	F 统计量	72. 3	
调整 R^2	0. 7809	P 值	0. 000	

注：*、**、*** 表示 10%、5%、1%的显著性水平上显著，下同。

根据表 7-5 中的 t 值和 P 值可以观察到，城市生活用水量和用水人口存在显著的正向关系。利用表中的系数，只要给定用水人口就可以预测出北京市的城市生活用水量。2016 年北京市用水人口为 2088. 45 万人，据此可以算出该市的城市生活用水量预测值为 12. 82 亿立方米，预测误差为 0. 38 亿立方米，预测误差率为 2. 88%，误差较小。由于影响城市生活用水量的因素很多，因此本模型的结果也只能起到参考的作用。

2. 多元线性回归分析预测法

当影响因变量的自变量不止一个时，需要建立一个因变量和多个自变量的回归模型，当这种函数关系为线性时，称之为多元线性回归。其表达式如下：

$$y = b_0 + b_1x_1 + b_2x_2 + \cdots + b_kx_k + e \qquad (7-27)$$

式中，y 为因变量观测值，b_0 为常数项，b_1，b_2，…，b_k 为回归系数，x_1，x_2，…，x_k 为自变量，e 表示误差项，即各种随机因素对因变量的影响的总和，服从均值为 0、方差为 σ^2 的正态分布，$e \sim (0, \sigma^2)$。

现在，可以在一元线性回归模型基础上，增加一个变量，建立多元线性回归模型。将第三产业产值和城市用水人口作为自变量。第三产业产值主要影响公共用水的使用量，从而影响到城市生活用水量，因而将其考虑在内。从 CEIC 经济数据库获取了北京市 1995—2016 年第三产业产值的数据。

从表 7-6 中的结果可以看出，加入第三产业产值后，R^2 提高了 5 个百分点，第三产业产值在 5%的显著性水平上显著，用水人口在 10%的显著性水平上显著，两个变量对城市生活用水量均有显著的正向影响。利用表 7-6 中的系数，只要给定用水人口和第三产业产值，就可以预测出北京市的城市生活用水量。2016 年，北京市用水人口 2088.45 万人、第三产业产值 20594.9 亿元，可以算出该市的城市生活用水量预测值为 14.00 亿立方米，预测误差为 0.8 亿立方米，预测误差率为 6.06%。当然，正如前面所说的，影响用水量的因素远不止这两个，模型变量的选择对模型的建立至关重要，上面的结果仅仅起到参考作用。

表 7-6　北京市城市生活用水量与用水人口、第三产业产值的回归模型结果

	系数	标准误差	t 值	P 值
截距项	4.8040	0.8818	5.447	0.000***
用水人口	0.0021	0.0011	1.960	0.066*
第三产业产值	0.0002	0.0001	2.588	0.018**
R^2	0.8483	F 统计量	50.34	
调整 R^2	0.8315	P 值	0.000	

运用多元线性回归分析预测法建立用水量预测模型，显然比一元线性回归分析预测法更为合理。它可以将影响用水量的各个主要因素考虑进去，有利于提高模型的可靠性和预测的准确性。例如，结合前文对城市生活用水量、工业用水量的影响因素的分析，将一些可量化的因素加入模型中，通过回归诊断的程序，对模型变量的共线性、异方差进行检验，得出较为可靠的模型后，将参数代入模型中，对需水量进行预测。

使用回归分析法预测用水量时，较为重要的是寻找影响用水量的主要因素，利用这些因素的观测数据建立回归模型。当用水量和其影响因素发生较大变化时，需要对回归模型进行相应的调整，其参数甚至变量的显著性都有可能发生变化。对于短期预测，由于用水量波动较大，影响因素很多，要通过回归分析法准确预测生活用水、工业用水等因变量，往往比较困难。另外，即使意识到有些自变量对因变量有重要影响，但由于数据缺失、资料匮乏等，也很难建立较为满意的回归模型。用回归分析法进行用水量长期预测有一定优势，具体来说，可以对影响用水量的因素进行检验和分析，对用水量及其影响因素的变化趋势进行判断。

（二）指标分析法

指标分析法是利用已有的用水方面的数据进行综合分析，根据已经制定的地区用水定额指标，结合分析地区的用水人口和工业产值变化趋势，计算出该地区长期的需水量。在某种意义上，该方法与回归分析有共同之处，例如，可以将用水人口当作一元线性回归的自变量，将用水定额作为回归系数，从而算出需水量。这个方法计算过程简单，工作量较小，但由于用水定额的通用性，导致其不能捕捉到特殊地区的实际用水需求特点，很容易造成预测误差过大（张雅君、刘全胜，2001）。

下面以北京市城市生活用水为例进行分析。根据建设部2002年9月16日发布的《城市居民生活用水量标准》（GB/T50331—2002），北京市的城市居民生活日用水量标准为85~140升/人·天。表7-7给出了北京市1995—2016年城市用水人口和人均日生活用水量的具体数据。从表7-7中可以看出，北京市用水人口一直保持较快增长，人均日生活用水量总体呈下降趋势。经计算，1995—2016年，北京市用水人口年均增长5.54%，人均日生活用水量年均增长-1.75%。截至2016年，北京市人均日生活用水量仍高于城市居民生活用水标准。

表7-7　北京市1995—2016年城市用水人口和人均日生活用水量

年份	用水人口（万人）	同比增长（%）	人均日生活用水量（升）	同比增长（%）
1995	673	—	250.9	—
1996	636.06	-5.49	267.86	6.76
1997	649.94	2.18	277.94	3.76
1998	675.26	3.90	281.84	1.40
1999	764.19	13.17	263.36	-6.56
2000	764.45	0.03	248.8	-5.53
2001	861	12.63	260	4.50
2002	950	10.34	237	-8.85
2003	962.7	1.34	248.03	4.65
2004	1187	23.30	226.78	-8.57

续表

年份	用水人口（万人）	同比增长（%）	人均日生活用水量（升）	同比增长（%）
2005	1654.7	39.40	152.91	-32.57
2006	1644.39	-0.62	154.67	1.15
2007	1585.48	-3.58	166.8003	7.84
2008	1439.1	-9.23	187.22	12.24
2009	1491.8	3.66	192.05	2.58
2010	1685.9	13.01	174.92	-8.92
2011	1740.7	3.25	172.62	-1.31
2012	1783.7	2.47	171.79	-0.48
2013	1825.1	2.32	196.85	14.59
2014	1859	1.86	187.52	-4.74
2015	1877.7	1.01	183.81	-1.98
2016	2088.45	11.22	173.1	-5.83

现在以北京市2012—2016年五年的城市生活用水总量作为测试集进行预测。考虑到北京市城市人口增长有政策调控因素，因此只选取2007—2011年的数据作为分析基础。首先计算北京市2007—2011年五年用水人口和人均日生活用水量的年均增长率，分别是2.36%和0.86%。其次估算出用水人口和人均日生活用水量的增长趋势，以2011年的实际数据为计算的起始点，根据年均增长率来计算未来每年的用水人口和人均日生活用水量。在此选用高增长和低增长两种估计方法进行比较：高增长估计方法方面，确定用水人口年均增长率为3%，人均日生活用水量年均增长率为1%；低增长估计方法方面，确定用水人口年均增长率为2%，人均日生活用水量年均增长率为0.5%。从表7-8两种方法的预测结果可以看出，高增长估计法的预测结果较为准确，除了2013年预测误差较大之外，其他年份的预测误差率控制在2%左右，2016年的预测误差为0.16亿立方米，误差率为1.27%。低增长估计法的预测结果相对较差，该方法在预测2012—2015年的用水人口时较为准确，但2016年的用水人口预测较差，其预测值为1921.87万人，而2016年北京市用水人口同比增长11.22%，达2088.45万人，差额167万人左右。除此之

外，五年期间人均日生活用水量波动较大，如 2013 年同比增长 14.59%，导致了低增长估计方法总体上预测效果较差。总的来说，指标分析法较为适合长期预测。

表 7-8　北京市 2012—2016 年城市生活用水量预测结果（指标分析法）

年份	实际值（亿立方米）	高增长估计		低增长估计	
		预测值	MAPE 值（%）	预测值	MAPE 值（%）
2012	11.18	11.41	2.01	11.24	0.52
2013	13.11	11.87	9.49	11.52	12.11
2014	12.72	12.35	2.96	11.81	7.15
2015	12.60	12.85	1.96	12.11	3.87
2016	13.20	13.36	1.27	12.41	5.92
平均值	12.56	12.37	1.56	11.82	5.90

三、系统方法

系统方法包括系统动力学、人工神经网络模型和灰色预测模型。

（一）系统动力学

系统动力学（System Dynamics，SD）是一种使用存量（Stocks）、流量（Flows）、内部反馈回路（Lnternal feedback loops）、表函数（Table functions）和时间延迟（Time Delays）来理解复杂系统非线性行为的方法。系统动力学是一种构建、理解和讨论复杂问题的方法论和数学建模技术。20 世纪 50 年代中期，美国麻省理工学院福瑞斯特（Jay Forrester）教授决定利用自身的科学和工程背景来分析公司的管理问题，提出了一种系统仿真方法。该方法最初被称为工业动力学，它是系统科学和管理科学的一个分支，也是一门研究信息反馈系统、认识和解决系统问题的交叉综合学科。

系统动力学自 1956 年由福瑞斯特教授提出后，在 20 世纪 60 年代得到了飞速的发展。该期间，福瑞斯特教授相继于 1961 年、1968 年和 1969 年发表了《工业动力学》（*Industrial Dynamics*）、《系统原理》（*Principles of System*）和《城市动力学》（*Urban Dynamics*）三本重要著作，为系统动力学理论和应用的发展提供了坚实的基础。70 年代后，系统动力学在复杂系统分析方面得到了广泛的应用。

系统动力学的思想是：凡是系统就必有结构，系统的结构决定了系统的功能。系统内部的各个组成要素具有互为因果的反馈特点，通过对系统内部结构进行分析可以找出问题的根源。系统之间的关系和状态是随时间发生变化时，可以利用数学建模的方法对系统内部变量的关系进行量化，建立系统结构方程式，借助计算机进行仿真分析，从而实现预测的目的。

使用系统动力学对城市供水系统、用水系统、排水系统三大系统进行分析和预测时，可以遵循以下步骤：①找出供水、用水和排水等环节存在的问题，如工业用水或生活用水的缺口。②对存在的问题进行分析，找出问题产生的原因，建立动态假设，例如，工业企业固定资产投资额增加，工业企业需水量增加导致工业用水紧缺。③从问题的根源出发，选取关键变量，确定变量之间的关系，建立仿真系统模型。④设定参数，对模型进行测试，不断调试参数，使计算机模型能够和现实系统基本符合。⑤选择合适的方案。⑥实施方案。

利用系统动力学对用水量进行预测时，研究人员的专业背景、知识经验和建模能力对模型建立的合理性、预测结果的效果有显著影响。系统动力学比较适合用于长期预测。该方法不仅可以应用于用水量预测，还可以在系统分析过程中找出系统之间隐藏的规律，有利于从全局的视角对城市水资源供需平衡进行把控。

（二）人工神经网络模型

人工神经网络（Artificial Neural Network，ANN）是一种基于生物学中神经网络的基本原理，以网络拓扑知识为理论基础，模拟人脑的神经系统对复杂信息的处理机制的数学模型。自 20 世纪 80 年代以来，人工神经网络逐渐成为机器学习领域的研究热点，是一门新兴的边缘交叉学科，涉及人工智能、神经科学、计算机科学、信息科学等领域，目前常被运用于分类和回归问题。

神经网络是一种运算模型，是由大量的、简单的节点（或者称为神经元）相互连接构成的复杂网络系统。每个节点代表一种特定输出，称为激励函数（Activation Function）。每两个节点之间的连线代表一个对于通过该连接信号的加权值，称为权重。人工神经网络采用并行分布式的信号处理机制，具有较快的处理速度和较强的容错能力，具体表现在以下几个方面。

（1）并行分布处理。人工神经网络与人类大脑类似，在结构上和处理顺序上都是并行的，即使每一个神经元功能简单，但由众多处理单元并联组成的人工神经网络具有强大的并行处理能力。

（2）能充分逼近复杂的非线性关系。人工神经网络的每个神经元接受大量其他神经元的输入，并通过并行网络产生输出，影响其他神经元，各个神经元之间相互制约和影响，实现了从输入状态到输出状态的空间的非线性映射。

（3）分布存储及学习能力。在神经网络中，采用分布式存储方式表示知识分布在整个系统中，要获得存储的知识需要采用“联想”的方法。人工神经网络具有很强的自学能力，通过学习和训练，可以找到输入和输出之间的内在关系。

（4）容错能力。人工神经网络采用分布式的存储形式，而不只是在一个存储单元中。因此，能处理有噪声或不完全的数据，需要具有很强的泛化能力和容错能力。

然而，人工神经网络这一方法在使用过程中有几个问题需要注意。

①人工神经网络的处理过程类似一个“黑箱子”，很难对其进行解释。

②人工神经网络由于太过灵活、可变参数过多，容易造成过拟合，需要采用测试集和交叉验证的方法来衡量。

③如果一个问题很复杂，建立一个神经网络则需要很长时间，但建立后预测速度很快。

在水资源预测方面，可以利用人工神经网络这一方法对需水量进行预测。该方法可以在短期预测方面得到较高的预测精度，但不太适合用于长期预测。同时，该方法的结果对政策制定、提高用水效率方面帮助不大。

（三）灰色预测模型

灰色预测模型（Gray Forecast Model）是一种在信息不完全或较少的现实条件下，通过建立数学模型从中找出规律的预测方法。目前该方法已经在社会、经济、科技等领域得到应用。灰色预测模型以灰色系统理论为基础。该理论由邓聚龙教授在 1982 年提出，是研究解决灰色系统分析、建模、预测、决策和控制的理论。灰色系统介于黑色系统和白色系统之间，黑色系统是指信息完全未确定，白色系统则完全相反，灰色系统同时包含已知信息和未知信息。灰色预测主要包含五种预测方法：数列预测；灾变与异常值预测；季节灾变与异常值预测；拓扑预测；系统预测。

现在以北京市 2012—2016 年的城市生活用水量为例，介绍灰色模型预测的主要步骤。

（1）由原始数据列计算一次累加序列 $x^{(1)}$，结果如表 7-9 所示。

表 7-9　北京市 2012—2016 年城市生活用水量（亿立方米）及一次累加数据

年份	2012	2013	2014	2015	2016
序号	1	2	3	4	5
$x^{(0)}$	11.18	13.11	12.72	12.60	13.20
$x^{(1)}$	11.18	24.29	37.01	49.61	62.81

（2）建立矩阵 B，y。

$$B=\begin{bmatrix} -\frac{1}{2}[x^{(1)}(1)+x^{(1)}(2)] & 1 \\ -\frac{1}{2}[x^{(1)}(2)+x^{(1)}(3)] & 1 \\ -\frac{1}{2}[x^{(1)}(3)+x^{(1)}(4)] & 1 \\ -\frac{1}{2}[x^{(1)}(4)+x^{(1)}(5)] & 1 \end{bmatrix}=\begin{bmatrix} -17.735 & 1 \\ -30.65 & 1 \\ -43.31 & 1 \\ -56.21 & 1 \end{bmatrix}$$

$$y=[x^{(0)}(2),\ x^{(0)}(3),\ x^{(0)}(4),\ x^{(0)}(5)]T$$
$$=[13.11,\ 12.72,\ 12.6,\ 13.2]T$$

（3）计算 $(B^TB)^{-1}$，得

$$(B^TB)^{-1}=\begin{bmatrix} 0.001219 & 0.045076 \\ 0.045076 & 1.916758 \end{bmatrix}$$

（4）由 $\hat{U}=(B^TB)^{-1}B^Ty$，求估值 $\hat{a}$ 和 $\hat{u}$。

$$\hat{U}=\begin{bmatrix} \hat{a} \\ \hat{u} \end{bmatrix}=(B^TB)^{-1}B^Ty=\begin{bmatrix} -0.00118 \\ 12.86386 \end{bmatrix}$$

把 $\hat{a}$ 和 $\hat{u}$ 代入时间响应方程。

（5）计算拟合值 $\hat{x}^{(1)}(i)$，再用后减运算还原得出模型计算值 $\hat{x}^{(0)}(k)$，如表 7-10 所示。

表 7-10　模型结果

$x^{(1)}$ 的模拟值	$x^{(0)}$ 的模拟值	实际值	绝对残差	相对残差
11. 18	11. 18	11. 18	0	0
24. 06	12. 88	13. 11	0. 23	0. 02
36. 96	12. 90	12. 72	-0. 18	0. 01
49. 88	12. 92	12. 60	-0. 32	0. 03
62. 81	12. 93	13. 20	0. 27	0. 02
75. 76	12. 94	—	—	—

（6）精度检验与预测。计算绝对残差：

$$E(k) = x^{(0)}(k) - \hat{x}^{(0)}(k) \tag{7-28}$$

计算结果见表 7-10 的第四列。计算相对残差：

$$e(k) = \frac{|x^{(0)}(k) - \hat{x}^{(0)}(k)|}{x^{(0)}(k)} \tag{7-29}$$

计算结果见表 7-10 的第五列。计算 $x^{(0)}$ 的均值和方差：

$$\bar{X} = \frac{1}{5}\sum_{k=1}^{5} x^{(0)}(k) \tag{7-30}$$

$$S_1 = \sqrt{\frac{1}{N}\sum_{k=1}^{N} (x^{(0)}(k) - \bar{X})^2} \tag{7-31}$$

计算残差的均值和方差：

$$\bar{E} = \frac{1}{N-1}\sum_{k=2}^{N} E(k) \tag{7-32}$$

$$S_2 = \sqrt{\frac{1}{N-1}\sum_{k=2}^{N} (E(k) - \bar{E})^2} \tag{7-33}$$

求后验差比值：

$$C = \frac{S_2}{S_1} \tag{7-34}$$

通过计算可得，残差平方和等于 0. 26，平均相对误差等于 1. 92%，相对精度为 98. 08%，后验差比值检验 C 值等于 0. 17，小残差概率 P 等于 1。表 7-10 第二列的最后一行为 2017 年的预测值。

可以根据后验差比值检验 C 值和小残差概率 P 来对 GM（1，1）模型预测精度等级进行分类，具体分类规则如下。

C<0. 35 和 P>0. 95，预测精度等级为好；

C 值属于［0. 35，0. 5），P>0. 80，预测精度等级为合格；

C 值属于［0. 5，0. 65），P>0. 70，预测精度等级为勉强合格；

C 值≥0. 65，预测精度等级为不合格。

现在以北京市的实际生活用水数据对模型的预测效果进行检验。以1995—2011 年的数据为训练集，以 2012—2016 年五年的数据作为测试集。

模型预测相关评价指标如下。

残差平方和=16. 98185；

平均相对误差=9. 941194%；

相对精度= 90. 05881%；

后验差比值检验：C 值=0. 4549621；

小残差概率：P 值=0. 9411765；

C 值属于［0. 35，0. 5），P>0. 80，GM（1，1）模型预测精度等级为合格。

通过对比表 7-11、图 7-3 中的实际值和预测值可以发现，预测值一直保持增长趋势，而实际值具有一定的波动性。2013 年的预测效果较差，预测误差（MAPE 值）为 0. 83 亿立方米，误差率为 6. 33%。2014 年的预测效果较好，预测误差为 0. 08 亿立方米，误差率为 0. 63%。

表 7-11　北京市 1995—2016 年城市生活用水量模拟和预测结果（灰色预测模型）

年份	实际值	$x^{(1)}$ 的模拟值	$x^{(0)}$ 的模拟值	绝对残差	相对残差
1995	6. 16	6. 16	6. 16	0. 0000	0. 0000
1996	6. 22	12. 21	6. 05	0. 1674	0. 0269
1997	6. 59	18. 52	6. 31	0. 2851	0. 0432
1998	6. 95	25. 10	6. 58	0. 3699	0. 0533
1999	7. 35	31. 96	6. 86	0. 4900	0. 0667
2000	6. 94	39. 10	7. 15	-0. 2053	0. 0296
2001	3. 76	46. 55	7. 45	-3. 6913	0. 9818
2002	8. 20	54. 32	7. 77	0. 4333	0. 0528
2003	8. 72	62. 42	8. 10	0. 6176	0. 0709
2004	9. 83	70. 86	8. 44	1. 3834	0. 1408

续表

年份	实际值	$x^{(1)}$的模拟值	$x^{(0)}$的模拟值	绝对残差	相对残差
2005	9.24	79.66	8.80	0.4348	0.0471
2006	9.28	88.84	9.17	0.1090	0.0117
2007	9.65	98.40	9.56	0.0884	0.0092
2008	9.83	108.37	9.97	-0.1366	0.0139
2009	10.46	118.77	10.39	0.0627	0.0060
2010	10.76	129.60	10.84	-0.0726	0.0067
2011	10.97	140.90	11.30	-0.3290	0.0300
2012	11.18	152.67	11.78	—	—
2013	13.11	164.95	12.28	—	—
2014	12.72	177.75	12.80	—	—
2015	12.60	191.09	13.34	—	—
2016	13.20	205.00	13.91	—	—

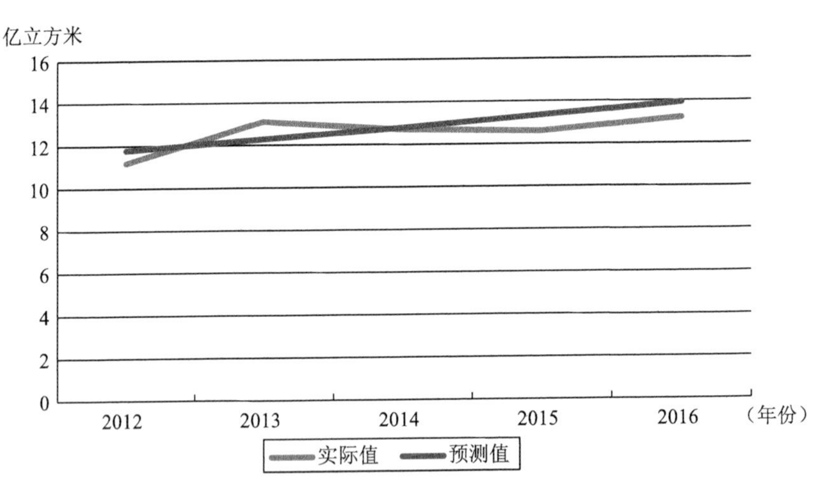

图 7-3 2012—2016 年城市生活用水量的实际值与预测值比较

上文提到的一些预测方法（如回归分析法）在建模过程中需要较大的样本作为分析基础，否则容易导致预测误差较大，而灰色预测模型由于自身的特性，可以用于小样本预测。总的来说，灰色预测模型的优势在于：①样本要求低，可以利用较少的样本建模，对样本的规律性分布不做要求。②计算工作量小。③对不确定因素的复杂系统具有较好的预测效果。不足之处在于：

没有考虑系统的随机性，不太适合中长期预测。

四、 预测方法评析与选择

上文对用水量预测的常用方法进行了介绍，主要包括移动平均法、指数平滑法、自回归移动平均模型、回归分析法、指标分析法、系统动力学、人工神经网络模型和灰色预测模型。选取了北京市城市生活用水量作为案例，介绍了部分方法的预测过程和预测结果，并根据各种预测方法的特点，简单地对其优劣势进行评价。每种方法都有其优点和不足，因此研究人员和分析人员在进行用水量预测时，需要考虑哪些场景适合采用哪种方法。本部分主要对这些研究方法的使用场景进行分析，讨论应该如何选取合适的预测方法和模型。

以移动平均法、指数平滑法和自回归移动平均模型为代表的时间序列法的优点在于：分析过去、现在及未来之间的联系，以及未来的结果与过去、现在的各种因素之间的关系时，效果比较好；数据处理并不十分复杂。不足之处在于：只能反映分析对象线性的、单向的联系，不适合进行长期预测。以回归分析法和指标分析法为代表的结构分析法的优点在于：可以深入分析影响需水量的各个因素，讨论各个因素之间的相互关系，可以直观地为用水管理部门制定政策提供参考价值和借鉴依据。不足之处在于：对数据质量、数据结构、样本量等要求较高，模型建立条件较为苛刻。系统方法中的三种方法优劣势各异。系统动力学方法可以将复杂系统用数学建模的方法直观地表达出来，但对建模人员的要求较高。人工神经网络模型具有强大的学习能力，但预测过程和结果难以解释。灰色预测模型可以在小样本的情况下实现较为精确的预测，但对历史数据有很强的依赖性，没有考虑各个因素之间的联系，若用于长期预测，则容易导致误差偏大。

因此，笔者给出的建议是：①长期预测主要应用于水资源规划、水资源长期供需均衡分析。长期预测需要考虑的因素较多，用水对象复杂，同时还需要考虑如何制定政策去调控和实施水资源管理，因此选取系统动力学或回归分析法较为合适。②预测粒度较小时，如日用水量预测或时用水量预测，影响因素较为明确且可量化，可以采用自回归移动平均（ARMA）模型或人工神经网络模型，利用这些模型可以充分考虑一些因素对用水量的影响，如气温、节假日、周末。③如果分析地区的基础数据较为匮乏、信息不完全，可以采用移动平均法或灰色预测模型。④如果分析地区的用水量影响因素变化具有一定的趋势性且波动较小，则可以采用指标分析法。例如，一个地区的用水人口、人均日生活用水量、用水普及率具有一定变化趋势，而通过指标分析法进行预测就可以实现较好的预测效果。

第四节　中国各省份城市用水总量预测

一、生活用水量预测

随着我国城市化进程加快，越来越多的农村人口向大中城市迁移，流动人口规模不断扩大，对城市公共服务设施的服务能力提出了新的挑战。城市生活供水作为城市公共服务的重要组成部分，与城市居民和暂住人口的生活质量息息相关。对城市生活用水总量进行中长期预测，有利于供水部门在供水设施投入方面做出更为合理的决策。

本部分首先借助系统动力学的理论思路，对影响城市生活用水量的影响因素进行分析，着重讨论了影响用水人口和人均用水量的因素，利用系统动力学 Vensim 仿真软件对各个影响因素的内在关系进行了图形化展示。其次，通过建立模型，将城市用水普及率、人均年生活用水量、用水人口之间的关系模型化，并采用面板数据模型对户籍人数和人均 GDP 如何影响城区人口和城区暂住人口总量进行分析。再次，收集全国 31 个省份 2004—2015 年的城市用水量、用水人口、用水普及率、人均 GDP、城市户籍人数等指标的数据，利用 Hausman 检验选定面板模型的形式，对城市用水总量的预测值和实际值进行比较，验证模型效果。最后，通过预测人均 GDP、城市户籍人数、人均年生活用水量来对我国 31 个省份 2016—2020 年的城市生活用水总量进行预测。

（一）生活用水量影响因素分析

在城市供水系统中，可以把城市生活用水量看成是用水人口和人均用水量的乘积。这两个因素又受其他因素的影响，如图 7-4 所示。

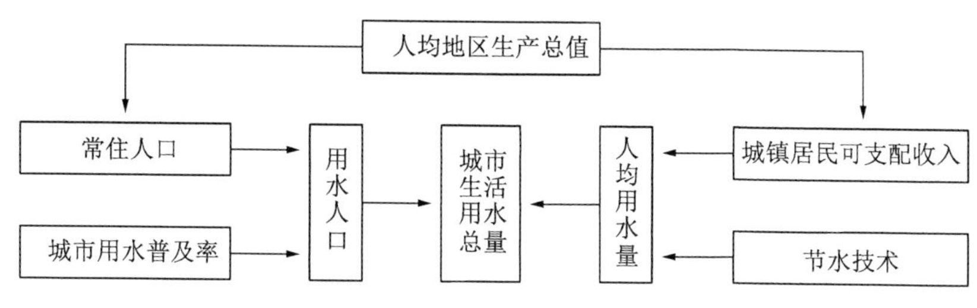

图 7-4　城市生活用水量影响因素

1. 用水人口

城市用水人口受常住人口、城市用水普及率等因素影响。常住人口由城市户籍人口和流动人口决定。户籍人口受人口自然增长率、迁入人数、迁出人数等因素影响。流动人口受城市经济发展水平影响，越发达的地区流动人口迁入越多。张耀军和岑俏（2014）认为，职工工资、社会公共资源、就业率和城市化水平是影响人口流动的重要因素。根据国家统计局提供的数据，我国城市用水人口已经由 2004 年的 30339.68 万人增加到 2015 年的 45112.62 万人。

城市用水普及率受城市供水设施投入力度、供水综合生产能力、供水管道长度等因素影响。根据 Wind 资讯提供的数据，我国的城市用水普及率已经由 2002 年的 78%提高到 2015 年的 98.07%，其中北京、天津和上海的普及率已经达到 100%。

2. 人均用水量

人均用水量受城镇居民可支配收入、节水技术等因素影响。崔慧珊和邓逸群（2009）认为，居民用水量与收入呈正相关，人们收入提高后有更多的能力购买更多的家庭耗水器具及设备；节水技术与器具、家庭成员结构对居民用水量有显著影响，如年轻人用水量较多，而老人和儿童用水量较少。

（二）模型建立

1. 因果关系图

通过上述分析，可以看到影响城市生活用水量的各种因素，通过因果关系分析，建立它们之间的因果关系图，如图 7-5 所示。图中各个箭头表示某一因素对另一因素的影响，正号表示两个变量之间存在正相关，负号表示两个变量之间存在负相关。例如，城市户籍人口随着迁入人数的增加而增加，随迁出人数的增加而减少。

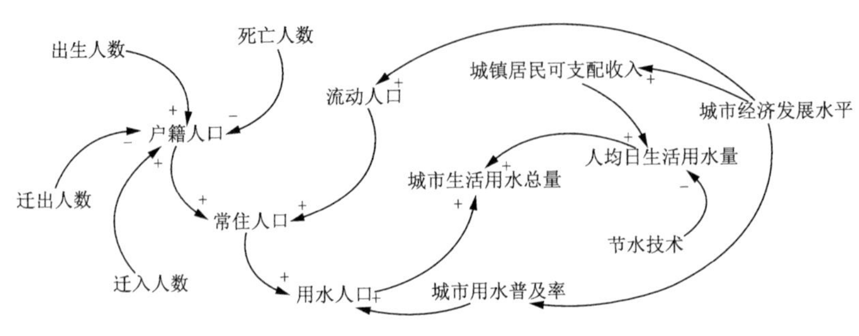

图 7-5　因果关系图

2. 系统流图

为了清晰地描述系统的积累效应，正确反映各变量间的具体关系，通过系统流图对各个因素之间的关系做进一步的分析，如图 7-6 所示。

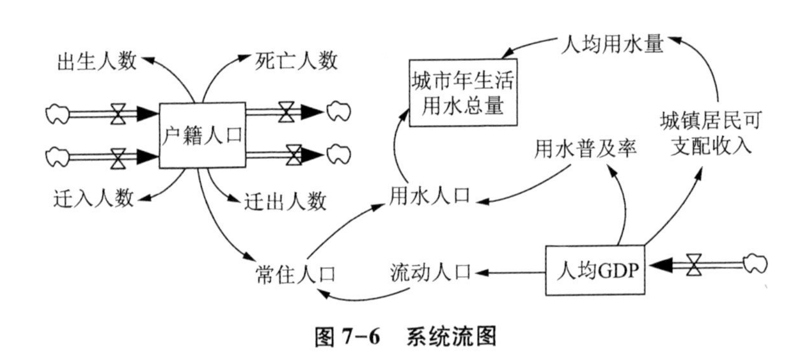

图 7-6　系统流图

从图 7-6 中可以看到，影响城市生活用水总量的因素较多，各因素之间的关系较为复杂，影响系数难以量化，大小难以确定，加之一些指标数据难以获取。因此，笔者考虑了用水人口、人均年生活用水量、常住人口、城市用水普及率等影响城市生活用水总量的因素，用方程将各个因素的关系定量化，以便对城市生活用水量进行预测。

3. 方程建立

根据国家统计局给出的解释，用水普及率是指报告期末城区用水人口数与城市人口总数的比率。其计算公式为：用水普及率=城区用水人口（含暂住人口）÷（城区人口+城区暂住人口）×100%。值得一提的是，笔者通过Wind资讯获得了各省份的市区户籍人口数据，通过换算后发现，除了北京、上海之外，其他地区的市区户籍人数远高于用水人口，因此不能直接将户籍人数作为预测城市生活用水总量的因素，需要对其进行调整。其具体模型方程分析如下：

$$V_{i,\ t} = N_{i,\ t} \cdot M_{i,\ t} \tag{7-35}$$

$$N_{i,\ t} = N_{pop,\ i,\ t} \cdot R_{i,\ t} \tag{7-36}$$

式（7-35）和式（7-36）中，$V_{i,\ t}$ 为 i 省份在第 t 期的城市年生活用水总量（单位：万立方米），$N_{i,\ t}$ 为第 t 期的用水人口，$M_{i,\ t}$ 为第 t 期的人均年生活用水量（单位：升），$N_{pop,\ i,\ t}$ 为第 t 期的城区人口与城区暂住人口之和（单位：万人），$R_{i,\ t}$ 为第 t 期的城市用水普及率（单位:%）。只要得出人均年生活用水量、城区人口与城区暂住人口之和、城市用水普及率这三个变量的数据，就可以知道该地区的城市年生活用水量。首先，利用面板数据模型分析城区人口与城区暂住人口之和。

$$\begin{gathered} N_{pop,\ i,\ t} = c_{1,\ i} + a_{1,\ i} N_{rp,\ i,\ t} + a_{2,\ i} G_{i,\ t} + \varepsilon_i \\ (i = 1,\ 2,\ \cdots,\ 31;\ t = 1,\ 2,\ \cdots,\ T) \end{gathered} \tag{7-37}$$

式中，$N_{rp,\ i,\ t}$ 为第 t 期的户籍人数，$G_{i,\ t}$ 为第 t 期的人均 GDP（单位：元），$c_{1,\ i}$ 为截距项，a_1 和 a_2 为系数，ε_i 为残差。其次，分析城市用水普及率，该指标最大值为100%，各省份的城市用水普及率随着用水设施投入力度的增大而提高。因此假设用水普及率的方程如下：

$$R_{i,\ t} = c_{2,\ i} + a_{3,\ i} X_1 + \varepsilon_i \tag{7-38}$$

$$M_{i,\ t} = c_{3,\ i} + a_3 X_2 + \varepsilon_i \tag{7-39}$$

式（7-38）为人均年生活用水量的拟合方程，X_2 为大于零的连续正整数。户籍人数（$N_{rp,\ i,\ t}$）和人均 GDP（$G_{i,\ t}$）的拟合方程也与式（7-38）和式（7-39）类似。

4. 数据来源及初步分析

本部分所使用的数据均来源于国家统计局官方网站和 Wind 资讯数据库。数据的时间范围为2004—2015年，包含了31个省份与城市生活用水总量预测有关的各项数据指标。同时选取了东北、华北、华东、华南、华中、西南、西北 7 个地区的代表省份，对其用水数据进行了分析。图 7-7 展示了 7 个省份 2004—2015 年城市人均年生活用水量变化趋势，总体来看，这些省份的人均年生活用水量呈下降趋势，但近几年变化较为平缓。其中，广东省、湖北省两省的人均用水量较高。图 7-8 展示了 2004—2015 年城市用水人口变化趋势，总体呈上升趋势，广东省的用水人口远高于其他地区。图 7-9 展示了 2004—2015 年城市生活用水总量变化趋势，虽然用水人口在不断增加，但在人均用水量变化不大的情况下，城市生活用水总量变化不是很大。

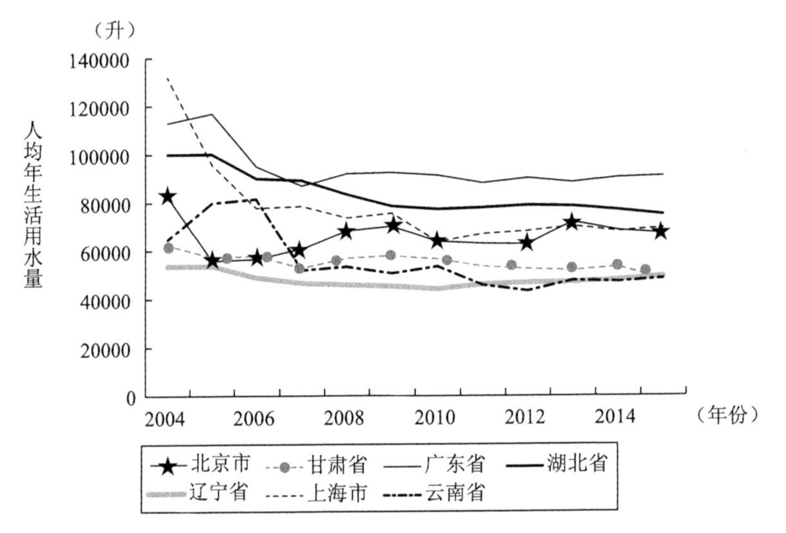

图 7-7　2004—2015 年城市人均年生活用水量变化趋势（部分地区）

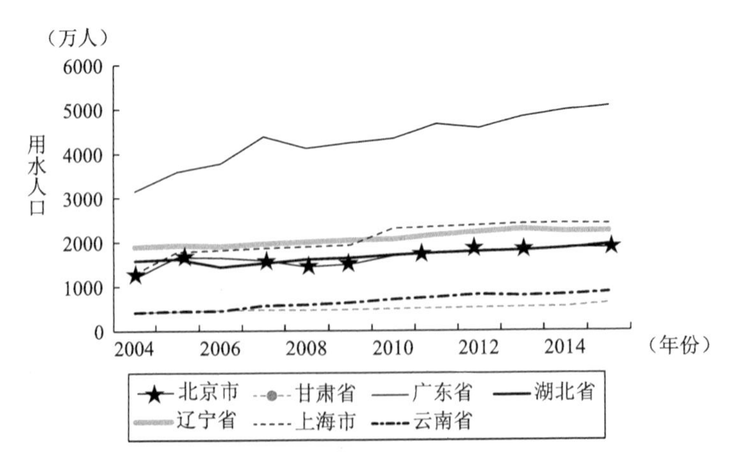

图 7-8　2004—2015 年城市用水人口变化趋势（部分地区）

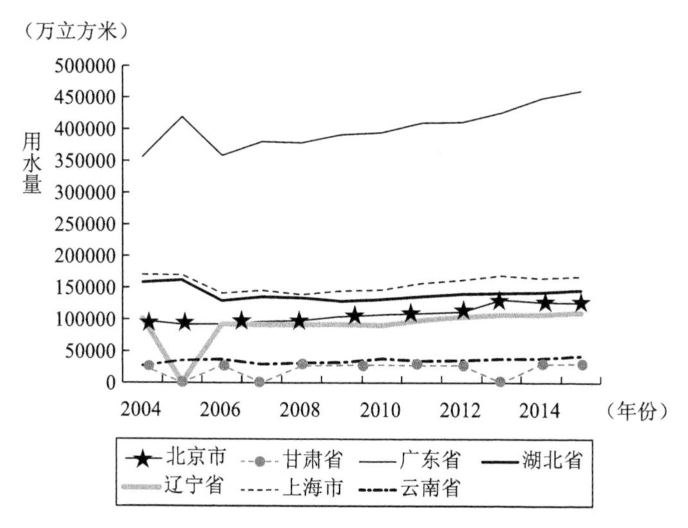

图 7-9　2004—2015 年城市生活用水总量变化趋势（部分地区）

（三）预测结果及分析

本部分将首先对式（7-37）的具体形式进行确定，得出各个省份的具体系数。其次，对各个省份的城市户籍人数、人均 GDP、用水普及率、人均年用水量进行拟合，利用拟合值求出各个省份的城市生活用水总量的预测值，将预测值和实际值进行比较，检验模型效果。最后，利用各个省份 2016—2025 年的城市户籍人数、人均 GDP、用水普及率、人均年用水量的预测值求出同期城市生活用水总量的预测值。

1. 模型选择

本部分利用实际数据对式（7-37）的面板数据模型，进行检验分析。该模型共有 2 个指标、31 个截面成员，时间长度 $T=12$。首先检验模型设定形式，建立随机效应模型和固定效应模型，利用 Hausman 检验对其进行检验，得出的 P 值为 0.02994，因此应当建立固定效应模型。其次分析个体、时间是否存在差异，即检验不同省份、不同时间之间是否存在差异。检验个体差异时，P 值为 6.112e-06，说明不同省份之间存在显著差异。检验时间差异时，P 值为 0.921，说明在时间上没有显著差异。带有个体差异的固定效应模型的检验结果如表 7-12 所示，两个自变量均对因变量产生显著的正向影响，在 1%的显著性水平下显著。从系数可以看出，人均 GDP 每增加 1 元，城区人口和城区暂住人口增加近 40 人；户籍人数每增加 1 万人，城区人口和城区暂住人口增加近 0.74 万人。从中可以看出，在我国人口流动量不断增加的背景下，部分人口并不在户籍所在地常住。

表 7-12 模型检验结果

变量	估计系数	标准差	t 值	P 值
人均 GDP（$G_{i,t}$）	0.00399931	0.00064154	6.2339	1.351e-09
户籍人数（$N_{rp,i,t}$）	0.73962756	0.07761846	9.5290	2.2e-16
R^2	0.5111	F-statistic	177.198	

表 7-13 展示了各地区城区人口与城区暂住人口模型截距项的估计结果，体现了各个地区的差异程度。其中，北京、上海、广东的截距项为正，反映了这三个地区对人口的较高吸引力。江苏、湖北、山东等地的截距项估计结果远低于全国平均值，部分原因在于这些省份的城市户籍人口远高于城市用水人口。

表 7-13 各地区城区人口与城区暂住人口模型截距项的估计结果

地区	$c_{i,t}$估计值	地区	$c_{i,t}$估计值	地区	$c_{i,t}$估计值
安徽省	-512.70896	湖北省	-1192.03949	陕西省	-314.85857
北京市	481.81903	湖南省	-637.96610	上海市	788.36597
福建省	-532.73691	吉林省	-412.22992	四川省	-933.74876
甘肃省	-149.75643	江苏省	-1315.95325	天津市	-213.33209
广东省	108.55997	江西省	-398.24899	西藏自治区	-45.64425
广西壮族自治区	-574.24557	辽宁省	-239.42820	新疆维吾尔自治区	-112.94361
贵州省	-260.92608	内蒙古自治区	-30.80228	云南省	-138.14576
海南省	-270.78533	宁夏回族自治区	-490.41549	浙江省	-759.73588
河北省	-554.00130	青海省	-53.88409	重庆市	-316.88441

续表

地区	$c_{i,t}$估计值	地区	$c_{i,t}$估计值	地区	$c_{i,t}$估计值
河南省	-730.51587	山东省	-1256.10687	平均值	-374.02253
黑龙江省	-408.21132	山西省	-117.18758		

本部分首先对31个省份的户籍人数、人均GDP、人均年生活用水量、用水普及率四个变量的变化趋势进行拟合。其中，对用水普及率方程进行拟合和预测时，如果得到的拟合值和预测值大于100%，则自动修正为100%。其次，将户籍人数、人均GDP这两个变量分别乘以表7-12中的系数，加上表7-13中各省份的截距项，得出各省份的城区人口和城区暂住人口的预测值。结合式（7-35）和式（7-36），将城区人口和城区暂住人口的预测值、人均年生活用水量的拟合值、用水普及率的拟合值进行相乘，得到各个省份的城市生活用水总量的预测值。最后，将预测值和实际值进行比较，检验模型效果。

2. 模型检验

本部分采用MAPE值（平均绝对百分比误差）来判断模型的预测效果，MAPE值越小，表明误差越小，效果越好。表7-14为2004—2015年31个省份的城市生活用水总量实际值与预测值误差分析。从表7-14中可以看出，河北省、甘肃省、山西省等地预测效果较好，8个省份的MAPE值低于5%，23个省份的MAPE值低于10%，青海省、宁夏回族自治区、西藏自治区的预测效果较差，去掉这3个省份后，28个省份的MAPE平均值为6.667%。

表7-14　2004—2015年31个省份的城市生活用水总量实际值与预测值误差分析

地区	MAPE值（%）	地区	MAPE值（%）	地区	MAPE值（%）
河北省	2.567	辽宁省	5.524	贵州省	9.444
山西省	3.618	安徽省	5.534	四川省	10.141
甘肃省	3.686	新疆维吾尔自治区	5.607	云南省	10.183
黑龙江省	4.232	湖南省	5.764	天津市	10.350

续表

地区	MAPE 值（%）	地区	MAPE 值（%）	地区	MAPE 值（%）
江苏省	4. 335	吉林省	5. 924	海南省	10. 839
广东省	4. 587	山东省	6. 009	上海市	15. 350
浙江省	4. 719	江西省	6. 261	青海省	20. 939
北京市	4. 737	湖北省	6. 549	宁夏回族自治区	28. 011
重庆市	5. 165	河南省	6. 933	西藏自治区	59. 317
广西壮族自治区	5. 441	陕西省	8. 647	平均值	9. 515
福建省	5. 522	内蒙古自治区	9. 017		

3. 预测结果

（1）东部地区。

预测结果显示，东部地区 11 个省份 2016—2020 年城市生活用水量保持在 152 亿立方米左右，占全国比重保持在 56. 50%左右。其主要原因在于福建省、广东省、上海市等地区城市生活用水量下降，北京市、山东省、天津市、江苏省等地区城市生活用水量上升，两者相互抵消。

表 7-15 报告了东部地区（北方省份）城市生活用水量预测结果。从具体省份来看，北京市城市生活用水量继续保持增长趋势，主要原因在于城市用水人口保持上升趋势。虽然河北省城区人口和城区暂住人口不断增加，但人均年生活用水量在下降，城市生活用水量预计变化幅度不大，2020 年城市生活用水量预测值为 7. 32 亿立方米。辽宁省城市生活用水量将有较小幅度的增长，预测 2020 年用水量达 10. 69 亿立方米。由于城市用水人口增加，山东省预计 2020 年城市生活用水量达 16. 09 亿立方米，天津市预计 2020 年城市生活用水量达 5. 00 亿立方米。

表 7-15　东部地区（北方省份）城市生活用水量预测结果

单位：亿立方米

年份	北京	河北	辽宁	山东	天津
2016	12. 58	7. 29	10. 58	15. 40	4. 27
2017	12. 85	7. 30	10. 61	15. 57	4. 45
2018	13. 12	7. 31	10. 64	15. 75	4. 63
2019	13. 39	7. 32	10. 67	15. 92	4. 81
2020	13. 66	7. 32	10. 69	16. 09	5. 00

表 7-16 报告了东部地区（南方省份）城市生活用水总量预测结果。福建省城市生活用水量将减少，预计 2020 年城市生活用水量为 5. 58 亿立方米。广东省的城区人口和城区暂住人口一直呈上升趋势，但人均生活用水量下降速度较快，故总体呈下降趋势，2020 年城市生活用水量预测值为 42. 47 亿立方米。海南省城市生活用水量预计有少量增长，2020 年城市生活用水量预测值为 2. 70 亿立方米。江苏省城市生活用水量将保持继续增长的趋势，2020 年城市生活用水量预测值为 25. 63 亿立方米。预计上海市城市生活用水量将下降，浙江省城市生活用水量变化幅度不大。

表 7-16　东部地区（南方省份）城市生活用水量预测结果

单位：亿立方米

年份	福建	广东	海南	江苏	上海	浙江
2016	6. 52	43. 23	2. 63	23. 55	12. 09	13. 66
2017	6. 32	43. 1	2. 67	24. 07	11. 38	13. 65
2018	6. 09	42. 93	2. 69	24. 59	10. 65	13. 64
2019	5. 85	42. 72	2. 70	25. 11	9. 90	13. 61
2020	5. 58	42. 47	2. 70	25. 63	9. 14	13. 57

（2）中部地区。

2016—2020 年，中部地区城市生活用水量以及占全国比重预计将有所下降。表 7-17 报告了中部地区城市生活用水量预测结果。河南省、黑龙江省、湖北省、湖南省、江西省的城市生活用水量将下降。吉林省城市生活用水总量呈现“倒 U 型”结构，原因在于，虽然城区人口和城区暂住人口不断在增加，但人均年生活用水量在下降。黑龙江省的城区人口和城区暂住人口一直呈上升趋势，但人均生活用水量下降较快，故总体呈下降趋势。

表 7-17 中部地区城市生活用水量预测结果

单位：亿立方米

年份	河南	黑龙江	吉林	山西	安徽	湖北	湖南	江西
2016	7.61	5.72	4.80	4.43	8.38	13.29	9.82	5.61
2017	7.49	5.57	4.85	4.46	8.41	12.97	9.70	5.53
2018	7.36	5.41	4.87	4.49	8.43	12.65	9.48	5.42
2019	7.22	5.24	4.85	4.51	8.44	12.32	9.25	5.31
2020	7.07	5.08	4.82	4.54	8.44	11.98	8.99	5.18

（3）西部地区。

2016—2020 年，西部地区城市生活用水量预计将保持增长趋势。例如，广西壮族自治区、贵州省等，原因在于这些地区的城区人口和城区暂住人口增速较快。虽然人均年生活用水量有所下降，但随着用水普及率的提高，城市生活用水总量呈上升趋势。表 7-18 报告了西部地区（北方省份）城市生活用水量预测结果，这 6 个省份的城市生活用水量预计将保持增长趋势。

表 7-18 西部地区（北方省份）城市生活用水量预测结果

单位：亿立方米

年份	甘肃	内蒙古	宁夏	青海	陕西	新疆
2016	3.07	3.20	2.40	1.38	6.28	4.56
2017	3.12	3.23	2.54	1.44	6.58	4.69
2018	3.16	3.26	2.68	1.49	6.89	4.82
2019	3.20	3.28	2.82	1.53	7.21	4.93
2020	3.21	3.30	2.96	1.57	7.50	5.04

表 7-19 报告了西部地区（南方省份）城市生活用水量预测结果。广西壮族自治区、贵州省、四川省、重庆市 4 个省份的城市生活用水量预计将保持增长趋势。西藏自治区、云南省的城市生活用水量预计将有所下降。

以上预测结果表明，北京市、山东省、广西壮族自治区等地区的城市生活用水量将持续增长，福建省、广东省、上海市等地区的城市生活用水量将有所下降，内蒙古自治区、吉林省等地区变化幅度较小。从整体的角度来看，全国城市生活用水量变化幅度不大。

表 7-19　西部地区（南方省份）城市生活用水量预测结果

单位：亿立方米

年份	广西	贵州	四川	西藏	云南	重庆
2016	9. 47	3. 39	12. 16	0. 67	3. 27	6. 94
2017	9. 65	3. 45	12. 33	0. 61	3. 12	7. 14
2018	9. 82	3. 5	12. 49	0. 52	2. 96	7. 34
2019	9. 99	3. 56	12. 65	0. 41	2. 79	7. 54
2020	10. 15	3. 61	12. 81	0. 28	2. 60	7. 73

本部分将系统动力学、面板数据模型、趋势预测等方法进行结合，对我国 31 个省份的城市生活用水总量进行预测，是一次新的尝试且对大部分省份的预测结果较好，有利于相关管理和服务部门为提高供水能力管理效率和服务水平制定相应的政策措施。不足之处在于，由于数据缺失导致数据时间长度不足，从而影响到模型的预测精度，但随着时间的推移，可获取的数据时间范围扩大时，通过修正模型，其预测的准确性会不断提高。

二、　工业用水量预测

本部分将采用趋势外推法对我国 31 个省份的工业用水量进行预测。利用各个省份 2002—2015 年的实际工业用水量数据，建立线性趋势线，得出各个省份的截距项和斜率，外推未来五年的工业用水量预测值。

（一）东部地区

2016—2020 年，东部地区工业用水量将保持继续下降的趋势，但占全国的比重将持续上升，东部地区预计 2020 年工业用水量为 93. 87 亿立方米。表 7-20 报告了东部地区（北方省份）工业用水量预测结果。北京市、河北省和辽宁省的工业用水量将持续下降，山东省和天津市的工业用水量将有所增长。

表 7-20　东部地区（北方省份）工业用水量预测结果

单位：亿立方米

年份	北京	河北	辽宁	山东	天津
2016	2. 07	6. 12	8. 54	14. 78	3. 16
2017	1. 92	6. 02	8. 14	15. 03	3. 19
2018	1. 77	5. 93	7. 74	15. 29	3. 21
2019	1. 63	5. 83	7. 35	15. 55	3. 23
2020	1. 48	5. 74	6. 95	15. 80	3. 26

表 7-21 报告了东部地区（南方省份）工业用水量预测结果。福建省、广东省和上海市的工业用水量将持续下降，海南省、江苏省和浙江省的工业用水量将有所增长。

表 7-21　东部地区（南方省份）工业用水量预测结果

单位：亿立方米

年份	福建	广东	海南	江苏	上海	浙江
2016	3. 91	22. 68	0. 73	20. 41	5. 12	11. 40
2017	3. 82	22. 24	0. 76	20. 52	4. 51	11. 49
2018	3. 73	21. 80	0. 80	20. 63	3. 90	11. 58
2019	3. 64	21. 37	0. 83	20. 74	3. 30	11. 66
2020	3. 55	20. 93	0. 87	20. 85	2. 69	11. 75

（二）中部地区

2016—2020 年，中部地区的工业用水量和占全国比重将持续下降。河南省预计 2020 年工业用水量为 5. 81 亿立方米。吉林省由于 2006 年工业用水量为 9. 17 亿立方米，2007 年突然下降至 3. 44 亿立方米，趋势线斜率的绝对值较大，因此选取 2007—2015 年的数据作为训练集，吉林省 2020 年的工业用水量预测值为 2. 27 亿立方米。湖南省 2020 年的工业用水量预测值将低于 2 亿立方米。江西省 2020 年的工业用水量预测值大约为 1 亿立方米（见表 7-22）。

表 7-22　中部地区工业用水量预测结果

单位：亿立方米

年份	河南	黑龙江	吉林	山西	安徽	湖北	湖南	江西
2016	6.46	6.38	2.67	2.81	3.19	5.49	3.11	1.42
2017	6.30	6.30	2.57	2.70	2.49	5.15	2.77	1.32
2018	6.13	6.21	2.47	2.60	1.78	4.80	2.43	1.22
2019	5.97	6.12	2.37	2.49	1.08	4.46	2.10	1.12
2020	5.81	6.03	2.27	2.38	0.38	4.11	1.76	1.02

（三）西部地区

2016—2020 年，西部地区工业用水量变化不大，预测值为 26 亿立方米左右，占全国工业用水量的比重将有所上升。表 7-23 报告了西部地区（北方省份）工业用水量预测结果。甘肃省和内蒙古自治区的工业用水量预计将持续下降。宁夏回族自治区的工业用水量预计变化幅度不大。青海省、陕西省和新疆维吾尔自治区的工业用水量预计将持续增长。

表 7-23　西部地区（北方省份）工业用水量预测结果

单位：亿立方米

年份	甘肃	内蒙古	宁夏	青海	陕西	新疆
2016	1.63	2.29	1.15	1.08	2.59	2.84
2017	1.48	2.22	1.14	1.12	2.61	2.90
2018	1.33	2.16	1.13	1.16	2.62	2.97
2019	1.18	2.09	1.12	1.20	2.64	3.03
2020	1.03	2.02	1.11	1.24	2.66	3.10

表 7-24 报告了西部地区（南方省份）的工业用水量预测结果。广西壮族自治区、西藏自治区、云南省和重庆市的工业用水量预计将持续增长。贵州省和四川省的工业用水量将持续下降。

表 7-24　西部地区（南方省份）工业用水量预测结果

单位：亿立方米

年份	广西	贵州	四川	西藏	云南	重庆
2016	5.92	0.71	3.57	0.29	1.85	2.66

续表

年份	广西	贵州	四川	西藏	云南	重庆
2017	5. 92	0. 65	3. 41	0. 30	1. 88	2. 68
2018	5. 93	0. 59	3. 26	0. 32	1. 91	2. 71
2019	5. 94	0. 54	3. 10	0. 33	1. 94	2. 73
2020	5. 95	0. 48	2. 95	0. 34	1. 97	2. 75

以上对全国 31 个省份的工业用水量进行了预测，省份之间的工业用水量变化趋势差异较大，北京市、河北省、辽宁省等部分省份处于下行阶段，广西壮族自治区、黑龙江省、吉林省等部分省份变化幅度较小，山东省、浙江省等部分省份处于上行阶段。从整体的角度来看，全国工业用水总量将继续处于下行阶段。

三、 生态环境用水量预测

在生态环境用水量预测方面，考虑到各个地区的数据时间长度较短、样本量较少，故采用灰色预测模型进行预测。灰色预测模型由于自身的特性，可以用于小样本预测，因此对样本的规律性分布不做要求，计算工作量小，并且对不确定因素的复杂系统具有较好的预测效果。由于西藏自治区的数据缺失较多，故本部分只对 30 个省份进行预测和分析。

（一）东部地区

首先对北京市的生态环境用水量进行预测和分析。利用 2003—2020 年的生态环境用水量进行建模，表 7-25 为东部地区（地方省份）生态环境用水量预测结果。北京市预测效果评价指标如下：残差平方和等于 2. 82，平均相对误差等于 14. 23%，相对精度为 85. 77%，后验差比值检验 C 值等于 0. 10，小残差概率 P 等于 1，满足 C 值<0. 35 和 P>0. 95 的条件，所以 GM（1，1）预测精度等级为好。图 7-10 展示了北京市生态环境用水实际值与预测值的曲线图，预测效果较好，生态环境用水量呈上升趋势，照此增长速度，预计 2020 年生态环境用水量达 23. 91 亿立方米。

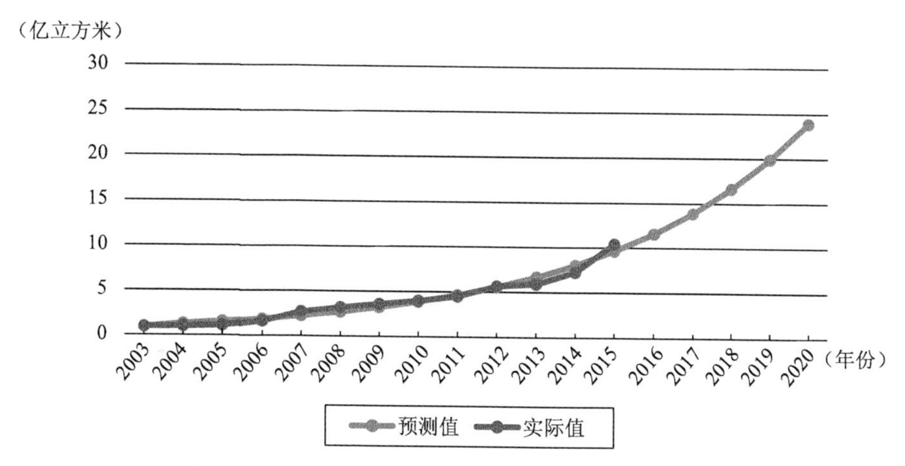

图 7-10　北京市生态环境用水实际值与预测值对比

通过相同的方法，可以得到其他地区的生态环境用水量预测值，如表 7-25 所示。

河北省预测效果评价指标如下：残差平方和等于 1.92，平均相对误差等于 14.98%，相对精度为 85.02%，后验差比值检验 C 值等于 0.17，小残差概率 P 等于 1，满足 C<0.35 和 P>0.95 的条件，所以 GM（1，1）预测精度等级为好。河北省生态环境用水量呈上升趋势，预计 2020 年生态环境用水量达 8.98 亿立方米。

辽宁省预测效果评价指标如下：残差平方和等于 2.52，平均相对误差等于 14.18%，相对精度为 85.82%，后验差比值检验 C 值等于 0.22，小残差概率 P 等于 1，满足 C<0.35 和 P>0.95 的条件，所以 GM（1，1）预测精度等级为好。辽宁省生态环境用水量呈上升趋势，预计 2020 年生态环境用水量达 10.54 亿立方米。

山东省预测效果评价指标如下：残差平方和等于 8.48，平均相对误差等于 15.17%，相对精度为 84.83%，后验差比值检验 C 值等于 0.30，小残差概率 P 等于 0.92，C 值<0.35，P>0.80，所以 GM（1，1）预测精度等级为合格。主要原因在于 2004 年和 2011 年的预测结果较差，实际值分别为1.68 亿立方米和 7.20 亿立方米，预测值分别为 2.54 亿立方米和 5.10 亿立方米。山东省生态环境用水量呈上升趋势，预计 2020 年生态环境用水量达 12.51 亿立方米。

天津市预测效果评价指标如下：残差平方和等于 1. 17，平均相对误差等于 20. 80%，相对精度为 79. 20%，后验差比值检验 C 值等于 0. 33，小残差概率 P 等于 1，满足 C<0. 35 和 P>0. 95 的条件，所以 GM（1，1）预测精度等级为好。主要原因在于 2013 年的预测结果较差，实际值为 0. 90 亿立方米，预测值为 1. 56 亿立方米。天津市生态环境用水量呈上升趋势，预计 2020 年生态环境用水量达 5. 48 亿立方米。

表 7-25　东部地区（北方省份）生态环境用水量预测结果

单位：亿立方米

年份	北京	河北	辽宁	山东	天津
2003	0. 95	0. 35	—	1. 38	0. 60
2004	1. 31	1. 68	0. 86	2. 54	0. 31
2005	1. 57	1. 86	1. 99	2. 81	0. 37
2006	1. 88	2. 07	2. 23	3. 10	0. 44
2007	2. 26	2. 30	2. 49	3. 43	0. 53
2008	2. 71	2. 55	2. 78	3. 79	0. 64
2009	3. 25	2. 83	3. 11	4. 18	0. 76
2010	3. 89	3. 15	3. 47	4. 62	0. 91
2011	4. 67	3. 49	3. 88	5. 10	1. 09
2012	5. 59	3. 88	4. 34	5. 64	1. 30
2013	6. 71	4. 31	4. 85	6. 23	1. 56
2014	8. 04	4. 79	5. 42	6. 88	1. 87
2015	9. 65	5. 31	6. 05	7. 60	2. 24
2016	11. 57	5. 90	6. 76	8. 40	2. 67
2017	13. 87	6. 56	7. 55	9. 28	3. 20
2018	16. 63	7. 28	8. 44	10. 25	3. 83
2019	19. 94	8. 09	9. 43	11. 32	4. 58
2020	23. 91	8. 98	10. 54	12. 51	5. 48

表 7-26 展示了东部地区（南方省份）生态环境用水量预测结果。福建省预测效果评价指标如下：残差平方和等于 1. 94，平均相对误差等于 19. 87%，相对精度为 80. 13%，后验差比值检验 C 值等于 0. 27，小残差概率 P 等于 1，满足 C<0. 35 和 P>0. 95 的条件，所以 GM（1，1）预测精度等级为

好。福建省生态环境用水量呈上升趋势，预计 2020 年生态环境用水量达 6. 11 亿立方米。

广东省预测效果评价指标如下：残差平方和等于 27. 20，平均相对误差等于 20. 77%，相对精度为 79. 23%，后验差比值检验 C 值等于 0. 57，小残差概率 P 等于 0. 85，C 值属于［0. 5，0. 65），P>0. 70，所以 GM（1，1）预测精度等级为勉强合格。主要原因在于 2011 年和 2014 年的预测结果较差，实际值分别为 9. 10 亿立方米和 5. 14 亿立方米，预测值分别为 6. 34 亿立方米和 6. 55 亿立方米。广东省生态环境用水量呈上升趋势，预计 2020 年生态环境用水量达 6. 99 亿立方米。

海南省预测效果评价指标如下：残差平方和等于 0. 01，平均相对误差等于 20. 29%，相对精度为 79. 71%，后验差比值检验 C 值等于 0. 13，小残差概率 P 等于 1，满足 C<0. 35 和 P>0. 95 的条件，所以 GM（1，1）预测精度等级为好。海南省生态环境用水量呈上升趋势，预计 2020 年生态环境用水量达 0. 49 亿立方米。

江苏省预测效果评价指标如下：残差平方和等于 142. 13，平均相对误差等于 41. 34%，相对精度为 58. 66%，后验差比值检验 C 值等于 0. 50，小残差概率 P 等于 1，C 值属于［0. 5，0. 65），P>0. 70，所以 GM（1，1）模型预测精度等级为勉强合格。主要原因在于 2005 年和 2009 年的预测结果较差，实际值分别为 4. 95 亿立方米和 3. 20 亿立方米，预测值分别为 11. 07 亿立方米和 6. 20 亿立方米。江苏省生态环境用水量呈下降趋势，预计 2020 年生态环境用水量降至 1. 26 亿立方米。

上海市预测效果评价指标如下：残差平方和等于 0. 64，平均相对误差等于 21. 60%，相对精度为 78. 40%，后验差比值检验 C 值等于 0. 23，小残差概率 P 等于 1，满足 C<0. 35 和 P>0. 95 的条件，所以 GM（1，1）预测精度等级为好。主要原因在于 2011 年的预测结果较差，实际值为 0. 50 亿立方米，预测值为 0. 88 亿立方米。上海市生态环境用水量呈下降趋势，预计 2020 年生态环境用水量降至 0. 29 亿立方米。

浙江省预测效果评价指标如下：残差平方和等于 130. 73，平均相对误差等于 23. 41%，相对精度 76. 59%，后验差比值检验 C 值等于 0. 56，小残差概率 P 等于 0. 92，C 值属于［0. 5，0. 65），P>0. 70，所以 GM（1，1）模型预测精度等级为勉强合格。主要原因在于 2011 年和 2012 年的预测结果较差，实际值分别为 4.60 亿立方米和 4.51 亿立方米，预测值分别为 7.70 亿立方米和 6.95 亿立方米。浙江省生态环境用水量呈下降趋势，预计 2020 年生态环境用水量降至 3.08 亿立方米。

表 7-26　东部地区（南方省份）生态环境用水量预测结果

单位：亿立方米

年份	福建	广东	海南	江苏	上海	浙江
2003	1.10	5.07	0.59	14.56	2.14	11.47
2004	0.92	5.88	0.06	12.79	2.07	15.71
2005	1.04	5.95	0.07	11.07	1.84	14.19
2006	1.17	6.01	0.08	9.58	1.62	12.81
2007	1.32	6.08	0.09	8.29	1.44	11.57
2008	1.48	6.14	0.10	7.17	1.27	10.45
2009	1.67	6.21	0.11	6.20	1.13	9.44
2010	1.88	6.27	0.13	5.37	1.00	8.52
2011	2.11	6.34	0.15	4.64	0.88	7.70
2012	2.38	6.41	0.17	4.02	0.78	6.95
2013	2.67	6.48	0.19	3.48	0.69	6.28
2014	3.01	6.55	0.22	3.01	0.61	5.67
2015	3.39	6.62	0.25	2.60	0.54	5.12
2016	3.81	6.69	0.29	2.25	0.48	4.63
2017	4.29	6.76	0.33	1.95	0.42	4.18
2018	4.83	6.84	0.38	1.69	0.38	3.77
2019	5.43	6.91	0.43	1.46	0.33	3.41
2020	6.11	6.99	0.49	1.26	0.29	3.08

（二）中部地区

表 7-27 是中部地区生态环境用水量预测结果。河南省预测结果如下：残差平方和等于 39.67，平均相对误差等于 23.44%，相对精度为 76.56%，后验差比值检验 C 值等于 0.46，小残差概率 P 等于 0.92，C 值属于［0.35，0.5），P>0.80，所以 GM（1，1）预测精度等级为合格。主要原因在于 2013 年和 2014

年的预测结果较差，实际值分别为 6.06 亿立方米和 5.06 亿立方米，预测值分别为 8.07 亿立方米和 8.56 亿立方米。河南省生态环境用水量呈上升趋势，预计 2020 年生态环境用水量达 12.19 亿立方米。

黑龙江省预测效果评价指标如下：残差平方和等于 35.52，平均相对误差等于 113.35%，相对精度为 13.35%，后验差比值检验 C 值等于 0.54，小残差概率 P 等于 0.85，C 值属于［0.5，0.65），P>0.70，所以 GM（1，1）模型预测精度等级为勉强合格。主要原因在于 2014 年的预测结果较差，实际值为 1.28 亿立方米，预测值为 3.37 亿立方米。黑龙江省生态环境用水量呈上升趋势，预计 2020 年生态环境用水量达 4.50 亿立方米。

吉林省预测效果评价指标如下：残差平方和等于 25.65，平均相对误差等于为 29.77%，相对精度 70.23%，后验差比值检验 C 值等于 0.51，小残差概率 P 等于 0.92，C 值属于［0.5，0.65），P>0.70，所以 GM（1，1）模型预测精度等级为勉强合格。主要原因在于 2011 年和 2014 年的预测结果较差，实际值分别为 7.90 亿立方米和 3.60 亿立方米，预测值分别为 4.19 亿立方米和 5.96 亿立方米。吉林省生态环境用水量呈上升趋势，预计 2020 年生态环境用水量达 12.02 亿立方米。

山西省预测效果评价指标如下：残差平方和等于 8.69，平均相对误差等于 83.96%，相对精度为 16.04%，后验差比值检验 C 值等于 0.36，小残差概率 P 等于 0.92，C 值属于［0.35，0.5），P>0.80，所以 GM（1，1）预测精度等级为合格。主要原因在于 2009 年和 2015 年的预测结果较差，实际值分别为 1.30 亿立方米和 2.30 亿立方米，预测值分别为 1.81 亿立方米和 4.30 亿立方米。山西省生态环境用水量呈上升趋势，预计 2020 年生态环境用水量达 8.86 亿立方米。

安徽省预测效果评价指标如下：残差平方和等于 3.13，平均相对误差等于 19.21%，相对精度为 80.79%，后验差比值检验 C 值等于 0.19，小残差概率 P 等于 1，满足 C<0.35 和 P>0.95 的条件，所以 GM（1，1）预测精度等级为好。安徽省生态环境用水量呈上升趋势，预计 2020 年生态环境用水量达 11.65 亿立方米。

湖北省预测效果评价为指标如下：残差平方和等于 0.08，平均相对误差等于 25.03%，相对精度为 74.97%，后验差比值检验 C 值等于 0.26，小残差概率P等于1，满足C<0.35和P>0.95的条件，所以GM（1，1）预测精度等级为好。湖北省生态环境用水量呈上升趋势，预计2020年生态环境用水量达2.22亿立方米。

湖南省预测效果评价指标如下：残差平方和等于0.77，平均相对误差等于6.63%，相对精度为93.37%，后验差比值检验C值等于0.35，小残差概率P等于1，C值属于［0.35，0.5），P>0.80，所以GM（1，1）预测精度等级为合格。主要原因在于2011年和2012年的预测结果较差，实际值分别为2.60亿立方米和2.46亿立方米，预测值分别为2.91亿立方米和2.86亿立方米。湖北省生态环境用水量呈下降趋势，预计2020年生态环境用水量降至2.47亿立方米。

江西省预测效果评价指标如下：残差平方和等于11.74，平均相对误差等于31.05%，相对精度为68.95%，后验差比值检验C值等于0.70，小残差概率P等于0.85，C值≥0.65，所以GM（1，1）预测精度等级为不合格。2009年和2010年的预测结果较差，实际值分别为4.80亿立方米和3.90亿立方米，预测值分别为2.21亿立方米和2.27亿立方米。江西省生态环境用水量呈上升趋势，预计2020年生态环境用水量达3.01亿立方米。

表7-27　中部地区生态环境用水量预测结果　　单位：亿立方米

年份	河南	黑龙江	吉林	山西	安徽	湖北	湖南	江西
2003	2.36	2.99	—	0.32	0.37	0.08	1.65	1.09
2004	4.75	2.09	2.42	0.88	1.15	0.04	3.31	1.92
2005	5.03	2.19	2.08	1.01	1.33	0.05	3.25	1.97
2006	5.34	2.30	2.34	1.17	1.53	0.06	3.19	2.03
2007	5.66	2.41	2.63	1.35	1.77	0.08	3.13	2.09
2008	6.01	2.53	2.95	1.56	2.05	0.10	3.07	2.15
2009	6.37	2.66	3.32	1.81	2.37	0.13	3.02	2.21
2010	6.76	2.79	3.73	2.09	2.73	0.17	2.96	2.27
2011	7.17	2.92	4.19	2.41	3.16	0.22	2.91	2.33
2012	7.60	3.07	4.71	2.79	3.65	0.28	2.86	2.40
2013	8.07	3.22	5.30	3.22	4.22	0.36	2.80	2.47
2014	8.56	3.37	5.96	3.72	4.88	0.47	2.75	2.54

续表

年份	河南	黑龙江	吉林	山西	安徽	湖北	湖南	江西
2015	9.08	3.54	6.70	4.30	5.64	0.61	2.70	2.61
2016	9.63	3.71	7.53	4.97	6.52	0.79	2.66	2.69
2017	10.21	3.90	8.46	5.74	7.54	1.02	2.61	2.76
2018	10.83	4.09	9.51	6.64	8.72	1.32	2.56	2.84
2019	11.49	4.29	10.69	7.67	10.07	1.71	2.51	2.92
2020	12.19	4.50	12.02	8.86	11.65	2.22	2.47	3.01

（三）西部地区

表7-28报告了西部地区（北方省份）生态环境用水量预测结果。甘肃省预测效果评价指标如下：残差平方和等于8.47，平均相对误差等于106.74%，相对精度为-6.75%，后验差比值检验C值等于0.52，小残差概率P等于0.92，C值属于［0.5，0.65），P>0.70，所以GM（1，1）模型预测精度等级为勉强合格。主要原因在于2013年和2014年的预测结果较差，实际值分别为1.79亿立方米和1.80亿立方米，预测值分别为2.70亿立方米和2.74亿立方米。甘肃省生态环境用水量呈上升趋势，预计2020年生态环境用水量达2.96亿立方米。

内蒙古自治区预测效果评价指标如下：残差平方和等于36.61，平均相对误差等于50.33%，相对精度为49.66%，后验差比值检验C值等于0.21，小残差概率P等于1，满足C<0.35和P>0.95的条件，所以GM（1，1）预测精度等级为好。内蒙古自治区生态环境用水量呈上升趋势，预计2020年生态环境用水达35.31亿立方米。

宁夏回族自治区预测效果评价指标如下：残差平方和等于0.69，平均相对误差等于19.57%，相对精度为80.43%，后验差比值检验C值等于0.21，小残差概率P等于1，满足C<0.35和P>0.95的条件，所以GM（1，1）预测精度等级为好。主要原因在于2009年和2011年的预测结果较差，实际值分别为1.60亿立方米和1.00亿立方米，预测值分别为1.17亿立方米和1.49亿立方米。宁夏回族自治区生态环境用水量呈上升趋势，预计2020年生态环境用水量达4.37亿立方米。

青海省预测效果评价指标如下：残差平方和等于0.73，平均相对误差等于68.33%，相对精度为31.67%，后验差比值检验C值等于0.55，小残差概率P等于0.77，C值属于［0.5，0.65），P>0.70，所以GM（1，1）预测精度等级为勉强合格。主要原因在于2006年、2012年和2013年的预测结果较差，实际值分别为0.17亿立方米、0.20亿立方米和0.20亿立方米，预测值分别为0.36亿立方米、0.45亿立方米和0.47亿立方米。青海省生态环境用水量呈上升趋势，预计2020年生态环境用水量达0.60亿立方米。

陕西省预测效果评价指标如下：残差平方和等于0.58，平均相对误差等于14.08%，相对精度为85.91%，后验差比值检验C值等于0.19，小残差概率P等于1，满足C<0.35和P>0.95的条件，所以GM（1，1）预测精度等级为好。陕西省生态环境用水量呈上升趋势，预计2020年生态环境用水量达6.15亿立方米。

新疆维吾尔自治区预测效果评价指标如下：残差平方和等于328.37，平均相对误差等于41.59%，相对精度为58.41%，后验差比值检验C值等于0.41，小残差概率P等于0.92，C值属于［0.35，0.5），P>0.80，所以GM（1，1）预测精度等级为合格。主要原因在于2010年、2012年和2013年的预测结果较差，实际值分别为26.50亿立方米、4.02亿立方米和5.83亿立方米，预测值分别为13.51亿立方米、10.75亿立方米和9.59亿立方米。新疆维吾尔自治区生态环境用水量呈下降趋势，预计2020年生态环境用水量降至4.32亿立方米。

表7-28　西部地区（北方省份）生态环境用水量预测结果

单位：亿立方米

年份	甘肃	内蒙古	宁夏	青海	陕西	新疆
2003	0.21	0.73	0.44	0.16	0.09	24.36
2004	2.40	4.44	0.64	0.34	0.53	26.78
2005	2.44	5.06	0.72	0.35	0.61	23.89
2006	2.47	5.76	0.82	0.36	0.72	21.32
2007	2.50	6.55	0.92	0.38	0.84	19.02
2008	2.53	7.46	1.04	0.39	0.97	16.97
2009	2.57	8.49	1.17	0.41	1.14	15.14
2010	2.60	9.66	1.32	0.42	1.32	13.51

续表

年份	甘肃	内蒙古	宁夏	青海	陕西	新疆
2011	2.63	11.00	1.49	0.43	1.54	12.05
2012	2.67	12.52	1.67	0.45	1.80	10.75
2013	2.70	14.26	1.89	0.47	2.10	9.59
2014	2.74	16.23	2.13	0.48	2.45	8.56
2015	2.78	18.47	2.40	0.50	2.85	7.64
2016	2.81	21.03	2.71	0.52	3.33	6.81
2017	2.85	23.94	3.05	0.54	3.88	6.08
2018	2.89	27.25	3.44	0.56	4.52	5.42
2019	2.92	31.02	3.88	0.58	5.28	4.84
2020	2.96	35.31	4.37	0.60	6.15	4.32

表7-29展示了西部地区（南方省份）生态环境用水量预测结果。广西壮族自治区预测效果评价指标如下：残差平方和等于17.87，平均相对误差等于30.93%，相对精度为69.07%，后验差比值检验C值等于0.37，小残差概率P等于1，C值属于［0.35，0.5），P>0.80，所以GM（1，1）预测精度等级为合格。主要原因在于2004年、2014年和2015年的预测结果较差，实际值分别为3.10亿立方米、2.35亿立方米和2.40亿立方米，预测值分别为4.72亿立方米、3.63亿立方米和3.53亿立方米。广西壮族自治区生态环境用水量呈下降趋势，预计2020年生态环境用水量降至3.10亿立方米。

贵州省预测效果评价指标如下：残差平方和等于0.19，平均相对误差等于21.80%，相对精度为78.20%，后验差比值检验C值等于0.66，小残差概率P等于0.92，C值≥0.65，所以GM（1，1）预测精度等级为不合格。主要原因在于2012年的预测结果较差，实际值为0.27亿立方米，预测值为0.60亿立方米。贵州省生态环境用水量呈上升趋势，预计2020年生态环境用水量达0.68亿立方米。

四川省预测效果评价指标如下：残差平方和等于3.64，平均相对误差等于19.25%，相对精度为80.75%，后验差比值检验C值等于0.26，小残差概率P等于1，满足C<0.35和P>0.95的条件，所以GM（1，1）预测精度等级为好。四川省生态环境用水量呈上升趋势，预计2020年生态环境用水量达8.26亿立方米。

云南省预测效果评价指标如下：残差平方和等于13.66，平均相对误差等于56.83%，相对精度为43.17%，后验差比值检验C值等于0.60，小残差概率P等于0.85，C值属于［0.5，0.65），P>0.70，所以GM（1，1）预测精度等级为勉强合格。主要原因在于2004年、2011年和2012年的预测结果较差，实际值分别为0.85亿立方米、1.00亿立方米和2.04亿立方米，预测值分别为1.66亿立方米、1.98亿立方米和2.03亿立方米。云南省生态环境用水量呈上升趋势，预计2020年生态环境用水量达2.48亿立方米。

重庆市预测效果评价指标如下：残差平方和等于0.02，平均相对误差等于6.58%，相对精度为93.42%，后验差比值检验C值等于0.11，小残差概率P等于1，满足C<0.35和P>0.95的条件，所以GM（1，1）预测精度等级为好。重庆市生态环境用水量呈上升趋势，预计2020年生态环境用水量达1.70亿立方米。

表7-29　西部地区（南方省份）生态环境用水量预测结果

单位：亿立方米

年份	广西	贵州	四川	云南	重庆
2003	3.24	0.38	1.80	0.84	0.34
2004	4.72	0.54	1.24	1.66	0.32
2005	4.59	0.54	1.40	1.70	0.35
2006	4.47	0.55	1.57	1.75	0.39
2007	4.36	0.56	1.77	1.79	0.44
2008	4.25	0.57	1.99	1.84	0.48
2009	4.14	0.58	2.24	1.88	0.54
2010	4.03	0.59	2.53	1.93	0.60
2011	3.92	0.60	2.84	1.98	0.66
2012	3.82	0.60	3.20	2.03	0.73
2013	3.72	0.61	3.60	2.08	0.82
2014	3.63	0.62	4.06	2.14	0.91
2015	3.53	0.63	4.57	2.19	1.01
2016	3.44	0.64	5.14	2.25	1.12
2017	3.35	0.65	5.79	2.30	1.24
2018	3.27	0.66	6.52	2.36	1.38

续表

年份	广西	贵州	四川	云南	重庆
2019	3.18	0.67	7.34	2.42	1.53
2020	3.10	0.68	8.26	2.48	1.70

以上是利用灰色预测模型对我国30个省份的生态环境用水进行预测分析。对于北京市、重庆市等一些具有明显趋势和规律的省份具有较好的预测效果，江西省、贵州省等地区的预测效果较差。江苏省、浙江省、上海市、广西壮族自治区和新疆维吾尔自治区的生态环境用水量预计将有所下降，其他省份将继续增长。从整体角度来看，全国的生态环境用水量将持续增长。

本节对我国各个省份的城市生活用水量、工业用水量、生态环境用水量进行预测。结果显示：①受城市用水人口增长趋势、城市人均日生活用水量、城市用水普及率等因素影响，不同地区的城市生活用水量显示出不同的变化趋势，但全国城市生活用水总量变化幅度不大。②受工业总产值、工业用水效率等因素影响，不同地区的工业用水量变化趋势呈现出不同的特征，但全国工业用水总量将有所下降。③除少数省份外，我国大部分省份的生态环境用水量将持续增长，故全国生态环境用水总量将有所增长。因此，需要从时间和空间上解决地区之间的结构性失衡问题。由于影响各地区用水量的因素较多，各地区差异较大，同一个模型对不同地区的预测效果差别较大，在今后预测工作中需要结合各地区实际情况，选择合适的预测模型。

第五节　中国各省份城市供水总量预测

在供水量预测方面，考虑到各个地区的数据时间长度较短、样本量较少，故采用灰色预测模型进行预测。

一、东部地区

利用2003—2015年的供水量进行建模，表7-30为东部地区（北方省份）供水量预测结果。北京市预测效果评价指标如下：残差平方和等于6.98，平均相对误差等于4.02%，相对精度为95.98%，后验差比值检验C值等于0.26，小残差概率P等于1，满足C<0.35和P>0.95的条件，所以GM（1，1）预测精度等级为好。北京市供水量呈上升趋势，照此增长速度，预计2020年供水量达20.73亿立方米。

天津市预测效果评价指标如下：残差平方和等于0.44，平均相对误差等于2.00%，相对精度为98.00%，后验差比值检验C值等于0.21，小残差概率P等于1，满足C<0.35和P>0.95的条件，所以GM（1，1）预测精度等级为好。天津市供水量呈上升趋势，预计2020年供水量达9.28亿立方米。

河北省预测效果评价指标如下：残差平方和等于8.71，平均相对误差等于4.56%，相对精度为95.44%，后验差比值检验C值等于0.47，小残差概率P等于0.92，C值属于［0.35，0.5），P>0.80，所以GM（1，1）预测精度等级为合格。河北省供水量呈上升趋势，预计2020年供水量达18.24亿立方米。

辽宁省预测效果评价指标如下：残差平方和等于10.00，平均相对误差等于2.87%，相对精度为97.12%，后验差比值检验C值等于0.46，小残差概率P等于0.92，C值属于［0.35，0.5），P>0.80，所以GM（1，1）预测精度等级为合格。辽宁省供水量呈下降趋势，预计2020年供水量降至25.58亿立方米。

山东省预测效果评价指标如下：残差平方和等于13.71，平均相对误差等于3.22%，相对精度为96.78%，后验差比值检验C值等于0.19，小残差概率P等于1，满足C<0.35和P>0.95的条件，所以GM（1，1）预测精度等级为好。山东省供水量呈上升趋势，预计2020年供水量达40.66亿立方米（见表7-30）。

表7-30　东部地区（北方省份）供水量预测结果

单位：亿立方米

年份	北京	天津	河北	辽宁	山东
2003	12.88	6.45	16.01	28.05	25.98
2004	13.66	6.38	15.00	28.77	25.36
2005	14.02	6.53	15.19	28.56	26.12
2006	14.39	6.69	15.37	28.35	26.91
2007	14.77	6.85	15.56	28.14	27.71

续表

年份	北京	天津	河北	辽宁	山东
2008	15.16	7.01	15.75	27.93	28.54
2009	15.56	7.17	15.95	27.73	29.39
2010	15.98	7.34	16.14	27.53	30.27
2011	16.40	7.52	16.34	27.32	31.18
2012	16.83	7.70	16.54	27.12	32.11
2013	17.27	7.88	16.75	26.93	33.08
2014	17.73	8.06	16.95	26.73	34.07
2015	18.20	8.26	17.16	26.53	35.09
2016	18.68	8.45	17.37	26.34	36.14
2017	19.17	8.65	17.58	26.15	37.22
2018	19.68	8.85	17.80	25.95	38.33
2019	20.20	9.06	18.02	25.76	39.48
2020	20.73	9.28	18.24	25.58	40.66

表7-31展示了东部地区（南方省份）供水总量预测结果。上海市预测效果评价指标如下：残差平方和等于13.80，平均相对误差等于2.61%，相对精度为97.39%，后验差比值检验C值等于0.47，小残差概率P等于0.92。C值属于［0.35，0.5），P>0.80，所以GM（1，1）模型预测精度等级为合格。上海市供水量呈下降趋势，预计2020年供水量降至30.31亿立方米。

江苏省预测效果评价指标如下：残差平方和等于43.40，平均相对误差等于3.43%，相对精度为96.57%，后验差比值检验C值等于0.29，小残差概率P等于1，满足C<0.35和P>0.95的条件，所以GM（1，1）预测精度等级为好。江苏省供水量呈上升趋势，预计2020年供水量达56.47亿立方米。

浙江省预测效果评价指标如下：残差平方和等于8.84，平均相对误差等于2.61%，相对精度为97.38%，后验差比值检验C值等于0.20，小残差概率P等于1，满足C<0.35和P>0.95的条件，所以GM（1，1）预测精度等级为好。浙江省供水量呈上升趋势，预计2020年供水量达34.96亿立方米。

福建省预测效果评价指标如下：残差平方和等于1.99，平均相对误差等于2.24%，相对精度为97.76%，后验差比值检验C值等于0.19，小残差概率P等于1，满足C<0.35和P>0.95的条件，所以GM（1，1）预测精度等级为好。福建省供水量呈上升趋势，预计 2020 年供水量达 18. 71 亿立方米。

广东省预测效果评价指标如下：残差平方和等于 495. 61，平均相对误差等于4. 41%，相对精度为95. 58%，后验差比值检验 C 值等于0. 58，小残差概率 P 等于0. 92，C 值属于［0. 5，0. 65），P>0. 70，所以 GM（1，1）预测精度等级为勉强合格。广东省供水量呈上升趋势，预计 2020 年供水量达 86. 55 亿立方米。

海南省预测效果评价指标如下：残差平方和等于 0. 15，平均相对误差等于2. 92%，相对精度为97. 08%，后验差比值检验 C 值等于0. 10，小残差概率 P 等于1，满足 C<0. 35 和 P>0. 95 的条件，所以 GM（1，1）预测精度等级为好。海南省供水量呈上升趋势，预计 2020 年供水量达 6. 21 亿立方米。

表 7-31　东部地区（南方省份）供水量预测结果

单位：亿立方米

年份	上海	江苏	浙江	福建	广东	海南
2003	30. 83	38. 04	23. 55	11. 85	56. 89	2. 02
2004	34. 22	41. 23	24. 57	11. 57	79. 38	2. 30
2005	33. 96	42. 05	25. 12	11. 92	79. 81	2. 45
2006	33. 71	42. 89	25. 68	12. 28	80. 24	2. 61
2007	33. 45	43. 74	26. 25	12. 66	80. 68	2. 77
2008	33. 20	44. 61	26. 83	13. 04	81. 12	2. 95
2009	32. 95	45. 49	27. 43	13. 44	81. 55	3. 14
2010	32. 70	46. 39	28. 04	13. 85	82. 00	3. 34
2011	32. 45	47. 32	28. 67	14. 28	82. 44	3. 55
2012	32. 21	48. 25	29. 31	14. 71	82. 89	3. 78
2013	31. 97	49. 21	29. 96	15. 16	83. 34	4. 02
2014	31. 72	50. 19	30. 63	15. 62	83. 79	4. 28
2015	31. 48	51. 19	31. 31	16. 10	84. 24	4. 56
2016	31. 25	52. 20	32. 01	16. 59	84. 70	4. 85
2017	31. 01	53. 24	32. 72	17. 10	85. 16	5. 16
2018	30. 78	54. 29	33. 45	17. 62	85. 62	5. 49
2019	30. 54	55. 37	34. 20	18. 16	86. 08	5. 84
2020	30. 31	56. 47	34. 96	18. 71	86. 55	6. 21

二、 中部地区

表 7-32 为中部地区供水量预测结果。山西省预测效果评价指标如下：残差平方和等于 1.14，平均相对误差等于 2.85%，相对精度为 97.15%，后验差比值检验 C 值等于 0.64，小残差概率 P 等于 0.76，C 值属于［0.5，0.65），P>0.70，所以 GM（1，1）预测精度等级为勉强合格。山西省供水量呈上升趋势，预计 2020 年供水量达 8.26 亿立方米。

吉林省预测效果评价指标如下：残差平方和等于 28.45，平均相对误差等于 12.44%，相对精度为 87.56%，后验差比值检验 C 值等于 0.31，小残差概率 P 等于 1，满足 C<0.35 和 P>0.95 的条件，所以 GM（1，1）预测精度等级为好。吉林省供水量呈下降趋势，预计 2020 年供水量降至 7.49 亿立方米。

黑龙江省预测效果评价指标如下：残差平方和等于 29.09，平均相对误差等于 8.96%，相对精度为 91.04%，后验差比值检验 C 值等于 0.60，小残差概率 P 等于 0.92，C 值属于［0.5，0.65），P>0.70，所以 GM（1，1）模型预测精度等级为勉强合格。黑龙江省供水量呈上升趋势，预计 2020 年供水量达 15.93 亿立方米。

河南省预测结果如下：残差平方和等于 5.71，平均相对误差等于 3.23%，相对精度为 96.76%，后验差比值检验 C 值等于 0.50，小残差概率 P 等于 0.85，C 值属于［0.5，0.65），P>0.80，所以 GM（1，1）预测精度等级为合格。河南省供水量呈上升趋势，预计 2020 年供水量达 19.86 亿立方米。

安徽省预测效果评价指标如下：残差平方和等于 17.70，平均相对误差等于 6.05%，相对精度为 93.95%，后验差比值检验 C 值等于 0.34，小残差概率 P 等于 1，满足 C<0.35 和 P>0.95 的条件，所以 GM（1，1）预测精度等级为好。安徽省供水量呈下降趋势，预计 2020 年供水量降至 13.70 亿立方米。

江西省预测效果评价指标如下：残差平方和等于 34.28，平均相对误差等于 14.51%，相对精度为 85.49%，后验差比值检验 C 值等于 0.33，小残差概率 P 等于 1，满足 C<0.35 和 P>0.95 的条件，所以 GM（1，1）预测精度等级为好。江西省供水量呈下降趋势，预计 2020 年供水量降至 7.20 亿立方米。

湖北省预测效果评价指标如下：残差平方和等于 14.73，平均相对误差等于 3.60%，相对精度为 94.40%，后验差比值检验 C 值等于 0.57，小残差概率

P 等于 0.92，C 值属于［0.5，0.65），P>0.70，所以 GM（1，1）模型预测精度等级为勉强合格。湖北省供水量呈下降趋势，预计 2020 年供水量降至 26.19 亿立方米。

湖南省预测效果评价指标如下：残差平方和等于 43.01，平均相对误差等于 7.88%，相对精度为 92.12%，后验差比值检验 C 值等于 0.35，小残差概率 P 等于 0.92，C 值属于［0.35，0.5），P>0.80，所以 GM（1，1）预测精度等级为合格。湖南省供水量呈下降趋势，预计 2020 年供水量降至 15.08 亿立方米。

表 7-32　中部地区供水量预测结果

单位：亿立方米

年份	山西	吉林	黑龙江	河南	安徽	江西	湖北	湖南
2003	7.75	15.96	15.34	18.51	20.41	14.32	25.78	26.27
2004	8.28	14.25	15.00	17.41	20.45	13.72	26.52	23.87
2005	8.28	13.69	15.05	17.55	19.94	13.17	26.50	23.19
2006	8.28	13.15	15.11	17.70	19.45	12.65	26.48	22.54
2007	8.27	12.63	15.17	17.85	18.97	12.16	26.46	21.90
2008	8.27	12.13	15.22	17.99	18.50	11.68	26.43	21.28
2009	8.27	11.66	15.28	18.14	18.04	11.22	26.41	20.68
2010	8.27	11.20	15.34	18.29	17.60	10.77	26.39	20.09
2011	8.27	10.75	15.40	18.44	17.16	10.35	26.37	19.53
2012	8.27	10.33	15.46	18.59	16.74	9.94	26.35	18.97
2013	8.27	9.92	15.51	18.75	16.32	9.55	26.33	18.44
2014	8.27	9.53	15.57	18.90	15.92	9.17	26.31	17.92
2015	8.26	9.16	15.63	19.06	15.52	8.81	26.29	17.41
2016	8.26	8.79	15.69	19.21	15.14	8.46	26.27	16.92
2017	8.26	8.45	15.75	19.37	14.77	8.13	26.25	16.44
2018	8.26	8.11	15.81	19.53	14.40	7.81	26.23	15.97
2019	8.26	7.79	15.87	19.69	14.04	7.50	26.21	15.52
2020	8.26	7.49	15.93	19.86	13.70	7.20	26.19	15.08

三、 西部地区

表 7-33 报告了西部地区（北方省份）供水量预测结果。陕西省预测效果评价指标如下：残差平方和等于 1. 32，平均相对误差等于 3. 18%，相对精度为 96. 82%，后验差比值检验 C 值等于 0. 28，小残差概率 P 等于 1，满足 C<0. 35 和 P>0. 95 的条件，所以 GM（1，1）预测精度等级为好。陕西省供水量呈上升趋势，预计 2020 年供水量达 10. 73 亿立方米。

甘肃省预测效果评价指标如下：残差平方和等于 0. 82，平均相对误差等于 3. 85%，相对精度为 96. 15%，后验差比值检验 C 值等于 0. 36，小残差概率 P 等于 0. 92，C 值属于［0. 35，0. 5），P>0. 80，所以 GM（1，1）模型预测精度等级为合格。甘肃省供用水量呈下降趋势，预计 2020 年供水量降至 5. 13 亿立方米。

青海省预测效果评价指标如下：残差平方和等于 0. 10，平均相对误差等于 4. 57%，相对精度为 95. 42%，后验差比值检验 C 值等于 0. 11，小残差概率 P 等于 1，满足 C<0. 35 和 P>0. 95 的条件，所以 GM（1，1）预测精度等级为好。青海省供水量呈上升趋势，预计 2020 年供水量达 3. 51 亿立方米。

宁夏回族自治区预测效果评价指标如下：残差平方和等于 0. 09，平均相对误差等于 2. 89%，相对精度为 97. 11%，后验差比值检验 C 值等于 0. 16，小残差概率 P 等于 1，满足 C<0. 35 和 P>0. 95 的条件，所以 GM（1，1）预测精度等级为好。宁夏回族自治区供水量呈上升趋势，预计 2020 年供水量达 3. 50 亿立方米。

新疆维吾尔自治区预测效果评价指标如下：残差平方和等于 1. 53，平均相对误差等于 3. 93%，相对精度为 96. 07%，后验差比值检验 C 值等于 0. 22，小残差概率 P 等于 1，满足 C<0. 35 和 P>0. 95 的条件，所以 GM（1，1）预测精度等级为好。新疆维吾尔自治区供水量呈上升趋势，预计 2020 年供水量达 11. 76 亿立方米。

内蒙古自治区预测效果评价指标如下：残差平方和等于 2. 80，平均相对误差等于 6. 85%，相对精度为 93. 15%，后验差比值检验 C 值等于 0. 41，小残差概率 P 等于 0. 92，C 值属于［0. 35，0. 5），P>0. 80，所以 GM（1，1）模型预测精度等级为合格。内蒙古自治区供水量呈上升趋势，预计 2020 年供水量达 8.18 亿立方米。

表 7-33　西部地区（北方省份）供水量预测结果

单位：亿立方米

年份	陕西	甘肃	青海	宁夏	新疆	内蒙古
2003	7.36	6.21	1.44	2.29	7.67	5.93
2004	7.00	6.37	1.39	2.45	5.95	5.44
2005	7.19	6.28	1.48	2.51	6.20	5.58
2006	7.38	6.20	1.56	2.56	6.48	5.73
2007	7.58	6.12	1.66	2.62	6.76	5.87
2008	7.79	6.03	1.76	2.68	7.05	6.03
2009	8.00	5.95	1.86	2.74	7.36	6.18
2010	8.21	5.87	1.97	2.80	7.68	6.34
2011	8.44	5.79	2.09	2.87	8.01	6.50
2012	8.66	5.71	2.21	2.93	8.36	6.67
2013	8.90	5.64	2.34	3.00	8.73	6.84
2014	9.14	5.56	2.48	3.06	9.11	7.02
2015	9.39	5.49	2.63	3.13	9.50	7.20
2016	9.64	5.41	2.79	3.20	9.92	7.39
2017	9.90	5.34	2.95	3.28	10.35	7.58
2018	10.17	5.27	3.13	3.35	10.80	7.77
2019	10.45	5.20	3.32	3.42	11.27	7.97
2020	10.73	5.13	3.51	3.50	11.76	8.18

表 7-34 展示了西部地区（南方省份）供水量预测结果。广西壮族自治区预测效果评价指标如下：残差平方和等于 1.27，平均相对误差等于 1.82%，相对精度为 98.18%，后验差比值检验 C 值等于 0.16，小残差概率 P 等于 1，满足 C<0.35 和 P>0.95 的条件，所以 GM（1，1）预测精度等级为好。广西壮族自治区供水量呈上升趋势，预计 2020 年供水量达 19.10 亿立方米。

重庆市预测效果评价指标如下：残差平方和等于 2.63，平均相对误差等于 5.21%，相对精度为 94.79%，后验差比值检验 C 值等于 0.14，小残差概率 P 等于 1，满足 C<0.35 和 P>0.95 的条件，所以 GM（1，1）预测精度等级为好。重庆市供水量呈上升趋势，预计 2020 年供水量达 15.35 亿立方米。

四川省预测效果评价指标如下：残差平方和等于 14.25，平均相对误差等于 5.43%，相对精度为 94.57%，后验差比值检验 C 值等于 0.27，小残差概率 P 等于 1，满足 C<0.35 和 P>0.95 的条件，所以 GM（1，1）预测精度等级为好。四川省供水量呈上升趋势，预计 2020 年供水量达 24.79 亿立方米。

贵州省预测效果评价指标如下：残差平方和等于 2.53，平均相对误差等于 7.72%，相对精度为 92.28%，后验差比值检验 C 值等于 0.56，小残差概率 P 等于 0.85，C 值属于［0.5，0.65），P>0.70，所以 GM（1，1）预测精度等级为勉强合格。贵州省供水量呈上升趋势，预计 2020 年供水量达 5.38 亿立方米。

云南省预测效果评价指标如下：残差平方和等于 3.06，平均相对误差等于 6.34%，相对精度为 93.66%，后验差比值检验 C 值等于 0.37，小残差概率 P 等于 0.92，C 值属于［0.35，0.5），P>0.80，所以 GM（1，1）预测精度等级为合格。云南省供水量呈上升趋势，预计 2020 年生态环境用水量达 9.06 亿立方米。

西藏自治区预测效果评价指标如下：残差平方和等于 0.16，平均相对误差等于 10.27%，相对精度为 89.73%，后验差比值检验 C 值等于 0.20，小残差概率 P 等于 1，满足 C<0.35 和 P>0.95 的条件，所以 GM（1，1）预测精度等级为好。西藏自治区供水量呈上升趋势，预计 2020 年供水量达 2.39 亿立方米。

表 7-34　西部地区（南方省份）供水量预测结果

单位：亿立方米

年份	广西	重庆	四川	贵州	云南	西藏
2003	13.44	7.11	16.56	4.52	5.27	0.54
2004	12.89	6.32	15.08	4.94	5.38	0.54
2005	13.21	6.68	15.55	4.97	5.56	0.59
2006	13.54	7.06	16.05	4.99	5.74	0.65
2007	13.87	7.46	16.55	5.02	5.93	0.71
2008	14.22	7.89	17.07	5.05	6.13	0.78

续表

年份	广西	重庆	四川	贵州	云南	西藏
2009	14.57	8.34	17.61	5.07	6.33	0.86
2010	14.94	8.81	18.17	5.10	6.54	0.94
2011	15.31	9.32	18.74	5.13	6.76	1.03
2012	15.69	9.85	19.33	5.16	6.98	1.13
2013	16.08	10.41	19.94	5.18	7.21	1.24
2014	16.48	11.00	20.57	5.21	7.45	1.37
2015	16.89	11.63	21.22	5.24	7.70	1.50
2016	17.31	12.30	21.89	5.27	7.95	1.65
2017	17.74	13.00	22.58	5.29	8.22	1.81
2018	18.18	13.74	23.29	5.32	8.49	1.98
2019	18.63	14.52	24.03	5.35	8.77	2.18
2020	19.10	15.35	24.79	5.38	9.06	2.39

以上是利用灰色预测模型对我国31个省份的供水进行预测分析。对于北京市、山东省、重庆市等一些具有明显趋势和规律的省份具有较好的预测效果，广东省、黑龙江省、湖北省等地区的预测效果较差。辽宁省、吉林省、上海市、安徽省、浙江省、江西省、湖北省、湖南省和甘肃省的供水量预计将有所下降，其他省份将继续增长。从整体角度来看，全国的供水将持续增长。

第六节　中国各省份城市水资源供需平衡分析

前两节对我国各省份的城市需水量和供水量进行了预测，本节将根据预测结果对各省份未来五年的城市水资源供需平衡进行分析和讨论。

供需平衡的计算过程如下：将目标省份预测的城市生活用水量、工业用水量、生态环境用水量进行求和，得到该省份的需水预测量，而后减去供水预测量，即可得到供需缺口。

一、 东部地区

表 7-35 报告了 2016—2020 年东部地区城市水资源供需状况。北京市的供需缺口增大，原因在于生态环境用水量增加，但城市生活用水量和工业用水量均呈下降趋势。与北京市情况类似的省份还有河北省、辽宁省等。天津市的城市生活用水量、工业用水量、生态环境用水量均有增加，供需缺口不断增大。从南北地区的角度来看，东部地区出现城市水资源供需缺口的均为北方省份。

表 7-35　2016—2020 年东部地区城市水资源供需状况

单位：亿立方米

年份	2016	2017	2018	2019	2020
北京	-7.54	-9.47	-11.84	-14.76	-18.32
河北	-1.94	-2.30	-2.72	-3.22	-3.80
辽宁	0.46	-0.15	-0.87	-1.69	-2.60
山东	-2.44	-2.66	-2.96	-3.31	-3.74
天津	-1.65	-2.19	-2.82	-3.56	-4.46
福建	2.35	2.67	2.97	3.24	3.47
广东	12.10	13.06	14.05	15.08	16.16
海南	1.20	1.40	1.62	1.88	2.15
江苏	5.99	6.70	7.38	8.06	8.73
上海	13.56	14.70	15.85	17.01	18.19
浙江	2.32	3.40	4.46	5.52	6.56

二、 中部地区

表 7-36 中，中部地区城市水资源供需出现缺口的省份有河南省、吉林省、山西省、安徽省、江西省。这些省份的城市生活用水量和工业用水量总体呈下降趋势，出现缺口的主要原因是生态环境用水量增加。

表 7-36　中部地区城市水资源供需状况

单位：亿立方米

年份	2016	2017	2018	2019	2020
河南	-4.49	-4.63	-4.79	-4.99	-5.21
黑龙江	-0.12	-0.02	0.10	0.22	0.32
吉林	-6.21	-7.43	-8.74	-10.12	-11.62
山西	-3.95	-4.64	-5.47	-6.41	-7.52
安徽	-2.95	-3.67	-4.53	-5.55	-6.77
湖北	6.70	7.11	7.46	7.72	7.88
湖南	1.33	1.36	1.50	1.66	1.86
江西	-1.26	-1.48	-1.67	-1.85	-2.01

三、西部地区

表 7-37 中，西部地区城市水资源供需出现缺口的省份有甘肃省、内蒙古自治区、宁夏回族自治区、陕西省、新疆维吾尔自治区、广西壮族自治区。其中，新疆维吾尔自治区、广西壮族自治区的缺口在减小。陕西省的城市生活用水量、工业用水量、生态环境用水量总体呈上升趋势，虽然供水量有所增加，但仍可能无法满足缺口。新疆维吾尔自治区和广西壮族自治区的城市生活用水量、工业用水量总体呈上升趋势，但生态环境用水量呈下降趋势，故缺口不断减小。

表 7-37　西部地区城市水资源供需状况

单位：亿立方米

年份	2016	2017	2018	2019	2020
甘肃	-2.10	-2.11	-2.11	-2.10	-2.07
内蒙古	-19.13	-21.81	-24.90	-28.42	-32.45
宁夏	-3.06	-3.45	-3.90	-4.40	-4.94
青海	-0.19	-0.15	-0.08	0.01	0.10
陕西	-2.56	-3.17	-3.86	-4.68	-5.58
新疆	-4.29	-3.32	-2.41	-1.53	-0.70
广西	-1.52	-1.18	-0.84	-0.48	-0.10

续表

年份	2016	2017	2018	2019	2020
贵州	0. 53	0. 54	0. 57	0. 58	0. 61
四川	1. 02	1. 05	1. 02	0. 94	0. 77
西藏	0. 69	0. 90	1. 14	1. 44	1. 77
云南	0. 58	0. 92	1. 26	1. 62	2. 01
重庆	1. 58	1. 94	2. 31	2. 72	3. 17

第八章　城市水资源承载能力分析

水资源是人类社会不可替代的重要资源。随着社会经济的发展，人类对水资源的开发利用强度逐渐增大，水资源的日益紧张已成为制约经济社会可持续发展的重要因素。因此，对于水资源承载能力的研究成为水资源科学领域的一个热点和重点问题。

第一节　城市水资源承载能力的概念和内涵

一、城市水资源承载能力的概念

直到目前，国内外对“水资源承载能力”这个名词仍然没有统一的定义。水资源承载能力作为自然资源承载能力的组成部分，起源于生态学中的“承载能力”一词。其实，“承载能力”一词最早可以从马尔萨斯的“人口理论”里找到相关论述。自 20 世纪 80 年代起，国内不少学者开始将注意力放在水资源承载能力领域，并结合自己的研究成果，从不同的角度对水资源承载能力进行了定义。

（1）施雅风和曲耀光（1992）首次明确提出，水资源承载能力是指某一地区的水资源，在一定社会历史和科学技术发展阶段，在不破坏社会和生态系统时，最大可承载的农业、工业、城市规模和人口的能力，是一个随社会、经济、科学技术发展而变化的综合目标。

（2）贾嵘、薛惠峰和解建仓等（1998）给出如下定义：水资源承载能力是指在一个地区或流域的范围内，在具体的发展阶段和发展模式条件下，当地水资源对该地区经济发展和维护良好的生态环境的最大支撑能力。

（3）冯尚友（2000）提出：水资源承载能力是指在一定区域内，在一定生活水平和一定生态环境质量下，天然水资源的可供水量能够支持人口、环境与经济协调发展的能力或限度。

（4）李令跃和甘泓（2000）将水资源承载能力表述为：在某一历史发展阶段，以可预见的技术、经济和社会发展水平为依据，以可持续发展为原则，以维护生态环境良性发展为条件，在水资源得到合理开发利用情况下，该地区人口增长与经济发展的最大容量。

关于城市水资源承载能力的概念，也有一些学者进行了专门的定义。

（1）薛小杰、惠泱河和黄强等（2000）认为，城市水资源承载能力是指某一城市（含郊区）的水资源在某一具体历史发展阶段下，以可预见的技术、经济和社会发展水平为依据，以可持续发展为准则，以维护生态环境良性循环发展为条件，经过合理优化配置，对该城市社会经济发展的最大支撑能力。

（2）宋彦红、张沛和王书征等（2009）对城市水资源承载能力的定义是："指在某一城市（含郊区）的水资源量（含外来水）在某一具体历史发展阶段、技术条件和管理水平下，在保证人们正常的生活水平、维系生态系统的良性循环和社会经济的可持续发展基础上，对社会经济和人口规模的最大支撑能力。"

关于水资源承载能力和城市水资源承载能力的定义还有很多，上面只列举了部分比较具有代表性并有一些差异的水资源承载能力定义表述。从本质来说，所要表达的基本观点无非是水资源承载能力是水资源对人类当前及未来社会活动的支撑能力。笔者认为，城市水资源承载能力是指在不破坏社会和生态系统时，某一区域的水资源，在一定时期内最大可承载的工业、城市规模和人口的能力，是一个随着经济、社会、科学技术发展而变化的综合指标。水资源承载能力是有限度的，是各种自然资源承载能力的重要组成部分，对一个国家或地区的发展规模和综合发展有着至关重要的影响。

二、城市水资源承载能力的内涵

对于城市水资源承载能力的内涵，可以从概念关系、空间属性、时间属性、系统关系的角度进行多维度分析，从而较为全面地认识城市水资源承载能力。

从概念关系来看，城市水资源系统是主体，人类和其他生物群体赖以生存的经济社会系统和环境系统是客体，主体对客体需求的满足能力就是水资源承载能力（张丽，2005）。

从空间来看，城市水资源承载能力是围绕一个区域来讨论的，不限定区域来谈论水资源承载能力是没有意义的。不同区域之间的自然条件（如水资源量、可利用量）、经济社会条件（如经济发展水平、人口规模、需水量）等方面差异较大，因此在对城市水资源承载能力进行分析时需要划定区域。

从时间来看，人类社会的不同发展阶段具有不同的特征，生产力水平、人口规模（特别是城市人口规模）、科技发展水平、水资源利用效率、污水处理能力等在不同历史时期都具有很大差异。研究人员或分析人员在计算城市水资源承载能力时，需要考虑水资源承载能力的时间属性，注意水资源承载能力在不同发展阶段的变化。

从系统关系的角度来看，城市水资源系统和其他系统（如社会经济系统、生态系统）之间相互依赖相互影响。在分析城市水资源承载能力时，需要从系统论的角度来考虑水资源系统和各个系统之间的依存关系，把这些系统作为一个整体进行考虑，才能得到科学合理的计算结果和分析结论。

三、 水资源承载能力的特性

水资源承载能力具有以下几个特性。

一是有限性。在一定时间和空间范围内，水资源量是有限的，同时由于受到自然条件、科学技术水平、经济社会发展状态等因素影响，水资源的承载能力是有限的，即存在最大承载上限（邢欣荣，2002）。

二是动态性。水资源承载能力是一个动态的概念，主体和客体都会随时间的推移而变化。具体来说，随着经济社会发展水平和科学技术水平的提高，人类利用水资源的能力也不断提高，如水资源利用率、重复利用率、污水处理能力均不断提高，从而使单位水量的承载能力也不断提高。

三是多目标性。水资源承载能力的客体由多个系统构成，涉及的对象包括经济社会系统和生态环境系统，系统之间的关系非常复杂，具有很大的随机性，因此在计算和分析水资源承载能力时需要考虑多目标的问题。

四、 水资源承载能力的影响因素

1. 自然因素

水资源系统自身的水质和水量决定了水资源承载能力的大小。自然地理条件的差异决定了水资源在时空上的分布差异，不同地区的地表水、地下水资源差异很大。这些自然因素会影响各个地区的水资源承载能力。

2. 经济因素

在人类社会的不同发展阶段，生产力水平会影响人类对水资源的开发程度和需求大小。例如，在不同生产力水平下，生产一定量的工农业产品所需的水资源量也不同。因此，需要结合分析地区的经济发展现状和未来发展趋势，以准确判断该地区的水资源承载能力。

3. 社会和文化因素

人口规模和结构、社会消费水平等社会因素也会对水资源承载能力产生影响。例如，同等环境条件下，社会的生活水平越低、人口规模越小，水资源的承载能力就越大。此外，社会意识、政府政策法规等因素也会影响水资源承载能力。

4. 科技因素

随着科技的进步，科技产品的应用可以提高污水处理能力，降低污水处理成本，提高水资源的利用率和重复利用率等，使水资源承载能力得以提高。在分析和预测一个国家或地区的水资源承载能力时，需要考虑科技的发展对水资源承载能力的影响，如基因工程、信息工程、智能设备等技术的发展。

第二节　城市水资源承载能力评价指标体系

一、 建立指标体系的基本原则

影响水资源承载能力的因素众多，各个因素之间的关系非常复杂。建立城市水资源承载能力评价指标体系是一项复杂的系统工程。评价结果不仅是对某一个区域水资源承载能力的评判，还要为管理部门进行水资源规划和制定政策提供决策依据。这就需要建立一个合理的水资源承载能力评价体系，而评价体系的合理性就体现在体系的结构设计和指标选取上。在指标选取的过程中需要遵循以下几个原则。

一是动态性原则。需要考虑不同时期、同一时期不同用水部门之间的动态关系，以及这些部门与水资源系统之间的动态关系。

二是一致性原则。经济社会发展速度、人类社会系统和生态环境系统的需水量增长速度需要与水资源承载能力的支持度相一致。

三是战略性原则。对一个地区的水资源承载能力进行分析时，必须将该地区的近期发展目标与远期发展战略相结合，这样对水资源承载能力的远期预测和评价才能得到准确合理的结果，才可以实现水资源支撑能力和地区的可持续发展。

四是生态性原则。生态系统能否健康运转关系到一个地区水资源承载能力的大小，良性的生态系统可以提高水资源的承载能力，恶性的生态系统（如水污染）必然会降低该地区的水资源承载能力。

五是整体性原则。从上节对水资源承载能力内涵的分析可以知道，水资源承载能力涉及水资源系统、经济社会系统、生态环境系统，这些系统相互联系、相互作用，因此建立水资源承载能力评价体系时，需要从整体的角度考虑各个指标之间的关系。

二、 主要评价方法

对水资源承载能力进行评价时，建立或选取科学合理的评价方法至关重要。这关系到评价结果的合理性和有效性，关系到能否客观地评价一个地区的水资源承载能力，并为学术界和业界提供启示及决策参考。目前，对水资源承载能力进行评价的方法较多，主要有模糊综合评价法、主成分分析法、投影寻踪法、密切值法、最大可承载人口量法等。下面选取几个较为常用的方法进行介绍。

（一）模糊综合评价法

模糊综合评价法（Fuzzy Comprehensive Evaluation Method）是一种基于模

糊数学的综合评价方法。该方法将对水资源承载能力的评价看作一个模糊综合评价过程，可以将一些难以量化的因素定量化，从各个角度梳理出影响水资源承载能力的多个因素。因此，模糊综合评价法可以较为全面地对一个区域或流域的水资源承载能力进行评价。

使用模糊综合评价法对水资源承载能力进行评价时，主要步骤如下：①确定影响水资源承载能力的因素集，即应该从哪些方面来评价水资源承载能力。②确定评语集，也就是评价值，如可以用高、中、低评价一个地区的水资源量。③作出单因素评价，即对评价对象的每个因素进行评价，将每个因素进行量化。④确定评价因素的模糊权向量，即通过确定权重值来反映各个因素的重要程度。需要注意的是，权重值的确定会直接影响评估的准确性，可以采用以下几种方法来确定权重值：层次分析法、德尔菲法、加权平均法、专家估计法。⑤综合评价。进行综合评价时可以采用最大隶属原则、加权平均原则和模糊向量单值化等方法，但在使用时需要注意其局限性，如最大隶属原则容易导致信息损失过多。

模糊综合评价法的优势在于：一是可以对模糊的评价对象进行定量化分析，从而得到比较合理的评价结果；二是评价结果包含的信息比较丰富；三是可以对各个评价因素进行比较；四是可以确定评价值与评价因素值之间的函数关系。不足之处在于：一是计算过程较为复杂，在确定指标权重向量时，容易受评价人员的主观影响；二是当指标集较大时，容易出现超模糊现象，无法区分隶属度。

（二）主成分分析法

主成分分析（Principal Component Analysis）是一种多元统计方法，可以利用降维处理技术的思想，将一组可能存在线性相关的变量通过正交变换转换成一组线性无关的变量。主成分分析法的主要思路是用较少的新变量替代较多的旧变量，并且这些新变量应尽可能地代表旧变量。水资源承载能力涉及水资源系统、经济社会系统、生态系统等，需要考虑的影响因素较多，对其进行评价时，如果变量太多，就会增加问题的难度和复杂度。因此，主成分分析法常被作为水资源承载能力评价的主要方法之一。

选取主成分分析法作为水资源承载能力评价方法时，主要步骤如下：①将 n 个样本（每个样本包含 p 个指标）的数据进行标准化，每个指标单独计算。②计算各个变量的相关系数矩阵，获得一个 $p \times p$ 的矩阵，相关系数越大，说明变量之间的相关性越强。③求相关系数矩阵的特征根和单位特征向量，计算主成分贡献率和累计贡献率，确定要选取的主成分的个数，选取规则一般为特征值大于 1，累计贡献率达 85%以上。④建立初始因子载荷矩阵，解释主成分。⑤计算评分函数，得出水资源承载能力的综合评分值。

主成分分析法在水资源承载能力评价上的优势在于：一是可以消除评价指标之间的相关影响，经过正交变换后，可以得到彼此相互独立的主成分，指标的相关度越高，效果越好；二是可以减少指标选择的工作量，运用其他方法进行评价时，在选取指标的阶段，还需要考虑如何消除指标之间的相关影响，但主成分分析正好克服了这一问题；三是可以对指标变量进行取舍，主成分分析法通过计算累计贡献率，选取方差较大的几个主成分，舍弃部分变量后仍可保留主要信息。不足之处在于：一是选取的前几个主成分的累计贡献率必须达到 85%以上，而且提取出来的每个主成分能够给出符合现实的解释；二是与原始变量相比，主成分的含义较为模糊；三是当主成分的因子负荷的符号有正有负时，综合评价函数意义不明确。

在此简单介绍一下其他评价方法。①投影寻踪（Projection Pursuit）方法是一种由样本数据驱动的探索性数据分析方法。它把高维数据通过某种组合投影到低维子空间上，对于投影到的构形，采用投影指标函数描述投影暴露原系统某种分类排序结构的可能性大小，寻找出使投影指标函数达到最优的投影值，然后根据该投影值来分析高维数据的分类结构特征。②密切值法是一种多目标决策方法，针对多指标之间存在问题的矛盾，将正向指标和负向指标转化为同向指标，找出各个评价指标的最优点和最劣点，计算评价对象与最优点和最劣点的距离，得出评价对象的优劣顺序。③最大可承载人口量法是以分析地区的水资源为约束条件，综合考虑该地区的经济、社会、生态等情况，通过计算该地区目前的水资源可用量和人均需水量，得出最大可承载人口数量，从而判断这一地区是否处于超载状态。同时，该方法也可以预测该地区在不同水平年的最大可承载人口数量，为地区经济社会发展、人口规模调控提供依据。其他的方法在此就不一一赘述了。

第三节　城市水资源承载能力计算模型

一、 水资源量

水资源有广义和狭义之分，广义的水资源是指地球上水的总体，狭义的水资源是指与生态环境保护和人类生存与发展密切相关的，可以利用的又逐年能够得到恢复和更新的淡水，其补给来源为大气降水。一般在流域或区域水资源规划中，计算较多的是狭义水资源量，即河川径流。另外，为了避开人类活动的影响，人们又常常计算天然状态下的水资源量，作为一个区域或流域进行水资源规划的基础流量（左其亭、张培娟和马军霞，2004）。

可以将地表水、土壤水、地下水作为整体，定义为天然状态下的水资源总量。地表水主要包括河流水、湖泊水、水库，其补给来源除了大气降水外，还有地下水和冰川融水。土壤水为包气带的含水量，其补给来源以大气降水为主，也有河流水入渗补给。地下水包括河川基流、地下水潜流和地下水储量，由降水和地表水体通过包气带下渗补给。降水、地表水、土壤水、地下水之间不断转化，构成了水循环系统。

传统的水资源总量计算公式如下：

$$W = R + Q - D \tag{8-1}$$

式中，W 表示水资源总量，R 表示地表水资源量，Q 表示地下水资源量，D 表示地表水和地下水的重复计算量。使用式（8-1）进行计算的难点在于需要分别计算地表水资源量、地下水资源量和两者的重复计算量，计算过程复杂，工作量大。为此，提出新的水资源总量计算公式：

$$W = R_s + P_r = R + P_r - R_g \tag{8-2}$$

式中，R_s 表示地表水径流量，P_r 表示地下水的降水入渗补给量，R 表示河川径流量，R_g 表示河川基流量。对水资源总量各分量进行计算时，山丘区的地下水的降水入渗补给量 P_r 可以采用地下水总排泄量代替，平原区的河川基流量 R_g 可以采用降水入渗补给量形成的河道排泄量。

二、 城市水资源可利用量

受自然条件、水资源特性、时空特征、科学技术水平、经济等因素制约，人类不可能对所有的水资源加以利用，水资源开发利用有一定的限度。水资源可利用总量是指在可预见的时期内，在统筹考虑生活、生产和生态环境用水的基础上，通过经济合理、技术可行的措施在当地水资源中可资一次性利用的最大水量。计算水资源可利用量的主要目的之一，在于对水资源配置、供水和用水平衡进行判断和调控提供依据。

在计算地表水资源可利用量时，需要区分可供水量和可利用量。可供水量是指不同水平年不同来水情况下，通过各项工程设施，在合理开发利用的前提下，能满足一定的水质要求，可供各部门使用的水量。可利用量是指在可预见的时期内，在统筹考虑生活、生产和生态环境用水，协调河道内和河道外用水的基础上，通过经济合理、技术可行的措施可供河道外一次性利用的最大水量（不包括回归水重复利用量）。两者的区别在于：可供水量从供需分析的角度出发，既考虑河道外用水量，也考虑回归水的重复利用和非常规水源的利用，水量平衡的对象是需水量；可利用量则是从资源的角度出发，分析可能被开发利用的量，水量平衡的对象是耗水量。

水资源可利用总量的计算公式如下：

$$Q_{Can}=Q_{Sur}+Q_{Sub}+Q_{Tra}+Q_{Ret} \tag{8-3}$$

式中，Q_{Can} 表示水资源可利用总量，Q_{Sur} 表示地表水资源可利用量，Q_{Sub} 表示浅层地下水可开采量，Q_{Tra} 表示区外调水量，Q_{Ret} 表示污水回用量。

三、 实际用水量

城市实际用水量包括工业用水量、生活用水量、生态环境用水量和其他用水量。一部分水量在使用过程中被消耗掉，一部分在使用后回到水资源系统，也就是回归水量。城市总用水量的计算公式为：

$$Q_{Tal}=Q_{Indu}+Q_{Life}+Q_{Eco}+Q_{Oth} \tag{8-4}$$

式中，Q_{Tal} 表示总用水量，Q_{Indu} 表示工业用水量，Q_{Life} 表示生活用水量，Q_{Eco} 表示生态环境用水量，Q_{Oth} 表示其他用水量。在总用水量中，一部分水量返回到原水资源系统中，剩余水量直接或间接地被消耗掉。故水资源总利用量为：

$$Q_{总} = Q_{Tal} - Q_{Ret} \tag{8-5}$$

四、 水资源承载程度指标

水资源承载程度指标可以表示水资源因为社会经济发展而承受的压力已经到了哪种程度，其计算公式如下：

$$I = \frac{Q_{Tal}}{Q_{Can}} \tag{8-6}$$

式中，I 表示水资源承载程度指标。如果 $I > 1$，表明已经超出水资源承载能力；如果 $I = 1$，表明水资源承载能力处于临界状态；如果 $0 < I < 1$，表明在水资源承载能力范围之内。

五、 水资源承载能力计算

一般来说，“水资源承载能力”不只是一个数值，而是由表征社会经济发展规模的一组数值组成的集合，如人口数、工业产值、农业产值、城市面积等（左其亭、张培娟和马军霞，2004）。可以把“水资源承载能力”的集合表达为：

$$F = \{f_1, f_2, \cdots, f_n\} \tag{8-7}$$

式中，F 为水资源承载能力，f_1，f_2，…，f_n 分别为社会经济发展规模的表征指标。为了叙述方便，下面只选择人口数、工业产值、第三产业产值三个指标进行描述。

（1）水资源转化关系方程。根据水量平衡原理，平衡方程如下：

$$\begin{cases} Q_{Can} - Q_{Indu} - Q_{Life} - Q_{Eco} - Q_{Oth} = \Delta W \\ Q_{Indu} + Q_{Life} + Q_{Eco} + Q_{Oth} = Q_{Cons} + Q_{Ret} \end{cases} \tag{8-8}$$

式中，Q_{Cons} 表示总消耗水量，ΔW 表示剩余水量。

（2）水资源与“人口—工业—农业”关系方程（左其亭和夏军，2002）。

$$\begin{cases} Q_{Indu} = \alpha_{Indu} Y_{Indu} \\ Q_{three} = \alpha_{three} Y_{three} \\ Q_{pup} = \alpha_{pup} P \end{cases} \tag{8-9}$$

式中，Q_{three} 为第三产业需水量，Y_{Indu} 、Y_{three} 、P 分别为工业产值、第三产业产值、人口数，α_{Indu} 、α_{three} 、α_{pup} 分别为工业万元产值利用水资源量、第三产业万元产值利用水资源量、人均用水量。

（3）“人口—工业—农业”相互制约关系方程（左其亭和陈嘻，2001）不同地区的发展战略不同，因此可能有不同的制约方程。为了方便表达，统一记作：

$$\mathrm{SubMod}(R,\ I,\ A) \tag{8-10}$$

例如，对工业、第三产业发展一般地区，可列举如下制约方程：

$$\begin{cases} Y_{Indu1} \le Y_{Indu}/P \le Y_{Indu2} \\ Y_{three1} \le Y_{three}/P \le Y_{three2} \end{cases} \tag{8-11}$$

式中，Y_{Indu1} 、Y_{Indu2} 分别为人均工业产值的下限和上限；Y_{three1} 、Y_{three2} 分别为人均第三产业产值的下限和上限。

（4）社会经济发展预测模型方程。当讨论规划水平年时，需要建立社会经济发展预测模型，以预测未来社会经济各项指标。我们把对社会经济系统建立的模型统一记作：

$$\mathrm{SubMod}(\mathrm{SESD}) \tag{8-12}$$

（5）生态环境约束方程。应在污染物浓度不超过规范标准的前提下，尽量满足生态环境用水要求。具体方程如下：

$$\begin{cases} C_i \le C_{i0} \\ Q_{st1} \le Q_{st} \le Q_{st2} \end{cases} \tag{8-13}$$

式中，C_i 、C_{i0} 分别为第 i 种污染物的排放浓度和规范规定的标准排放浓度。Q_{st} 、Q_{st1} 、Q_{st2} 分别为生态环境用水量以及生态环境需水量的下限和上限。

将方程（8-7）~方程（8-13）联合起来，就组成“城市水资源承载能力”判别模型。

在进行城市水资源承载能力计算时，有几个问题需要注意。一是计算可利用水资源量时，需要确定不能被利用的水资源量到底有多少。二是如何确定“是否可承载”的目标，是否以维系生态系统良性循环为目标。三是如何确定不同时期、不同地区的用水指标，这关系到水资源承载能力的计算结果。四是指标选取问题，需要考虑哪些指标应该入选，哪些指标应该舍弃，选取的指标是否具有代表性。

第四节　实证分析——广西水资源承载能力评价

目前，水资源承载能力的研究已经引起了国内外学术界的高度关注，并取得了一系列的研究成果。李滨勇、史正涛和董铭等（2007）分析总结了水资源承载能力的概念、特性、评价指标和评价方法，并对水资源承载能力研究中存在的问题及其发展趋势进行了讨论。张永勇、夏军和王中根（2007）探讨了城市化地区水资源承载能力的理论研究基础，并基于可持续发展原则提出了城市化地区水资源承载能力量化研究的理论框架和方法。王友贞、施国庆和王德胜（2005）从区域水资源社会经济系统结构分析入手，提出了水资源承载能力评价的宏观指标和综合指标，并建立了与评价指标相适应的水资源承载力计算模型。高亚和章恒全（2016）应用系统动力学方法，对江苏省水资源承载能力进行了模拟和评价。杨鑫、王莹和王龙等（2016）综合考虑支持力指数、压力指数和协调指数，采用集对分析方法对云南省水资源承载能力进行了评估。张军、张仁陟和周冬梅（2012）应用生态足迹法分析了疏勒河流域的水资源承载能力与生态赤字。张美玲、梁虹和祝安（2008）利用综合多种因素的状态空间法，从综合、宏观的角度定量测度了贵州省的水资源承载能力。李高伟、韩美和刘莉等（2014），周亮广和梁虹（2006）利用主成分分析方法分别评价了郑州市和贵阳市的水资源承载能力。从以广西为研究对象的水资源承载能力相关研究来看，戴明宏、王腊春和魏兴萍（2016）利用综合模糊评价模型评价了2013年广西各地市的水资源承载能力。何令祖和吴卫熊（2011）利用层次分析法分析评价了北部湾经济区的水资源承载能力。莫小莎和刘深（2012）则对广西中越国际河流区水资源承载能力进行了评估。

综合而言，现有研究讨论了水资源承载能力的概念、特性，并应用多种方法对不同地域的水资源承载能力进行评价，所采用的评价方法主要有系统动力学方法、集对分析法、生态足迹法、主成分分析法、模糊评价法等。目前，对广西水资源承载能力的研究还不够系统，如戴明宏、王腊春和魏兴萍（2016）仅对2013年广西的水资源承载能力进行了评价，何令祖和吴卫熊

（2011），莫小莎和刘深（2012）仅对北部湾经济区、广西中越国际河流区等局部区域的水资源承载能力进行了评价。

不同于上述研究，本节将对广西 2006—2015 年的水资源承载能力进行综合评价。同时，与这些研究更多采用主观评价的方法不同，本节将采用更为客观的主成分分析法进行评价。主成分分析是对多维指标进行降维的一种方法，能将多个存在一定相关关系的变量提取为几个互不相关的综合变量，同时又能保留原有变量的大部分信息，因而具有一定的科学性和客观性（王业斌，2012）。本部分采用主成分分析法，力求全面客观反映广西水资源承载能力的变化情况。

根据广西 2006—2015 年的相关统计资料，选取 13 个指标建立了水资源承载能力综合评价指标体系，运用主成分分析法从 13 个指标中提取了影响广西水资源承载能力动态变化的 3 个主成分，根据各主成分的方差贡献率，结合主成分因子得分，对广西水资源承载能力进行了综合评价。评价结果显示，2006—2015 年，广西水资源承载能力总体呈现下降趋势，水资源开发利用潜力逐渐减小，水资源承载力压力不断增大。为此，广西必须尽快采取积极措施，以应对水资源承载能力下降所带来的各项挑战，促进社会经济的健康可持续发展。

一、 水资源承载能力评价指标体系的建立

水资源社会经济系统是水资源与经济、社会、生态环境相耦合而形成的复杂系统。从系统关系来看，经济系统为社会系统提供生存的物质条件，水资源系统支持社会系统生命的存在，生态环境系统为社会系统提供生存环境，复杂的区域水资源社会经济系统即是由这些子系统及其相互关系构成。因此，应从生态环境、经济、社会、水资源这几个子系统相互依存和相互作用的关系入手，建立区域水资源承载能力评价指标体系。更为具体地来看，一个区域的水资源承载能力与当地的水资源利用水平、水资源的可开发利用量密切相关。水资源利用水平可以由节水水平得到反映，节水水平主要由用水指标来衡量，如人均用水量、万元 GDP 用水量等；在同一地区，这些指标值越大，反映出水资源利用效率越低，相应地单位水资源的承载能力也越低。一个区域水资源的可开发利用量，与其水资源量、现有水资源的用水

量以及环境污染程度等因素有关，可以从降水量、水资源总量、污水排放量，总人口数和国内生产总值，以及工业、农业和生活等用水量的变化得到反映。

因此，笔者根据系统性、全面性、科学性和数据可行性原则，构建了广西水资源承载能力评价指标体系，具体包括13个指标：降水量 X_1（毫米）、污水排放量 X_2（亿立方米）、居民生活用水量 X_3（亿立方米）、农业用水量 X_4（亿立方米）、工业用水量 X_5（亿立方米）、供水总量 X_6（亿立方米）、水资源总量 X_7（亿立方米）、人均用水量 X_8（立方米）、万元 *GDP* 用水量 X_9（立方米）、城镇化率 X_{10}（%）、固定资产投资 X_{11}（亿元）、国内生产总值 X_{12}（亿元）、总人口 X_{13}（万人）。

上述反映水资源承载能力的各因素相互影响、相互作用，鉴于各因素间的复杂耦合关系，笔者将利用主成分分析法找出影响水资源承载能力变化的主成分因子，进而对广西水资源承载能力进行综合评价。

二、广西水资源承载能力的实证评价

（一）数据说明

考虑到各项指标数据选取时间的一致性，本部分对广西2006—2015年的水资源承载能力进行评价，相应数据均来自各年的《广西统计年鉴》。

（二）实证过程与结果

首先对原始数据进行标准化处理，以消除由于消除数量级和量纲所造成的误差，然后对标准化后的数据进行主成分分析，得到相关矩阵的特征值和方差贡献率，结果如表8-1所示。

由表8-1可知，前三个主成分的方差贡献率分别为63.5%、20.4%、6.7%，前三个主成分的累计方差贡献率为90.7%。在主成分分析中，一般将累计方差贡献率达到85%以上的成分确定为主成分。由于前三个主成分（分别记为主成分 Y_1、Y_2、Y_3）的累计方差贡献率为90.7%，已能充分代表原始数据的信息，所以选取这三个主成分对广西水资源承载能力进行分析，进而计算各变量在三个主成分上的载荷和相应的特征向量，结果如表8-2、表8-3所示。

表 8-1　主成分特征值及方差贡献率

主成分	特征值	相应特征值与后一项之差	方差贡献率	累计方差贡献率
1	8. 254	5. 598	0. 635	0. 635
2	2. 657	1. 781	0. 204	0. 839
3	0. 876	0. 168	0. 067	0. 907
4	0. 707	0. 433	0. 054	0. 961
5	0. 275	0. 173	0. 021	0. 982
6	0. 102	0. 006	0. 008	0. 990
7	0. 096	0. 064	0. 007	0. 997
8	0. 032	0. 031	0. 003	1. 000

表 8-2　旋转后的因子载荷矩阵

指标	F_1	F_2	F_3
X_1	0. 794	0. 391	0. 088
X_2	-0. 401	-0. 784	-0. 305
X_3	0. 142	0. 946	-0. 090
X_4	-0. 724	0. 098	0. 472
X_5	0. 933	-0. 045	-0. 200
X_6	-0. 540	-0. 236	0. 680
X_7	0. 415	0. 736	0. 239
X_8	-0. 245	-0. 896	0. 207
X_9	-0. 924	-0. 255	0. 202
X_{10}	0. 875	0. 442	-0. 037
X_{11}	0. 870	0. 402	-0. 076
X_{12}	0. 862	0. 442	-0. 009
X_{13}	0. 142	0. 946	-0. 090

表 8-3　特征向量矩阵

指标	Y_1	Y_2	Y_3
X_1	0. 295	-0. 078	0. 236
X_2	-0. 264	-0. 279	-0. 311
X_3	0. 250	0. 401	-0. 216
X_4	-0. 197	0. 397	0. 288

续表

指标	Y_1	Y_2	Y_3
X_5	0.252	-0.378	0.085
X_6	-0.229	0.210	0.650
X_7	0.260	0.238	0.227
X_8	-0.274	-0.322	0.330
X_9	-0.313	0.234	-0.044
X_{10}	0.333	-0.103	0.164
X_{11}	0.324	-0.126	0.131
X_{12}	0.328	-0.093	0.187
X_{13}	0.250	0.401	-0.216

从表8-2可以看出，第一主成分与工业用水量（X_5）、城镇化率（X_{10}）、固定资产投资（X_{11}）、国内生产总值（X_{12}）呈显著正相关，与万元GDP用水量（X_9）呈显著负相关。第二主成分与居民生活用水量（X_3）、总人口（X_{13}）呈显著正相关，与人均用水量（X_8）呈显著负相关。第三主成分与供水总量（X_6）呈较显著的正相关。

第一主成分的方差贡献率达63.5%，是影响广西水资源承载能力的最主要因子。2015年广西工业用水量为55.47亿立方米，比2006年的45.84亿立方米增加了21%。工业用水量的增加，给广西水资源承载能力带来了较大的压力。此外，2015年广西城镇化率为47.06%，比2006年的34.64%增加了12.42个百分点。固定资产投资由2006年的2246.57亿元增加到2015年的16227.78亿元，国内生产总值由2006年的4746.16亿元增加到2015年的16803.12亿元，万元GDP用水量由2006年的657.18立方米下降到2015年的178.11立方米。虽然万元GDP用水量有所下降，但广西经济的快速发展必然带来水资源的较大消耗。

第二主成分包含了20.4%的贡献率。2015年广西总人口为5518万人，比2006年的4719万人增加了799万人。2015年广西居民生活用水量为27.67亿立方米，比2006年的26.04亿立方米增加了6.28%。人均用水量由2006年的660.97立方米下降到2015年的542.37立方米。虽然人均用水量下降，但伴随着人口数量的增加和人民生活水平的提高，生活用水总量迅速增加，水资源承载能力造成了压力。

第三主成分包含了 6.7%的贡献率。2006 年广西供水总量为 311.91 亿立方米，但到 2015 年则下降到 299.27 亿立方米，反映出广西水资源的供需矛盾加剧。

在上述分析的基础上，利用表 8-3 的特征向量可求出前三个主成分 Y_1、Y_2、Y_3 的具体得分，然后将主成分按各自方差贡献率加权，计算得出其权重分别为 0.701、0.225、0.074，则可以得出综合得分 Y 的表达式：

$$Y = 0.701Y_1 + 0.225Y_2 + 0.074Y_3 \tag{8-14}$$

综合得分越高，当年的水资源承载能力则越低。具体计算出的水资源承载能力各主成分得分和综合得分如表 8-4 所示。

表 8-4 各主成分和综合得分表

年份	Y_1	Y_2	Y_3	综合得分
2006	-4.076	1.636	0.268	-2.466
2007	-3.824	1.523	0.086	-2.329
2008	-1.206	0.562	0.577	-0.675
2009	-0.911	-0.348	-1.370	-0.819
2010	-0.507	-1.693	-0.635	-0.784
2011	-0.452	-2.175	-0.806	-0.867
2012	1.131	-2.118	0.666	0.364
2013	2.831	1.184	0.145	2.261
2014	1.717	-0.694	1.858	1.184
2015	5.297	2.123	-0.788	4.130

由表 8-4 中的综合得分可以发现，得分排名前三的年份为 2015 年、2013 年和 2014 年，其中 2015 年的得分最高，为 4.130。也就是说，2015 年广西的水资源承载能力最低。而得分最低的年份为 2006 年，在所有年份中其水资源承载能力最高。

为了更清晰地反映出广西 2006—2015 年水资源承载能力的动态变化，笔者还绘制了广西水资源承载能力综合得分趋势（见图 8-1）。

从图 8-1 可以看出：2006—2015 年，广西水资源承载能力基本呈现不断下降的趋势，2006 年最高，2015 年最低，反映出广西水资源开发利用强度很大，进一步开发利用的潜力逐渐减小，水资源承载能力压力越来越大。因此，广西必须积极采取措施，抑制水资源承载能力不断下降对经济社会发展带来的负面作用，以促进广西社会经济健康可持续发展。

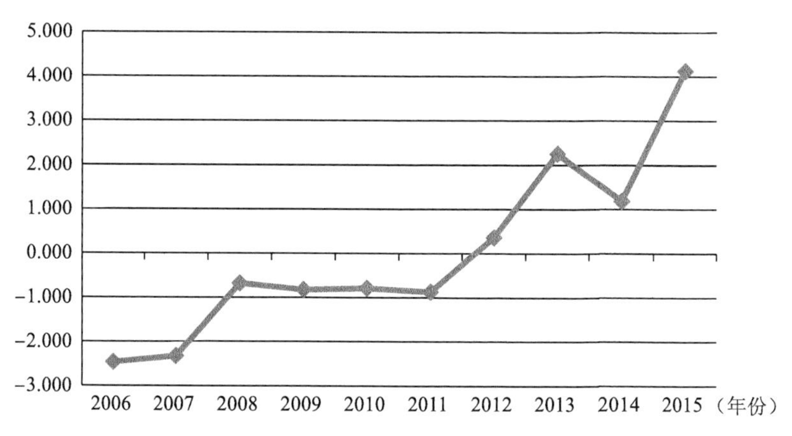

图 8-1　广西 2006—2015 年水资源承载能力综合得分趋势图

本部分通过运用主成分分析方法，对 2006—2015 年广西水资源承载能力进行了综合评价。评价结果显示，2006—2015 年，广西水资源承载能力总体呈现下降趋势，水资源开发利用潜力逐渐减小。虽然万元 GDP 用水量、人均用水量趋于下降，但是广西工业用水量不断增加，国内生产总值、城镇化率、固定资产投资的增加使需水量快速上升；人口数量的增加和人们生活消费水平的提高，使居民生活用水量也不断攀升。此外，2006—2015 年，广西供水总量趋于下降。综合以上因素，近年来随着社会经济的发展，广西水资源承载能力的压力逐渐增大。

因此，为应对水资源承载能力不断下降带来的压力，广西在促进经济社会发展的同时，必须尽快采取积极措施，在发展理念上更加注重社会经济与生态之间的协调发展；在经济社会发展实践过程中，应着力调整产业结构，鼓励水资源使用量少、水资源利用率高的低耗水产业的发展，加强对水资源利用的管理，大力发展节水工艺，提高水资源的利用率；着力加强水污染防治工作，积极开展污水处理工作和水资源回收利用工作；不断提高社会的节水意识，制定合适的水价，合理分配水资源。

第九章　城市水资源优化配置

第一节　城市水资源优化配置模型

一、城市水资源优化配置的概念和内涵

城市水资源优化配置是指在一个城市区域内，按照有效、公平和可持续的原则，对有限的、不同形式的水资源，利用工程和非工程措施在各用水部门之间进行科学合理的分配，提高水资源利用效率，保证城市经济、资源、生态环境等协调发展（张鑫，2004）。

水资源优化配置，从宏观上讲，就是协调水资源与社会、经济和环境等系统的关系；从微观上讲，包含水源的优化配置、各部门用水的优化配置以及取水用水综合体系的优化配置三个部分。水源方面有地表水、地下水、土壤水、大气水，主水、客水、海水和污水回收再利用等（张鑫，2004）；城市用水方面有居民生活用水、工业用水、第三产业用水、生态环境用水等。各种水源、水源点和各类水用户形成了庞大复杂的取用水系统，再考虑时间和空间的变化，实现水资源综合体系的优化配置就显得尤为重要。

水资源优化配置的基本功能包含两个方面：一个是在供给方面，协调各类竞争性的用水，并通过工程措施来改变水资源的天然时空分布，以适应生产力的布局。另一个是在用水方面，调整产业结构，建设节水型经济，并通过调整生产力的布局适应较为不利的水资源条件。这两个方面是相辅相成的（张鑫，2004）。

二、 城市水资源优化配置的原则

（1）生活、生态环境用水优先原则。一般城市水资源优化配置是在生活用水、生产用水以及生态环境用水之间进行的。生态环境是人类赖以生存和发展的基础，为确保生态环境良性循环，在分配水量时应优先保证生态环境用水。此外，生活用水关系到人们的生存，在优化配置时也应给予优先保证（张鑫，2004）。

（2）有效性原则。有效性原则是基于水资源在社会经济行为中的商品属性确定的（张鑫，2004）。这种有效性不仅是单纯追求经济意义上的有效性，同时也是追求对环境负面影响小的环境效益，以及能够提高社会经济水平的社会效益。这需要在水资源优化配置模型中设置相应的经济、社会和环境目标，并考察目标之间的竞争性和协调发展程度，满足真正意义上的有效性原则（张鑫，2004）。

（3）可持续性原则。可持续性原则可以理解为现在和未来水资源分配公平性原则。它要求近期与远期、当代与后代之间对水资源的利用遵循协调发展、公平利用的原则（马兵成，2007）。

三、 面向可持续发展的水资源优化配置模型

面向可持续发展的水资源优化配置模型，需考虑水资源承载能力，明确体现可持续发展的思想，是更高层次的水资源优化配置模型。该模型以综合效益最大为目标，同时在约束条件中需体现可持续发展的量化准则（陈守煜和邱林，1993）。在进行水资源长期综合规划和管理的时候，要坚持可持续发展的思想，在可预测的时间段内建立“面向可持续发展的水资源优化配置模型”，为寻找符合可持续发展道路的水资源规划方案和管理途径提供科学的依据（王志峰，2012）。

以下对“基于发展综合指标测度（DD）量化方法”的水资源优化配置模型做简单介绍。

（1）目标函数。将可持续发展作为目标，要求“可持续发展”的目标函数 *BTI* 值达到最大（王开章、董洁和韩鹏等，2006），即在某一特定时段

T，在满足一定条件下，使其总效益达到最大（即目标函数值 BTI 最大）。

$$\text{Max}(BTI) = \text{Max}DD(T) \tag{9-1}$$

$$DD(T) = SG_T^{\delta_1} \cdot LI_T^{\delta_2} \tag{9-2}$$

式中，DD（T）为 T 时段的发展指标综合测度值（左其亭、张浩华和欧军利，2002）；SG_T、LI_T 分别代表 T 时段的社会经济发展水平和生态环境质量；δ_1、δ_2 分别为 SG_T、LI_T 的一个指数权重，且 $\delta_1+\delta_2=1$。

（2）约束条件。面向可持续发展的水资源优化配置模型，除具有一般水资源优化配置模型的约束条件外，还应满足以下约束条件（左其亭、张浩华和欧军利，2002）。

社会经济发展水平约束：

$$SG \geqslant SG_0 \tag{9-3}$$

式中，SG_0 为社会经济发展水平最低要求值。

生态环境质量约束：

$$LI \geqslant LI_0 \tag{9-4}$$

式中，LI_0 为生态环境质量最低要求值。

生态环境系统和社会经济系统相互作用关系约束：

$$\text{SubMod}(EE - SE) \tag{9-5}$$

式中，$\text{SubMod}(EE - SE)$ 为生态环境系统与社会经济系统相互作用关系的定量描述模型的统称。由目标函数（9-1）和约束方程（9-2）到约束方程（9-5）组成了面向可持续发展的水资源优化配置模型，它是一个涉及社会经济和生态环境两大方面并要求总效益最大的优化模型，体现了可持续发展的思想，是一个复杂的多阶段非线性优化模型，求解较为困难。

第二节　城市水资源优化利用途径

一、城市雨水利用

在农耕时代，人们就学会了利用屋面雨水、村头坑塘集雨抗旱。现在，城市雨水利用已经成为缓解城市用水供需矛盾的主要途径之一。将雨水收集处理后直接利用，是城市雨水利用的直接过程。收集处理后的雨水主要用于城市的绿地浇灌、路面喷洒、景观补水等，可有效缓解城市供水压力（刘贤娟和杜玉柱，2008）。水利部发布的《2014 年中国水资源公报》提到，2014 年我国其他水源供水量为 57 亿立方米，其中集雨工程利用量占比达 15.3%，约为 8.721 亿立方米。

（一）加强城市雨水利用的意义

加强城市雨水利用具有很重要的意义。一是可以增加城市水资源可利用量，缓解城市用水供需矛盾，有效节约城市水资源。二是可以获取雨水利用带来的经济效益，如雨水利用可以降低污水处理、城市绿化等方面的成本。收集雨水可以减轻排水网管的排水压力，减轻污水处理厂的负荷，提高污水处理效率。三是改善城市水循环系统。城市的设施建设使水循环的下垫面产生变化，自然渗透地面减少，而排水系统的改进又使城市的降雨绝大部分以地面径流的形式排出，因此容易形成洪涝灾害。而且，地面径流携带的污染物增多，导致城市水环境逐渐恶化，所以有效利用城市雨水很有必要（刘贤娟和杜玉柱，2008）。

（二）加强城市雨水利用的主要措施

（1）建立雨水集蓄利用系统。利用大面积的不透水区域进行集雨，如建筑棚顶、广场、不透水地面等，将这些区域作为雨水收集面，可以进一步挖掘城市雨水的利用价值。一是建立屋面雨水集蓄利用系统，所收集雨水主要用于家庭、公共和工业等方面的非饮用水，如浇灌、冲厕、洗衣、冷却循环等中水系统，可节约饮用水。二是建立屋顶绿化集蓄利用系统，屋顶绿化是一种削减径流量、减轻污染和城市热岛效应、调节建筑温度和美化城市环境的生态技术，也可作为雨水集蓄利用和渗透的预处理措施。三是建立园区雨水集蓄利用系统，在新建生活小区、公园或类似的环境条件较好的城市园区，可将区内屋面、绿地和路面的雨水径流收集利用，达到更显著地削减城市暴雨径流量和非点源污染物排放量、优化小区水系统、减少水污染和改善环境等效果（刘贤娟和杜玉柱，2008）。

（2）建设雨水渗透设施。雨水渗透设施主要有渗透集水井、透水性铺装、渗透管、渗透沟和渗透池等。渗透地面可分为天然渗透地面和人工渗透地面两大类，前者在城区以绿地为主，后者是指城区各种人工铺设的透水性地面，如多孔的嵌草砖、碎石地面，透水性混凝土路面，等等。渗透井包括深井和浅井两类，前者适用于水量大而集中、水质好的情况，如城市水库的泄洪利用，后者宜用于城区。渗透池的优点在于：渗透面积大，能提供较大的渗水和储水容量；净化能力强；对水质和预处理要求低；管理方便；具有渗透、调节、净化、改善景观等多重功能（刘贤娟和杜玉柱，2008）。

二、 城市污水开发利用

污水开发利用是指经过经济、技术和环境效益的科学论证，对城市污水进行不同级别的水质处理后，将其用于不同的需水对象，如工业、农业、城市建设施工及环境用水等（吴文桂、洪世华，1988）。城市污水资源化就是将城市生活污水进行深度处理后作为再生资源回用到适宜的位置（刘利，2011）。污水回用已经成为我国其他水源供水量的主要构成部分。水利部发布的《2014 年中国水资源公报》提到，2014 年我国其他水源供水量为 57 亿立方米，其中污水处理回用量占比达 80. 9%，约为 46. 113 亿立方米。

经过处理的回用水可以用于以下几个方面：一是用作工业方面的冷却水、洗涤水和锅炉水等；二是用于城市生活的冲洗厕所、扫除、清洗汽车、自来水补充水源等；三是用于城市绿化，如公园、运动场等；四是用于农业灌溉；五是用于建筑施工。

（一）城市污水利用的意义

污水的开发利用是解决城市水资源紧缺的一项重要措施，当地表水和地下水资源不能满足一个地区或城市的水资源需求时，通过开发和利用污水可以缓解城市水资源的供需矛盾。我国许多城市的地表水和地下水受到了不同程度的污染，开发利用污水已成为改善城市生态环境的客观需要。污水开发利用的经济效益也十分明显，开发利用一立方米污水等于节约一立方米清水（吴文桂、洪世华，1988）。

（二）城市污水利用的主要措施

1. 建立不同的污水处理回用系统

根据回用水的循环方式，可以将污水处理回用系统分为三类：一是区域性水回用系统，将污水经下水道送入污水处理厂净化处理后返回城市使用；二是小区水回用系统，在住宅小区、机关大院、学校等设置污水回用系统；三是独立建筑物内（或工厂内部）的水回用系统，在大型的独立建筑物或工厂内部建立污水回用系统。

2. 根据回用水的用途来制定回用水质标准

污水处理回用水的水质对健康、安全和运行管理至关重要，因此必须根据回用水的不同用途，制定相应的水质标准。尽管水质标准因用途不同而存在差异，但是在制定标准时一般应满足以下条件：①不产生卫生上的问题。②使用时不产生视觉和嗅觉上的不快感。③不影响设备及器具的功能。④维持必要的水质所需处理成本经济合理（吴文桂、洪世华，1988）。

3. 根据污水类型采用合适的处理方法

污水可以分为生活用水污水、工业生产污水、医疗污水等。污水处理就是采用各种技术手段，将污水中的污物分离出来，或将其转化为无害的物质，从而使污水得到净化。现代的污水处理技术，按使用原理可分为物理法、化学法和生物法三种。物理法就是利用物理作用分离污水中主要呈悬浮固体状态的污染物质。化学法是利用化学反应的作用来分离回收污水中各种形态的污染物质，多用于处理工业生产污水。生物法是利用微生物的代谢作用，使污水中呈溶解、胶体状态的有机污染物质转化为稳定、无害物质（吴文桂、洪世华，1988）。

三、 海水利用

海水利用主要包括海水淡化、海水直接利用和海水化学元素利用三个方面。海水直接利用是指以海水为原水，直接代替淡水，用于生活和生产。海水淡化和海水直接利用将是解决沿海城市水紧缺的战略选择和根本措施。根据水利部发布的《中国水资源公报》，我国的海水利用量不断增加，2011 年我国海水利用量为 604.6 亿立方米，2015 年增加到 814.8 亿立方米。广东省和浙江省在海水利用方面居全国前两位，占比超过全国海水利用量的一半。目前，我国的海水主要用于沿海地区火（核）电厂冷却用水、生活杂水等（见表 9-1）。

表 9-1　2011—2015 年我国及部分地区海水利用量　　单位：亿立方米

年份	全国	广东	浙江	福建	辽宁	山东	江苏
2011	604.6	252.1	182.3	—	—	57.4	—
2012	663.1	269.0	212.1	—	—	61.5	—
2013	692.7	270.4	204.0	58.4	—	55.9	—
2014	714.0	286.7	155.3	58.4	—	55.7	56.3
2015	814.8	317.3	174.8	70.2	59.4	40.9	51.3

数据来源：历年《中国水资源公报》。

海水淡化方法可以概括成两类：一类是从海、咸水中分离出水（淡水）来，另一类是从海水、咸水中分离出盐来。根据不同的工艺特点，实际应用的淡化方法可分为以下几种：蒸馏法、电渗析法、反渗透法、冷冻法（吴文桂、洪世华，1988）。

第三节　梯级水库资源调度优化

本节针对梯级水库资源调度优化问题，建立了梯级水库发电联合调度模型，并且以差分进化理论为依据，对动态差分进化算法进行了优化改进。当群体交叉时，选择一种自适应交叉概率常数 CR 对进化速度进行调整，可以从较大程度上抑制早熟现象，从而使局部最优解得到优化。采用变异矢量扰动合成方法对固定差分矢量和随机差分矢量进行扰动，可以提高群体的多样性，确保全局和局部搜索能力的均衡。仿真及工程实验结果表明，动态差分进化算法的鲁棒性和收敛性良好，从而为实现梯级水库资源调度优化提供了一种新的可行方法。

目前，我国水库资源的开发和利用经历了快速的发展，形成了复杂、大规模流域梯级水库群及水电系统，其研究的领域与范围也转向更为复杂的跨流域、跨区域的水库联合调度。要对流域梯级水库群进行联合优化调度，不仅要满足市场水资源供给、约束用水、确保上下游防洪需要的条件，而且各级水库群之间的供水源头、流量大小和先后供应之间也需要保持平衡协调。由于调度问题的非线性、高维性、耦合性以及不确定性等特征非常突出，所以要保持这种平衡协调关系，处理约束条件的难度非常大。水资源优化调度技术与方法经历了单库优化、梯级多库优化、水库群联合优化以及水火电联合优化等多个阶段（赵鸣雁、程春田、李刚，2005）。传统的水资源调度模式通常着重考虑单个调度目标，其余目标或暂不考虑，或转化为约束。这种处理方式难以充分发挥流域梯级水电站群的综合效益，传统的优化理论与计算方法存在约束条件处理困难、计算实时性不高、易产生“维数灾”等问题。目前，流域梯级水库群联合优化调度问题正朝着多时空、多层次、多目标的方向发展（郭生练、陈炯宏、刘攀等，2010）。水库群优化调度研究始于1955年，由Little建立的水库群优化调度离散随机动态规划调度模型。国内代表性成果始于文献（张勇传、李福生、杜裕福，1981）所提出的分解协调思想，引入偏优损失变量来协调各水库最优调度策略。之后，国内学者针对我国各大流域水资源调度运行需求开展了大量富有成效的研究，在调度理论、调度模型求解算法等方面取得了大量成果（许银山、梅亚东、钟壬琳等，2011；刘攀、郭生练、张文选等，2007；黄强和原文林，2011；谢维、纪昌明、吴月秋等，2010；王宗志、王银堂、陈艺伟等，2012）。

目前，国内外梯级水库优化调度问题的解决主要从两个方面入手，即梯度水库优化调度模型的建立和求解计算效率精度与计算进度的模型。国内外研究主要应用的方法有：逐步优化算法、大系统分解协调算法、模拟退火算法和动态规划法等，这些方法都存在收敛速度较慢和“维数灾”等问题。当前，也有一些研究采用粒子群算法，对梯级水库优化调度组合问题进行研究（陈立华、梅亚东、杨娜，2010）。然而，粒子群算法与其他人工智能优化算法一样，在寻优过程中存在求解局部最优解时问题的搜索精度不高，容易出现局部最优的情况。

根据以上存在的问题，笔者在差分计算方法的基础上，结合梯级水库优化调度的特点，探究了不同调度时期梯级水资源调度方式，建立了能有效保障梯级水库群供给及发电平衡的优化调度模型，提出了改进的DDE（Dynamic Differential Evolution）算法，并将其与基本DE算法在水资源调度优化方面进行了对比研究。实例仿真结果表明：应用改进的混合算法，梯级水库优化调度问题的解决方法效果明显。

一、 梯级水库资源优化配置模型

梯级水库群优化配置主要是针对水资源短缺进行的，需满足有效用水要求。因此，合理配置水资源的主要目标是协调发电环节和水资源供应的关系，确保流域用水的净效益最大。为了确保水资源优化合理配置目标最优，建立水资源合理优化配置模型是最有效的解决方法。因此，本部分进行梯级水库群优化配置的主要做法是：以入库水的流量、发电引用流量作为决策变量，在调度周期内，以水库水电站群总发电量最大为目标进行优化调度（Chakraborty、Konar & Chakraborty，2008；Marques、Nunes & Almeida，2006；杨文娟、刘任远，2013；刘卫林、董增川、王德智，2007）。设置目标函数如下：

$$\max E = \max \sum_{i=1}^{I} \sum_{t=1}^{T} K_i \cdot H_{i,t} \cdot O_{i,t}^{f} \cdot \Delta t \tag{9-6}$$

式中，I 是梯级水库的总数量，E 是梯级水库的总发电量，K_i 是第 i 个水库电站出力系数，T 是时段数，$O_{i,t}^{f}$ 是第 t 时段的 i 电站发电应用流量，$H_{i,t}$ 是第 i 个水库电站的 t 时段水源头。同时，我们可以根据水库水位容量、出力和流量，建立水量平衡方程和约束方程。

水量平衡方程：

$$V_{i,t+1} = V_{i,t} + (S_{i,t} - O_{i,t}) \cdot \Delta t \tag{9-7}$$

水库水位约束：

$$\underline{Z}_{i,t} \leqslant Z_{i,t} \leqslant \overline{Z}_{i,t} \tag{9-8}$$

流量约束：

$$\underline{O}_{i,t} \leqslant O_{i,t} \leqslant \overline{O}_{i,t} \tag{9-9}$$

出力约束：

$$\underline{N}_{i,t} \leqslant N_{i,t} \leqslant \overline{N}_{i,t} \tag{9-10}$$

式中，$\underline{Z}_{i,t}$、$\overline{Z}_{i,t}$、$\underline{O}_{i,t}$、$\overline{O}_{i,t}$、$\underline{N}_{i,t}$、$\overline{N}_{i,t}$ 为水位、流量及出力的上下限，$V_{i,t}$、$V_{i,t+1}$ 分别为第 i 个水库第 t 时段的初始库容和末库容，$S_{i,t}$ 为第 i 个水库第 t 时段的入库量，$O_{i,t}$ 为第 i 个水库第 t 时段的出库量。

二、改进的动态差分进化算法

1995 年，Storn 等提出了一种差分进化算法（Differential Evolution，DE），主要用于解决复杂优化问题。差分进化算法主要是针对种群智能理论提出的一种优化算法，通过群体内个体之间的竞争与合作，产生的群体智能来指导优化搜索的方向。相对于人工智能的进化算法，差分进化算法具有种群的全局搜索优化策略。同时，差分进化算法具有特殊的学习能力，可以动态跟踪当前的搜索，不断调整搜索策略，其鲁棒性和全局收敛能力较强，完全无须借助复杂问题的信息，对解决一些利用常规的数学规划方法不能求解的复杂环境中的优化问题具有明显的优势。但是，当种群迭代次数不断增加时，随着个体差异的减小，差分进化算法容易导致局部最优。

因此，笔者根据差分进化算法理论，对差分进化算法进行优化，提出了一种改进的动态差分进化算法（Dynamic Differential Evolution，DDE）。在种群交叉操作中，选择一种自适应交叉概率常数 CR，对进化速度进行调整，可以从较大程度上抑制早熟现象，从而使局部最优解得到优化。采用变异矢量扰动合成方法对固定差分矢量和随机差分矢量进行扰动，提高群体的多样性，确保全局和局部搜索能力的均衡。

（一）初始种体的构造

笔者选择水位作为决策变量，对种群的个体进行编码，每个个体由各电站、各时段的水位序列构成，当有由一、二级水库构成的梯级水库资源调度时，第 i 个个体 $X_i = \{P_{11}, P_{12}, \cdots, P_{1T}, P_{21}, P_{22}, \cdots, P_{2T}\}$，其中 $P_{1j}(j = 1, 2, \cdots, T)$ 为上游水库的水位过程；$P_{2j}(j = 1, 2, \cdots, T)$ 为下游水库的水位过程。

（二）变异矢量扰动合成

根据变异过程和交叉方式的不同，Storn 和 Price 提出了多种不同的差分进化策略，这些差分进化策略主要是以变异过程标定的，动态的差分进化策略也具有同样的特点。变异策略如式（9-11）所示。

$$DDE/best-target/1:\ V_i = X_i + F \cdot [(X_{i,best} - X_i) + (X_{i,r1} - X_{i,r2})] \tag{9-11}$$

式中，$r1$、$r2$ 代表种群中第 i 个互不相同的个体，与索引 i 不同的整数，$X_{i,best}$ 代表种群中第 i 个个体适应度最好的个体。

*DDE/best-target/*1 的变异策略为：以种群中的目标个体作为基矢量，随机差分矢量（$X_{i,r1}-X_{i,r2}$）和固定差分矢量（$X_{i,best}-X_i$），通过扰动使全局和局部搜索能力达到相对均衡。假如，在种群第 i 个个体所在的时变特征群中，满足两个互不相同且与索引 i 不同的整数时，要区分不同的情况处理。

第一种情况：当仅寻找到一个 $r1$ 时，采用式（9-12）所示的变异策略。

第二种情况：当找不到一个个体时，采用式（9-13）所示的变异策略，算法（9-11）、算法（9-12）和算法（9-13）代表群体优化算法中的局部交互。

$$V_i = X_{i,\ best} + F \cdot (X_{i,\ r1} - X_i) \tag{9-12}$$

$$V_i = X_i + (F/2) \cdot X_i \tag{9-13}$$

（三）交叉算子操作选择

动态差分算法中，进化效果与交叉概率 CR 密切相关，保持种群的多样性与收敛速度存在一定的冲突，随着迭代次数的逐渐增加，种群的多样性将迅速降低，非常容易产生一种早熟现象。因此，要保持种群的多样性，需要在全局搜索、加速收敛与局部搜索之间，保持一个平衡点。

为了调整进化速度，笔者选择了一种自适应交叉概率常数 CR，既可以避免早熟现象，又可以跳出局部最优解。当迭代次数逐渐增加时，交叉概率常数 CR 由小变大。在初始阶段，x_{ij} 对 u_{ij} 的影响越大［具体参看式（9-15）］，对增加全局搜索能力和保持种群的多样性就越有利。到了后期，随着 v_{ij} 对 u_{ij} 的贡献增多，算法的收敛速度加快。

假设最小交叉概率为 CR_{min}，最大交叉概率为 CR_{max}，当前迭代次数为 M，最大迭代次数为 M_{max}，可得出式（9-14）：

$$CR = CR_{min} + (CR_{max} - CR_{min}) \times M/M_{max} \tag{9-14}$$

在动态差分进化算法（DDE）中，采用交叉操作，与遗传算法（GA）一样，可以保持种群的多样性。例如，当进行第 i 代后，目标矢量 X_i 与变异矢量 V_i 进行交叉操作时，产生试验向量 $U_i = \{u_{i\ 1}, \cdots, u_{i\ D}\}$，如式（9-15）所示。

$$u_{ij} = \begin{cases} v_{ij}, & rand_{ij} \leq CR \text{ or } j = j_{rand} \\ x_{ij}, & \text{otherwise} \end{cases} \tag{9-15}$$

（四）选择算子操作

如果 U_i 的适应值优于目标个体 X_i 的适应值，则用 U_i 直接替换目标个体 X_i，完成当前种群的动态更新。此时，新产生的优秀子代个体可以马上加入当前进化循环中，参与种群中所有个体的进化操作，如式（9-16）所示：

$$X_i = \begin{cases} U_i, & f(U_i) \leq f(X_i) \\ X_i, & \text{otherwise} \end{cases} \tag{9-16}$$

动态差分进化算法（DDE）的演化算法见表 9-2。

表 9-2 动态差分进化算法（DDE）的演化算法

输入：被优化函数 $f(x)$ 及其定义域；输出：算法获得的函数 $f(x)$ 的最优适应值
步骤 1：定义域内初始化群体 P，NP 为个体、D 为维度，则 $P=\{x_{ij}\}$，$i=1, \cdots, NP$，$j=1, \cdots, D$；初始化参数为 F 和 CR。
步骤 2：变异操作。基矢量为目标个体本身，随机差分矢量（$X_{i,r1}-X_{i,r2}$）与固定差分矢量（$X_{i,best}-X_i$）对基矢量扰动进行。
步骤 3：选择操作。根据当前优化环境所处的状态，以当前状态下的历史最优解，引导群体 P 自适应学习环境。
步骤 4：评价种群 P，从种群父代和对应的子代中，选择出优秀的个体。
步骤 5：控制调整参数。采用自适应机制更新变异步长 F 和交叉概率 CR。
步骤 6：记录最优解 x^* 与最优解对应的适应值 $fit=f(x^*)$。
步骤 7：若满足结束条件，则输出相关统计数据；否则执行步骤 2。

三、 仿真及应用实验

（一）数值仿真

为测试算法全局寻优及脱离局部最优能力，应用经典 Shaffer's F6 函数［见式（9-17）］进行计算。

$$f_1(x, y) = 0.5 - \frac{\sin^2\sqrt{(x^2+y^2)} - 0.5}{1.0 + 0.001(x^2+y^2)} \quad x, y \in [-10, 10] \tag{9-17}$$

仿真实验条件：Intel（R）Core（TM）i3-2350M CPU@ 2.30GHz，4.00GB 内存（2.42GB 可用）的笔记本电脑。应用 MATLAB 语言编写仿真程序。

仿真实验比较选择：改进的动态差分进化算法（DDE）和基本差分进化算

法（DE）。

设置种群规模 N 为 50，迭代次数 L 为 100，确保种群的初始位置一样，同样将改进的动态差分进化算法（DDE）和基本差分进化算法（DE）各自策略优化 100 次，实验结果如表 9-3 所示。

表 9-3　仿真实验结果

优化方法	迭代次数	陷入局部最优	最优解平均代数	最快收敛代数	最慢收敛代数
基本 DE	100	15	64	56	70
改进 DDE/target-to-best/1	100	0	27	19	33

从表 9-3 可以看出，改进的动态差分进化算法（DDE）与基本差分进化算法（DE）相比较，DDE 算法平均搜索时间更短，且收敛代数比较少。

仿真实验结果表明：改进的动态差分进化算法（DDE），一开始就具备比较强的全局探索能力，在不断寻求最优解的后期阶段，又具有比较强的局部生产能力，从而加速了收敛速率，更快达到目标精度。其主要原因在于：寻求最优解之初，试验矢量多来自目标个体，保证了多样性，具有全局寻优能力，而寻优后期试验矢量多来自含有最优个体的变异矢量，可以极大地提高收敛的速率和收敛的精度。

另外，研究结果还表明：只要合理控制改进的动态差分进化算法（DDE）的另外 2 个参数，就不会对实验结果产生明显的影响，说明改进的动态差分进化算法（DDE）具有非常优秀的鲁棒性和一致性。仿真实验结果分析证明，改进的动态差分进化算法是一个良好的优化算法。

（二）应用实验

将改进的动态差分进化算法（DDE）应用于一个梯级水库联合优化调度的求解。该梯级水库包含 2 座水电站，水库 A 在水库 B 的上游，水库 A 死水位 310 米，正常蓄水位 373 米，水库最大引用流量 1500 立方米/秒，保证出力 15.7×10^4 千瓦；水库 B 死水位 222 米，正常蓄水位 261 米，电站最大引用流量 1126.5 立方米/秒，保证出力 15.6×10^4 千瓦。

除承担自身上下游防洪任务外，水库 B 同时还必须承担下游的农业灌溉、船舶航运和工农业最小供水流量，需保持流量在 100 立方米/秒。A、B 两电站的出力系数分别为 8.5 和 8.4。调度期为 1 年，时段长度为 1 个月，总时段数 T=12。此处选用该梯级水库 1995—1996 年的径流过程进行计算来验证笔者所提出方法的有效性，同时与标准 DE 算法进行了同条件下的运算比较。循环代数 L=1000，初始群体 N=100，为消除随机误差影响，独立运行 100 次取平均值，其结果如表 9-4 所示。

表 9-4　1995—1996 年不同算法计算结果对比

优化方法	迭代次数	发电量（10^4 千瓦）	计算时间
基本 DE	100	22099	6.4 秒
改进 DDE	100	27068	5.9 秒

此外，此处的梯级水库数据以平均 10 年径流水文资料作为基础，采用长系列调节控制，计算出实验采用的梯级水库的多年平均发电量，计算结果如表 9-5 所示。

表 9-5　1995—2004 年不同算法计算结果对比

优化方法	迭代次数	发电量（10^4 千瓦）	计算时间
基本 DE	100	290570	5.4 秒
改进 DDE	100	320685	4.9 秒

通过长系列入库径流的调度仿真演算可知，改进 DDE 方法求得各年份调度方案的总发电量均高于基本 DE 方法，多年平均增发电量 0.3 亿千瓦时，计算耗时也更短。

本部分结合水库优化调度的特点探究了不同调度时期梯级水资源调度的方式，建立了能有效保障梯级水库群供给及发电平衡的优化调度配置模型。根据差分进化的基本理论，提出了一种求解该优化调度模式的改进的动态差分进化算法（DDE）。在交叉操作中，选择一种自适应交叉概率常数 CR，对进化速度进行调整，可以从较大程度上抑制早熟现象，从而使局部最优解得到优化。此外，采用变异矢量扰动合成方法对固定差分矢量和随机差分矢量进行扰动，提高群体的多样性，确保全局和局部搜索能力的均衡。本部分将其与基本 DE 算法在梯级水库调度优化方面进行了对比研究，表明 DDE 是合理、有效的，具有较好的鲁棒性和收敛性，从而为实现梯级水库资源调度优化提供了一种新的可行方法。

第十章　城市水资源供需管理的对策建议

水资源是基础性的自然资源和战略性的经济资源，做好城市水资源供需管理具有重要意义。制定适合城市发展的水资源供需管理体制，一方面，有利于保障城市居民的生活基本用水权，满足生产所需的基本用水，维持城市生态环境的可持续发展；另一方面，通过城市间以及城市各产业水资源的优化配置，以及建立水权交易市场等，有利于提高城市水资源的利用效率。因此，需要从宏观层面到微观层面对城市水资源供需管理体系进行设计。

第一节　创新城市水资源供需管理体制

当前，我国城市水资源供需问题依然突出，必须以经济社会的可持续发展为目标，创新城市水资源供需管理体制。城市的规模和发展速度要与水资源承载能力相协调，水资源短缺或水资源管理不当将会影响城市的健康发展。对有限的水资源进行合理配置和科学管理，可以保障城市经济、社会、生态的可持续发展，这就需要对城市水资源供需管理体制进行创新。

一、加强城市水资源评价和规划

市场具有一定的盲目性和滞后性，需要运用行政手段和技术手段加强城市水资源的评价和规划（孙海春，2008）。城市水资源的合理利用需要考虑城市水资源的承载能力，因此需要结合本地区的水资源状况，确定城市的发展规模和速度，调整城市产业布局和产业结构。

在对城市水资源进行评价时，需要采用统一的数据收集与测量系统，采用共同的评价标准保证评价的合理性和一致性，使评价结果能够真实反映评价地区的水资源状况。然后对这些评价结果进行结构化处理，建立城市水资源评价数据库，将这些数据进行共享，使各个水资源管理部门可以将这些数据作为决策的依据，有助于提高城市水资源管理能力。

二、 完善城市水资源需求管理

水权管理和水价管理是城市水资源需求管理的重要手段。水权是水资源所有权、使用权、水产品与服务经营权、转让权等与水资源有关的一组权利的总称。水资源是一种公共资源，只有通过需求管理才能减少水资源的不合理使用和浪费。水权管理使水权有明确的归属，可以通过水权分配实现水资源需求管理。此外，通过对水价的管理可以调节配置水资源，提高水资源利用效率。

三、 完善流域与区域统一管理

水资源具有独特的地域特征，以流域或水文地质单元构成一个统一体。水资源以流域为整体的特征客观上要求对其实行统一管理。区域管理是在流域统一管理的基础上以行政区域为单元进行的，目的是使区域内水资源得到整体高效利用，同时注重对水环境和水生态的保护。为了更好地保护和利用水资源，需要完善流域和区域的统一协调管理，在有效发挥水资源的社会属性的同时，也能很好地保护其自然属性，实现水资源的可持续利用。

四、 健全水资源执法监督机制

首先，在法律方面，完善我国城市水资源管理条例和办法，不断完善水事法律体系，为水资源管理部门依法行政提供法律依据。合理划分水资源执法部门的职能，建立相互协作、相互制约的运行机制。其次，在执法队伍建设方面，不断强化执法能力，提高监察人员和执法人员的执法技能和综合素质，创新执法手段，为城市水资源管理体制的创新提供坚实的法律基础。

第二节 进一步完善城市水资源交易市场

进一步完善城市水资源交易市场的前提条件是明确初始水权。明确初始水权是优化水资源配置、提高水资源利用效率的有效手段，通过对水资源使用权进行分配的原则、程序、期限、定额指标体系、协商机制和补偿机制，探索在不同城市间进行水权分配与转换的规律和方式。为了确保城市水资源得到优化配置，有效的产权结构需要具备以下两个条件：一是水权要素完整；二是确保水权的优先性。

在明确初始水权后，进一步完善水权市场，以资源优化配置、合理开发、公平使用、高效利用为目标，完善相应的规章制度，规范水权交易。一个城市在获得了水的使用权以后，在水资源使用尚有剩余的条件下，可以有效地通过水权市场进行水权贸易，能够为其他缺水的城市提供一定量的水资源。水权贸易使水的利用从低效益的经济领域转向高效益的经济领域，提高了水的利用效率。

建立合理的水价机制，发挥水价的调节作用，将水价纳入市场经济的轨道。应当按照满足运行成本和费用、缴纳税金、归还贷款和获得利润的原则确定水价标准，并按照有关政策，合理核定供水价格。

第三节 加强水利人才资源管理

加强水利系统人才的培养与管理，为城市水资源管理提供坚实的人力资源保障。一是要深化人事制度改革。全面推行水利事业单位人员聘用制度，规范按需设岗、竞争上岗、以岗定酬、合同管理以及人员分流、公开招聘工作，促进水利事业单位由固定用人向合同用人、由身份管理向岗位管理的转变（齐秀华，2013）。二是完善人才资源的开发机制。创新人才培养机制，建立多层次人才梯队，优化人才资源结构。首先，完善人才评价机制。建立以能力和业绩为导向的科学的社会化的人才评价机制。坚持德才兼备、注重实绩的原则，不断创新和完善人才评价标准，构建以业绩为依据，由德、能、勤、廉等要素构成的水利人才评价指标体系。其次，健全水利人才激励机制。实行以政府部门奖励为导向、用人单位奖励为主体、社会力量奖励为补充的水利人才奖励政策，建立多元化的人才奖励机制。三是做好水利人才培训。要改变以往直接传授式的培训模式，如课堂教学法、专题讲座法等，创新培训方式，采用参与式的培训方法，如情景模拟法、案例研究法等。

参考文献

[1] ADAMOWSKI J, HALBE J. Participatory Water Resources Planning and Management in an Agriculturally Intensive Watershed in Quebec, Canada using Stakeholder Built System Dynamics Models [J]. Annals of Warsaw University of Life Sciences-SGGW, Land Reclamation, 2011, 43 (1): 3-11.

[2] ALY A H, WANAKULE N. Short-Term Forecasting for Urban Water Consumption [J]. Journal of Water Resources Planning & Management, 2004, 130 (5): 405-410.

[3] BOLOGNESI T. Modernization and Urban Water Governance [M]. Basingstoke: Palgrave MacMillan, 2018.

[4] BRENTAN B M, JR E L, HERRERA M. Hybrid Regression Model for Near Real-time Urban Water Demand Forecasting [J]. Journal of Computational & Applied Mathematics, 2016, 309 (C): 532-541.

[5] C G BJöRDAL, T NILSSON, G DANIEL. Microbial Decay of Waterlogged Archaeological Wood Found in Sweden Applicable to Archaeology and conservation [J]. International Biodeterioration & Biodegradation, 1999, 43 (1-2): 63-73.

[6] CHALCHISA D, MEGERSA M, BEYENE A. Assessment of the Quality of Drinking Water in Storage Tanks and Its Implication on the Safety of Urban Water Supply in Developing Countries [J]. Environmental Systems Research, 2018, 6 (1): 12.

[7] CHEN G F, CAI D S. Water Harvested from the Air Combined with Solar Power, Shade and Light Providing System: Conception of Water-saving Irrigation [J]. Procedia Environmental Sciences, 2012, 13 (9-10): 1003-1009.

[8] DAI T, LABADIE J W. River Basin Network Model for Integrated Water Quantity/Quality Management [J]. Journal of Water Resources Planning & Man-

agement, 2001, 127 (5): 295-305.

[9] DANIEL C, TRIBOI E. Changes in Wheat Protein Aggregation During Grain Development: Effects of Temperatures and Water Stress [J]. European Journal of Agronomy, 2002, 16 (1): 1-12.

[10] DEINES J M, LIU X, LIU J. Telecoupling in Urban Water Systems: An Examination of Beijing' s Imported Water Supply [J]. Water International, 2016, 41 (2): 251-270.

[11] DONKOR E A, MAZZUCHI T A, SOYER R, et al. Urban Water Demand Forecasting: Review of Methods and Models [J]. Journal of Water Resources Planning and Management, 2014, 140 (2): 146-159.

[12] EGGIMANN S, MUTZNER L, WANI O, et al. The Potential of Knowing More-a review of Data-driven Urban Water Management [J]. Environmental Science & Technology, 2017, 51 (5): 2538-2553.

[13] FOSTER H S, BEATTIE B R. On the Specification of Price in Studies of Consumer Demand under Block Price Scheduling [J]. Land Economics, 1981, 57 (4): 624-629.

[14] HADDAD M, MCNEIL L, OMAR N. Model for Predicting Disinfection By-product (DBP) Formation and Occurrence in Intermittent Water Supply Systems: Palestine as a Case Study [J]. Arabian Journal for Science & Engineering, 2014, 39 (8): 5883-5893.

[15] HOMWONGS C, SASTRI T, III JWF. Adaptive Forecasting of Hourly Municipal Water Consumption [J]. Journal of Water Resources Planning & Management, 1994, 120 (6): 888-905.

[16] KARAA F A, MARKS D H. Performance of Water Distribution Networks: Integrated Approach [J]. Journal of Performance of Constructed Facilities, 1990, 4 (1): 51-67.

[17] LIU H B, ZHANG H W. Comparison of the City Water Consumption Short-Term Forecasting Methods [J]. 天津大学学报(英文版), 2002 (3): 211-215.

[18] LIVESLEY S J, MCPHERSON G M, CALFAPIETRA C. The Urban Forest

and Ecosystem Services: Impacts on Urban Water, Heat, and Pollution Cycles at the Tree, Street, and City Scale [J]. Journal of Environmental Quality, 2016, 45 (1): 119.

[19] MARQUES L, NUNES U, ALMEIDA A T D. Particle Swarm-based Olfactory Guided Search [J]. Autonomous Robots, 2006, 20 (3): 277-287.

[20] MASSÉ P. Sur un cas Particulier Remarquable de la Régulation d'un Débit aléAtoire par un Réservoir. [J]. C. r. acad. sci. paris, 1944, 47 (5): 173-175.

[21] NATION F. Liquid Assets: Is Water Privatisation the Answer to Access? [J]. Panos Institute, 1998, 41 (9): 271-281.

[22] NIESWIADOMY M, COBB S L. Impact of Pricing Structure Selectivity on Urban Water Demand [J]. Contemporary Economic Policy, 1993, 11 (3): 101-13.

[23] OKUN D A. Water Reclamation and Unrestricted Nonpotable Reuse: A New Tool in Urban Water Management [J]. Annu Rev Public Health, 2000, 21 (1): 223-245.

[24] RENWICK M E, GREEN R D. Do Residential Water Demand Side Management Policies Measure Up? An Analysis of Eight California Water Agencies [J]. Journal of Environmental Economics & Management, 2000, 40 (1): 37-55.

[25] ROSEGRANT M W, RINGLER C, MCKINNEY D C, et al. Integrated Economic-hydrologic Water Modeling at the Basin Scale: The Maipo River Basin [J]. Agricultural Economics, 2000, 24 (1): 33-46.

[26] SERRAO-NEUMANN S, RENOUF M, KENWAY S J, et al. Connecting Land-use and Water Planning: Prospects for an Urban Water Metabolism Approach [J]. Cities, 2017 (60): 13-27.

[27] SCHARENBROCH B C, MORGENROTH J, MAULE B. Tree Species Suitability to Bioswales and Impact on the Urban Water Budget [J]. Journal of Environmental Quality, 2016, 45 (1): 199.

[28] SHAFIQUE U, IJAZ A, SALMAN M, et al. Removal of Arsenic from Water Using Pine Leaves [J]. Journal of the Taiwan Institute of Chemical

Engineers，2012，43（2）：256-263.

［29］TIWARI M K，ADAMOWSKI J. Urban Water Demand Forecasting and Uncertainty Assessment Using Ensemble Wavelet - bootstrap - neural Network Models［J］. Water Resources Research，2013，49（10）：6486-6507.

［30］鲍超，贺东梅．京津冀城市群水资源开发利用的时空特征与政策启示［J］．地理科学进展，2017，36（1）：58-67.

［31］伯拉斯．水资源科学分配［M］．戴国瑞，等，译．北京：水利电力出版社，1983.

［32］曹捍．美国地质调查局水资源活动［J］．水文科技情报，1989（3）：32-35.

［33］陈冰，李丽娟，郭怀成，等．柴达木盆地水资源承载方案系统分析［J］．环境科学，2000，21（3）：16-21.

［34］陈睿羚．城市水资源供需平衡分析研究［D］．南京：东南大学，2007.

［35］陈立华，梅亚东，杨娜．自适应多策略粒子群算法在水库群优化调度中的应用［J］．水力发电学报，2010，29（2）：139-144.

［36］陈守煜，邱林．水资源系统多目标模糊优选随机动态规划及实例［J］．水利学报，1993（8）：43-48.

［37］程丽，荆平．区域水资源优化配置的研究方法及趋势分析［J］．Advances in Environmental Protection，2015，5（4）：69-75.

［38］褚俊英，王灿，王琦，陈吉宁，邹骥．水价对城市居民用水行为影响的研究进展［J］．中国给水排水，2003，19（11）：32-35.

［39］崔慧珊，邓逸群．居民用水量的影响因素研究评述［J］．水资源保护，2009，25（1）：83-85.

［40］戴明宏，王腊春，魏兴萍．基于熵权的模糊综合评价模型的广西水资源承载力空间分异研究［J］．水土保持研究，2016，23（1）：193-199.

［41］冯尚友．水资源持续利用与管理导论［M］．北京：科学出版社，2000.

［42］傅湘，纪昌明．区域水资源承载能力综合评价：主成分分析法的应用［J］．长江流域资源与环境，1999（2）：168-173.

［43］高飞，张元禧．河西走廊内陆石羊河流域水资源转化模型及其时移转化关系［J］．水利学报，1995（11）：77-83.

［44］高菁，邵自平，邓淑珍．全球水资源面临七大挑战：访国际水资源协会

主席阿里·沙迪［J］. 中国水利，2005（20）：29-30.
［45］高亚，章恒全. 基于系统动力学的江苏省水资源承载力的仿真与控制［J］. 水资源与水工程学报，2016，27（4）：103-109.
［46］高志娟，郑秀清. 晋城市水资源开发利用存在的问题及防治对策［J］. 山西建筑，2004（22）：217-218.
［47］关鸿滨. 浅谈城市生活用水及节水［J］. 山西建筑，2002，28（4）：88-89.
［48］郭生练，陈炯宏，刘攀，等. 水库群联合优化调度研究进展与展望［J］. 水科学进展，2010，21（4）：496-503.
［49］郭旭宁，胡铁松，黄兵，等. 基于模拟—优化模式的供水水库群联合调度规则研究［J］. 水利学报，2011，42（6）：705-712.
［50］贺北方. 区域可供水资源优化分配与产业结构调整：大系统逐级优化序列模型［J］. 郑州大学学报（工学版），1989（1）：56-62.
［51］何令祖，吴卫熊. 广西北部湾经济区水资源承载力评价方法初探［J］. 广西水利水电，2011（4）：41-44.
［52］华士乾. 水利上要运用：系统论、信息论、控制论［J］. 江苏水利，1984（3）：16-17.
［53］黄强，原文林，等. 基于协同进化遗传算法的水库群供水优化调度研究［J］. 西安理工大学学报，2011，27（2）：139-144.
［54］黄炜斌，马光文，王和康，等. 混沌粒子群算法在水库中长期优化调度中的应用［J］. 水力发电学报，2010，29（1）：102-105.
［55］贾嵘，薛惠峰，解建仓，蒋晓辉. 区域水资源承载力研究［J］. 西安理工大学学报，1998，14（4）：382-387.
［56］贾绍凤. 工业用水零增长的条件分析：发达国家的经验［J］. 地理科学进展，2001，20（1）：51-59.
［57］姜帅，吴雪，刘书明. 我国部分城市供水管网漏损现状分析［J］. 北京水务，2012（3）：14-16.
［58］李可柏. 城市水资源供需管理系统动态优化与控制方法研究［D］. 南京：东南大学，2008.
［59］李滨勇，史正涛，董铭，等. 水资源承载力研究现状与发展趋势［J］. 水利发展研究，2007，7（1）：40-42.

[60] 李高伟，韩美，刘莉，等．基于主成分分析的郑州市水资源承载力评价［J］．地域研究与开发，2014，33（3）：139-142.
[61] 李树平．城市水系统［M］．上海：同济大学出版社，2015.
[62] 李红艳，崔建国，张星全．城市用水量预测模型的优选研究［J］．中国给水排水，2004，20（2）：41-43.
[63] 李令跃，甘泓．试论水资源合理配置和承载能力概念与可持续发展之间的关系［J］．水科学进展，2000，11（3）：307-313.
[64] 刘健民，张世法，刘恒．京津唐地区水资源大系统供水规划和调度优化的递阶模型［J］．水科学进展，1993，4（2）：98-105.
[65] 刘利．滨海缺水城市水资源优化利用研究［D］．青岛：中国海洋大学，2011.
[66] 刘满平．水资源利用与水环境保护工程［M］．北京：中国建材出版社，2005.
[67] 刘攀，郭生练，张文选，等．梯级水库群联合优化调度函数研究［J］．水科学进展，2007，18（6）：816-822.
[68] 刘楠．城市水资源承载力的测度设计：以成都市为例［D］．成都：电子科技大学，2009.
[69] 刘利．滨海缺水城市水资源优化利用研究：以青岛市为例［D］．青岛：中国海洋大学，2011.
[70] 刘卫林，董增川，王德智．混合智能算法及其在供水水库群优化调度中的应用［J］．水利学报，2007，38（12）：1437-1443.
[71] 刘贤娟，杜玉柱．城市水资源利用与管理［M］．郑州：黄河水利出版社，2008.
[72] 吕谋，赵洪宾，李红卫，等．时用水量预测的自适应组合动态建模方法［J］．系统工程理论与实践，1998，18（8）：101-107.
[73] 吕谋，赵洪宾．城市日用水量预测的组合动态建模方法［J］．给水排水，1997（11）：25-27.
[74] 马兵成．韶关市水资源优化配置研究［D］．南京：河海大学，2007.
[75] 毛敏华．城市水资源质量系统动力学仿真与评价研究［J］．长江大学学报自然科学版：理工旬刊，2012，9（10）：22-25.

[76] 莫小莎，刘深．广西中越国际河流区水资源承载力评估分析［J］．桂海论丛，2012，28（3）：116-120.
[77] 潘应骥．上海市未来综合生活用水需求量预测及节水对策［J］．水资源保护，2015，31（3）：103-107.
[78] 彭九敏．承德市城市水资源实时监控和管理系统的设计与实现［D］．成都：电子科技大学，2012.
[79] 齐秀华．唐山水资源管理问题与对策研究［D］．成都：西南交通大学，2013.
[80] 钱易．中国城市水资源可持续开发利用［M］．北京：中国水利水电出版社，2002.
[81] 秦秋莉，陈景艳．我国城市供水安全状况分析及保障对策研究［J］．水利经济，2001，19（3）：27-31.
[82] 阮本青．水资源费的经济杠杆作用及其动态管理［J］．水利经济，1997（s1）：27-31.
[83] 沈岳，曾文辉，欧明文，等．基于 BP 神经网络的农田灌溉量预测［J］．农机化研究，2015（4）：36-39.
[84] 施雅风．2000 年记录与全球变化研究［J］．第四纪研究，1997，17（1）：37-40.
[85] 施雅风，曲耀光，等．乌鲁木齐河流域水资源承载力及其合理利用［M］．北京：科学出版社，1992.
[86] 宋尚孝．浅议城市水资源的概念及其特性［J］．能源基地建设，1996（6）：43-44.
[87] 宋彦红，张沛，王书征，等．城市水资源承载能力研究［J］．河南水利与南水北调，2009（2）：19-21.
[88] 隋丹．城市水资源可持续利用理论与实证研究：以上海为例［D］．上海：上海交通大学，2007.
[89] 孙才志，王妍，李红新．辽宁省用水效率影响因素分析［J］．水利经济，2009，27（2）：1-5.
[90] 孙海春．我国城市水资源管理体制创新研究［D］．长春：东北师范大学，2008.

[91] 天莹，杜淑芳．内蒙古城市水资源利用状况分析［J］．前沿，2017（8）：78-85.

[92] 王兵，宫明丽．中国城市水资源系统效率实证研究：基于网络 BAM 模型的分析［J］．产经评论，2017，8（5）：133-148.

[93] 王建华，江东，顾定法，齐文虎，唐青蔚．基于 SD 模型的干旱区城市水资源承载力预测研究［J］．地理学与国土研究，1999（2）：19-23.

[94] 王金丽，李锦慧，等．湖南省城市水资源承载力评价［J］．绵阳师范学院学报，2016（5）：108-111.

[95] 王开章，董洁，韩鹏，等．现代水资源分析与评价［M］．北京：化学工业出版社，2006.

[96] 王礼先．生态环境用水的界定和计算方法［J］．中国水利，2002（10）：28-30.

[97] 王其藩．系统动力学理论与方法的新进展［J］．系统管理学报，1995（2）：6-12.

[98] 王煜，杨立彬，张新海，等．西北地区水资源承载能力研究［J］．水科学进展，2001，12（4）：523-529.

[99] 王业斌．基于主成分分析的城乡一体化综合评价：以广西为例［J］．商业时代，2012（2）：134-135.

[100] 王友贞，施国庆，王德胜．区域水资源承载力评价指标体系的研究［J］．自然资源学报，2005，20（4）：597-604.

[101] 王瑗，盛连喜，李科，孙弘颜．中国水资源现状分析与可持续发展对策研究［J］．水资源与水工程学报，2008（3）：10-14.

[102] 王志峰．城市水资源承载能力与优化配置研究［D］．合肥：合肥工业大学，2012.

[103] 王志刚，卢成钢．系统动力学在水资源需求管理中的应用［J］．科技视界，2013（26）：472-473.

[104] 王自勇，王圃．组合模型在城市用水量预测中的应用［J］．中国给水排水，2008（12）：37-39.

[105] 王宗志，王银堂，陈艺伟，等．基于仿真规则与智能优化的水库多目标调控模型及其应用［J］．水利学报，2012，43（5）：564-570.

[106] 翁文斌，蔡喜明，史慧斌，等. 宏观经济水资源规划多目标决策分析方法研究及应用 [J]. 水利学报，1995 (2)：1-11.
[107] 吴文桂，洪世华. 城市水资源评价及开发利用 [M]. 南京：河海大学出版社，1988.
[108] 夏军，朱一中. 水资源安全的度量：水资源承载力的研究与挑战 [J]. 自然资源学报，2002 (3)：262-269.
[109] 夏婷婷. 城市水资源优化配置及郑州市案例研究 [D]. 上海：同济大学，2008.
[110] 谢维，纪昌明，吴月秋，等. 基于文化粒子群算法的水库防洪优化调度 [J]. 水利学报，2010，41 (4)：452-457.
[111] 邢欣荣. 大连市水资源承载力研究 [D]. 长春：吉林大学，2002.
[112] 熊鹰，李静芝，蒋丁玲. 基于仿真模拟的长株潭城市群水资源供需系统决策优化 [J]. 地理学报，2013，68 (9)：1225-1239.
[113] 许银山，梅亚东，钟壬琳，等. 大规模混联水库群调度规则研究 [J]. 水力发电学报，2011，30 (2)：20-25.
[114] 许有鹏. 干旱区水资源承载能力综合评价研究：以新疆和田河流域为例 [J]. 自然资源学报，1993，8 (3)：229-237.
[115] 徐学良. 缺水型城市水资源利用探讨 [J]. 中国资源综合利用，2017，35 (9)：69-70.
[116] 薛小杰，惠泱河，黄强，等. 城市水资源承载力及其实证研究 [J]. 西北农林科技大学学报（自然科学版），2000，28 (6)：135-139.
[117] 杨利普. 小区水资源的系统精深研究：评介《乌鲁木齐地区水资源若干问题研究》[J]. 干旱区地理（汉文版），1993 (1)：93.
[118] 杨文娟，刘任远. 梯级水库优化调度模型的蚁群系统（ACS）算法求解研究 [J]. 西北农林科技大学学报（自然科学版），2013，41 (8)：228-234.
[119] 杨鑫，王莹，王龙，文俊. 基于集对分析理论的云南省水资源承载力评估模型 [J]. 水资源与水工程学报，2016，27 (4)：98-102.
[120] 杨振华，苏维词，赵卫权. 岩溶地区水资源与经济发展脱钩分析 [J]. 经济地理，2016 (10)：159-165.

［121］叶秉如．水资源系统优化规划和调度［M］．北京：中国水利水电出版社，2001.
［122］袁树堂，刘新有，王红鹰．基于区域发展规划的嵩明县水资源供需平衡预测［J］．水资源与水工程学报，2014（6）：76-81.
［123］云逸，邹志红，王惠文．北京城市水资源供需系统研究［J］．数学的实践与认识，2011，41（12）：129-136.
［124］张军，张仁陟，周冬梅．基于生态足迹法的疏勒河流域水资源承载力评价［J］．草业学报，2012，21（4）：267-274.
［125］张俊艳．城市水安全综合评价理论与方法研究［D］．天津：天津大学，2006.
［126］张丽．水资源承载能力与生态需水量理论及应用［M］．郑州：黄河水利出版社，2005.
［127］张礼兵，徐勇俊，金菊良，吴成国．安徽省工业用水量变化影响因素分析［J］．水利学报，2014，45（7）：837-843.
［128］张美玲，梁虹，祝安．贵州省水资源承载力的空间地域差异［J］．长江流域资源与环境，2008，17（1）：68-72.
［129］张宁，张媛媛．浙江省工业用水的节水潜力及影响因素分析［J］．给水排水，2011，37（8）：62-67.
［130］张鑫．区域生态环境需水量与水资源合理配置［D］．咸阳：西北农林科技大学，2004.
［131］张雄，党志良，张贤洪，等．城市用水量预测模型综合研究［J］．水资源与水工程学报，2005，16（4）：21-24.
［132］张雅君，刘全胜．需水量预测方法的评析与择优［J］．中国给水排水，2001，17（7）：27-29.
［133］张耀军，岑俏．中国人口空间流动格局与省际流动影响因素研究［J］．人口研究，2014，38（5）：54-71.
［134］张勇傅．水电站水库调度［M］．北京：中国工业出版社，1963.
［135］张勇传，李福生，柱裕福．水电站水库调度最优化［J］．华中工学院院报，1981，9（6）：49-56.
［136］张永勇，夏军，王中根．区域水资源承载力理论与方法探讨［J］．地

理科学进展，2007，26（3）：126-132.
[137] 赵宝璋．水资源管理［M］．北京：水利电力出版社，1994.
[138] 赵华清，常本春，杨树滩，等．基于水量配置模型的江苏省南水北调工程受水区缺水量探讨［J］．水资源保护，2012，28（6）：24-28.
[139] 赵军凯，李九发，戴志军，等．基于熵模型的城市水资源承载力研究：以开封市为例［J］．自然资源学报，2009（11）：1944-1951.
[140] 赵军凯，赵秉栋，李九发，等．城市水资源供需平衡及预测分析：以开封市为例［J］．水文，2009，29（6）：50-57.
[141] 赵鸣雁，程春田，李刚．水库群系统优化调度新进展［J］．水文，2005，25（6）：18-23.
[142] 中华人民共和国建设部．城市居民生活用水量标准［J］．城市规划通讯，2002（21）：11.
[143] 周亮广，梁虹．基于主成分分析和熵的喀斯特地区水资源承载力动态变化研究：以贵阳市为例［J］．自然资源学报，2006，21（5）：827-833.
[144] 朱启荣．中国工业用水效率与节水潜力实证研究［J］．工业技术经济，2007，26（9）：48-51.
[145] 朱照宇，欧阳婷萍，邓清禄，等．珠江三角洲经济区水资源可持续利用初步评价［J］．资源科学，2002，24（1）：55-61.
[146] 新疆维吾尔自治区地下水资源［M］．乌鲁木齐：自治区水文总站，1985.
[147] 左其亭，陈嘻．社会经济—生态环境耦合系统动力学模型［J］．上海环境科学，2001（12）：592-594.
[148] 左其亭，夏军．陆面水量—水质—生态耦合系统模型研究［J］．水利学报，2002，33（2）：61-65.
[149] 左其亭，张浩华，欧军利．面向可持续发展的水利规划理论与实践［J］．郑州大学学报（工学版），2002，23（3）：37-40.
[150] 左其亭，张培娟，马军霞．水资源承载能力计算模型及关键问题［J］．水利水电技术，2004，35（2）：5-8.

重要术语索引表